Bert Ehgartner · Dirty little secret – Die Akte Aluminium

Bert Ehgartner

Dirty Little Secret –
Die Akte Aluminium

ENNSTHALER VERLAG STEYR

Erklärung:
Autor, Verlag, Berater, Vertreiber, Händler und alle anderen Personen, die mit diesem Buch in Zusammenhang stehen, können weder Haftung noch Verantwortung für eventuelle Folgen übernehmen, die direkt oder indirekt aus den in diesem Buch gegebenen Informationen resultieren oder resultieren sollten.

www.ennsthaler.at

3. Auflage 2014

ISBN 978-3-85068-894-9

Bert Ehgartner · Dirty little secret – Die Akte Aluminium
Alle Rechte vorbehalten
Copyright © 2012 by Ennsthaler Verlag, Steyr
Ennsthaler Gesellschaft m.b.H. & Co KG, 4400 Steyr, Österreich
Satz: Ennsthaler Verlag, Steyr
Titelbild: fotolia.de · artSILENSEcom, pomah
Umschlaggestaltung: Thomas Traxl, Steyr
Druck und Bindung: Těšínská Tiskárna, Český Těšín

Für meine Brüder

Inhaltsverzeichnis

Vorwort 8

1. Aluminium – ein biochemischer Alien
Das Geheimnis von 9/11 18
Das Silber aus Lehm 23
Evolution live: Say hello to the Alien 28
Der »Saure Regen« als Fischkiller 32

2. Vom Bauxit zum Aluminium
Rote Erde 35
Bauxit aus dem Regenwald 37
Raubbau in den Tropen 45
Begriffsverwirrung um Tonerde 47
Das Rotschlamm-Desaster 49
Die rote Flut 51
Jamaica – Bauxit und die Folgen 59
Weißes Pulver am Rio Pará 66
Schüsse auf die Präsidenten 70
Das Energie-Massaker 75
Der Akosombo-Damm: Folgen eines Großprojektes 81

3. Aluminium und Gesundheit
Pillen zum Frühstück 87
Aluminium und Alzheimer: Die verdrängte Gefahr 97
Schutz- und Riskofaktoren im Trinkwasser 103
Der Kampf der Lobbyisten 106
Die Rolle von Aluminium bei Alzheimer 112
Aktuelle Alzheimerforschung 119
Sodbrennen als Risiko für Alzheimer 123
Impfungen unter dem Glassturz 130

Studien aus der Hölle 136
Lehren aus dem Bürgerkrieg 144
Offensichtlich manipulierte Studien 148
Die Rolle von WHO, Gates & Co. 154
Ein sehr eigenwilliges System 159
Aluminium im Gehirn 164
Das Adjuvantien-Syndrom 167
Die Antikörper-Turbos 169
Das Diphtherie-Debakel 172
Noch stärkere Wirkverstärker 175
»Es sind schlimme Dinge passiert« 178
Der Reality-Check 181
Gefährliche Manipulation 189
Das »schmutzige, kleine Geheimnis« der Immunologie 199
Das Gegenteil von neutral 206
Im Reich der Impf-Taliban 209
Die Hand, die einen füttert 214
Wie Behörden die Sicherheit von Impfungen prüfen 219
Brustkrebs durch Deodorants? 230
Die Alu-Schadensliste 236

4. Wo Aluminium drin ist – wie man sich schützt
Die Behörden werden aktiv 239
Fütterungs-Versuche an Menschen 244
Alu-Fallen im Alltag 253
Alu E-Nummern in Lebensmitteln 256
Alu in Arzneimitteln 261
Alu im Wasser 266
Alu auf der Haut 268
Trockener Sex 275
Der Aluminium-Wächter 276

Zum Schluss 282
Endnoten 285

Vorwort

Eine meiner erwachsenen Töchter war kürzlich bei einer Freundin zu einer Geburtstagsparty eingeladen. Sonntag rief sie an und bat mich, sie abzuholen. Als ich kam, waren einige der jungen Leute gerade beim Kochen, einige schauten TV – insgesamt »chillten« etwa acht Freunde, die vom Fest übrig geblieben waren. Ich nahm die Einladung zum Essen zu bleiben an und setzte mich zu ihnen.

Im Fernsehen lief ein Werbespot, der plötzlich zum Gesprächsthema wurde. Dabei ging es um ein Deo, das über den Slogan beworben wurde, dass damit an T-Shirt, Hemd und Blusen »keine weißen Streifen« mehr unter den Achseln auftreten, so wie das bei anderen Deos passieren kann – und wohl als gefürchteter Toilette-Fehler gilt. Jemand aus der Gruppe fragte, woraus diese »weißen Streifen« bestünden. Ob das von einem Inhaltsstoff im Deo stamme oder ob das Rückstände von Schweiß seien.

Ich sagte, das sei wohl Aluminium. Daraufhin fragten sie mich, ob ich das ernst meine.

Ich erzählte der Gruppe, dass in fast jedem Deo Aluminium als hauptsächlicher Wirkstoff enthalten ist. Dass Aluminium eines der reaktionsfreudigsten chemischen Elemente der Erde ist und es deshalb beispielsweise auch als Raketentreibstoff eingesetzt wird. Für den Start genügt es, feines Aluminiumpulver und Wasser zusammenzubringen und zu zünden. Darauf folgt eine ungeheure energetische Entladung. In Feuerwerken sorgt Aluminium nicht nur für explosive Gemische, sondern ist auch für verschiedene optische Glitter-Effekte zuständig.

Und ebenso reaktionsfreudig ist Aluminium in Deos. Es reagiert sofort mit den Zellen der Haut und verändert diese radikal in ihrer Form und Funktion. Die Haut wird gestrafft, die Schweißdrüsen verkleben und darauf beruht der Effekt: Wasser kann nicht mehr durch die Poren, man schwitzt kaum noch.

»Doch wehe, man hört damit auf«, sagte eine der jungen Frauen in der Runde, »dann stinkt man umso mehr!« – Das kommt daher, erklärte ich, dass sich die Zellen mühsam vom schädlichen Einfluss des Aluminiums regenerieren. Zahlreiche Zellen haben Schaden erlitten, viele sind abgestorben. Sie befinden sich in diversen Stadien des Recyclings – und verströmen dementsprechend üblen Geruch. Viele Konsumenten fürchten sich regelrecht davor, wenn ihnen das Deo ausgeht. Ein Absetzen der Produkte wird nahezu unmöglich. Das wiederum ist ein Effekt, der den Herstellern ganz gut gefällt.

Die Zuhörer waren entsetzt, dass Kosmetik-Produkte solche Substanzen enthalten dürfen. Ich erzählte, dass ich vor habe, ein Buch über Aluminium zu schreiben, über dieses wohl seltsamste und vielleicht auch gefährlichste aller chemischen Elemente.

Ich erläuterte auch, dass Aluminium nicht nur in Deos enthalten ist, sondern auch in zahlreichen Sonnencremes. Und dass wir uns – wenn wir uns nach den Richtlinien der WHO zum Sonnenschutz orientieren – an einem Tag am Strand ein Gramm Aluminium auf die Haut schmieren.

In zwei Drittel aller Impfungen ist Aluminium als Adjuvans enthalten: als Wirkverstärker, ohne den die meisten Impfungen deutlich schlechter oder gar nicht funktionieren würden.

Und während gutgläubige Wissenschaftler davon ausgehen, dass Aluminium schnellstmöglich vom Organismus wieder ausgeschieden wird, zeigen aktuelle Forschungsarbeiten, dass dem eben nicht so ist. Dass Aluminium aus Impfungen bei vielen Menschen noch Jahre später an der Impfstelle im Muskel vorhanden ist und dort für schwere Irritationen sorgt. Dass die Haut – anders als von Kosmetik-Herstellern beteuert – keineswegs eine undurchdringliche Barriere für Aluminium darstellt und aggressive Aluminium-Ionen in vielen Organen angereichert werden, darunter auch im Gehirn.

Wir wissen mittlerweile, dass das Element bei einer ganzen Reihe von Krankheiten beteiligt ist und seine Verursacher-Rolle entweder feststeht oder es dafür starke Indizien gibt. Die Belege werden immer überzeugender, dass Aluminium im Hirn Entzündungen auslösen kann und an der Entstehung der Alzheimer-Demenz beteiligt ist. Diese Krankheit verbreitet sich derzeit epidemisch. Sie verdüstert unseren Lebensabend und löscht das Wesen geliebter Menschen aus, noch bevor diese gestorben sind.

Wir wissen ebenso, dass Aluminium die Funktionsweise des Immunsystems schädigen und dauerhaft verändern kann. Möglicherweise liegt hier eine der Ursachen für den alarmierenden Anstieg bei Allergien und Autoimmunkrankheiten.

Und wir wissen, dass die Aluminiumindustrie in den letzten Jahrzehnten massiv in Ablenkungs-Manöver investiert und zahlreiche einflussreiche Wissenschaftler mit lukrativen Aufträgen versorgt und regelrecht eingekauft hat. Die Vorgangsweise erinnert an jene der Tabakindustrie in den 60er und 70er Jahren des letzten Jahrhunderts. Bloß dass hier die Vergehen weitgehend aufgedeckt sind und Milliarden an Strafzahlungen bezahlt werden mussten. Bei Aluminium stecken wir hingegen noch in jener Phase fest, wo darüber debattiert wurde, ob Lungenkrebs mit dem Rauchen tatsächlich etwas zu tun haben könnte.

In der Gruppe der Day-After-Party wurde es immer ruhiger. Alle hörten gespannt zu. Schließlich sagte eine Freundin meiner Tochter: »Das ist eine der ärgsten Geschichten, die ich je gehört habe. Wenn das stimmt, dann muss das doch eine der am intensivsten untersuchten Fragen der Wissenschaft sein.«

Ich sagte ihr, dass dieser Schluss wohl logisch wäre – in der Realität aber eher das Gegenteil der Fall ist. Es gibt zwar eine ganze Menge Fachleute, welche die problematischen Eigenschaften von Aluminium mit ihren Forschungsarbeiten belegen. Und dabei handelt es sich nicht um ein paar Außenseiter, sondern um angesehene Wissenschaftler, die in seriösen Journalen publizieren. Dennoch werden deren Thesen in der Öffentlichkeit oft als spekulativ oder als Einzelmeinung abgetan.

Während Abermillionen in die Entschlüsselung von Risikogenen oder in Projekte wie die »Alzheimer-Impfung« gesteckt werden, liegen die Forschungsgelder auf Eis, wo es um die Wirkung von Aluminium geht. Sobald in einem Forschungsantrag die gesundheitlichen Effekte von Aluminium thematisiert werden, erzählten mir verschiedene Wissenschaftler, steigt die Wahrscheinlichkeit dramatisch, dass ein Projekt nicht gefördert wird. Aluminiumforschung ist deshalb meist nur über Selbstausbeutung oder mit Hilfe von Tricks möglich. Da wird dann aus Aluminium ein »Metall-Östrogen«, um die Aluminium-Lobby nicht aufzuscheuchen, oder es werden andere Projekte so ausgeweitet, dass darin auch Platz für Alu-Forschung ist.

Angesichts dieser Schwierigkeiten ist es erstaunlich, dass in der aktuellen Medizinliteratur dennoch eine Studie nach der anderen zu negativen Effekten von Aluminium erscheint. Vielleicht nicht gerade in den absoluten Starjournalen, welche von den großen, von der Pharmaindustrie finanzierten Forschungen zu neuen Wirkstoffen dominiert werden, aber gleich in der zweiten Reihe.

Man kann die Ergebnisse noch nicht in Wikipedia lesen oder in den Boulevardzeitungen, doch wer nur ein wenig tiefer in die Materie eintaucht und beispielsweise in »PubMed«, der internationalen Medizindatenbank, sucht, wird staunen über die Bandbreite der aktuellen kritischen Alu-Forschung.

»Die Belege mehren sich, dass wir mit der Freisetzung von Aluminium aus der Erdkruste eine moderne ›Büchse der Pandora‹ geöffnet haben«, sagt der britische Aluminiumexperte Christopher Exley, der sich zeit seines Forscherlebens mit den Eigenschaften des seltsamen Metalls befasst hat. Aluminium könnte an zahlreichen Krankheiten – darunter solche Schrecken wie der Alzheimer-Krankheit, Parkinson, Brustkrebs oder Multiple Sklerose – ursächlich beteiligt sein.

Doch der Widerstand, der geleistet wird, ist immer noch enorm. Erst im Jahr 2008 hat die Europäische Behörde für Lebensmittelsicherheit (EFSA) den Grenzwert für die tolerierbare wöchentliche Aufnahme von Aluminium aus Nahrungsmitteln spektakulär von 7 Milligramm pro Kilogramm Körpergewicht auf 1 Milligramm absenkt. Begründet wurde diese Maßnahme unter anderem damit, dass Aluminium das Nervensystem bereits in niedrigeren Dosen beeinträchtigen kann, als bisher angenommen wurde. Die neuen Richtlinien waren so niedrig angesetzt, dass die Belastungsgrenzen, wie die EFSA-Experten auch selbst schreiben, von »einem signifikanten Teil der europäischen Bevölkerung übertroffen werden«. Deshalb wurde empfohlen, einige Aluminium-Zusätze in Lebensmitteln stark zu reduzieren bzw. ganz zu verbieten. Dies sollte nicht schwer sein, als ja bekanntlich Aluminium im Körper keinerlei sinnvolle Funktion erfüllt und Lebensmittel-Farbstoffe aus Aluminium oder Zusätze, welche beispielsweise die Rieselfreudigkeit von Milchpulver in Kaffeeautomaten erhöhen, nicht wirklich lebensnotwendig wären.

Der Aluminium-Industrie waren derartige Ansätze jedoch ganz und gar nicht angenehm. Bargen sie doch die Gefahr, dass imageschädigende Nachrichten in Umlauf geraten könnten. Die Lobbyisten der Industrie unternahmen deshalb mehrere Anläufe, diese Maßnahme rückgängig zu machen. Dazu bedienten sie sich der Hilfe »freundlich gesinnter« Wissenschaftler. Unter anderem wurde eine entsprechende, von der Industrie finanzierte Studie vorgelegt, um zu demonstrieren, dass Aluminium zum überwältigenden Teil über Harn und Stuhl sofort ausgeschieden wird und deshalb für Konsumenten kaum Gefahr besteht. Die Grenzwerte könnten also ruhig wieder angehoben werden.

Die EFSA-Experten werteten diese Belege in einer Publikation von 2011[1] jedoch als nicht überzeugend und beharrten auf dem neuen niedrigeren Grenzwert. Im Mai 2012 wurde dann sogar eine Regulation[2] erlassen, welche für alle EU-Mitgliedsstaaten bis spätestens 2014 bindend in die Landesgesetze zu übernehmen ist. Darin werden nun tatsächlich einige Aluminiumquellen wie Bentonite (E 558), Calcium Aluminium Sulfat (E 556) oder Kaolin (E 559) definitiv verboten. Die Lebensmittel-Behörden schlagen hier also einen Weg ein, der sich positiv abhebt von der sonst praktizierten Ignoranz.

Doch auch die Lobbyisten machen weiter Druck. Der in Kanada tätige Toxikologie-Professor Nicholas Priest, einer der prominentesten industrienahen Wissenschaftler, erklärte mir im August 2012, dass die Grenzwerte definitiv wieder angehoben werden. Denn es sei ja schön und gut, vorsichtig zu sein, bei Aluminium bestehe dazu aber überhaupt kein Grund: »Wir wissen, dass von Aluminium keine Gefahr ausgeht – das Thema ist tot.«

Von den EU-Lebensmittelbehörden abgesehen, scheinen sich auch die meisten an diesen Grundsatz zu halten. Anstatt dem Verdacht nachzugehen und den Einfluss von Aluminium auf die sogenannten Zivilisationskrankheiten offensiv zu untersuchen, wird viel Geld in alternative Erklärungsmodelle – möglichst weit weg von Aluminium – investiert. Und so gilt heute das Interesse mehr der Jagd nach dem nächsten und übernächsten Multiple Sklerose- oder Alzheimer-Gen, statt offensiv die Rolle des Aluminiums aufzuklären. Dasselbe gilt für die Epidemie an Krankheiten des Immunsystems, von autoaggressivem Diabetes, Morbus Crohn bis hin zu krankhaften entzündlichen Prozessen im Gehirn, welche als mögliche Ursache für neuzeitliche Phänomene wie Autismus oder ADHS gelten.

Anschließend habe ich mit dem Freundeskreis meiner Tochter gegessen und mich dann verabschiedet. Doch seither ist kein Ende der Nachfragen, wie es mit dem Projekt weitergeht und ob es etwas Neues gibt.

Nun kann ich ihnen endlich sagen, dass ich alles dokumentiert und aufgeschrieben habe.

Mein Buch bietet einen Überblick zur aktuellen Aluminiumforschung und zeigt, dass Aluminium nahezu in jedem Bereich seiner Förderung, Verarbeitung und Anwendung ernsthafte Probleme macht.

Es ist hoch an der Zeit, den Mantel des Schweigens zu einem der wichtigsten Probleme unserer Zivilisation zu lüften und die offene Diskussion voranzutreiben. Das wird schwer genug, da es einflussreiche Parteien gibt, die dabei nur verlieren können. Die Vertreter von Pharma-, Kosmetik- und Nahrungsmittelindustrie werden wenig Freude damit haben, wenn die Sicherheit ihrer Produkte in Zweifel gezogen wird und sie möglicherweise in eigene Forschung investieren und Rezepturen ändern müssen. Dasselbe gilt für die Lobbyisten der Aluminium-Industrie, die alles Mögliche unternehmen, damit alles so weiterläuft, wie es bisher gelaufen ist.

Vom Mainstream der Medizin ist wenig zu erwarten. In kaum einem Bereich der Wissenschaft ist das Beharrungsvermögen größer. Zudem haben Ärzte keine Freude mit iatrogenen Krankheiten, wie es ein befreundeter Wissenschaftler lakonisch formulierte. Sie sind also nicht sehr heiß darauf, sich selbst als Verursacher von Gesundheitsstörungen zu outen.

Auch bei unseren Gesundheitsbehörden ist die Wahrscheinlichkeit größer, dass sie auf der Bremse stehen, statt Gas zu geben und für eine offensive Aufklärung einzutreten. Haben sie doch über Jahrzehnte viele Alarmzeichen ignoriert und sich bereitwillig von den Lobbyisten einlullen lassen.

Bis heute sind zahlreiche – sogar rezeptfreie – Arzneimittel im Umlauf, die große Mengen an Aluminium enthalten. Bei Impfungen gibt es kaum Alternativen zu den aluminiumhaltigen Wirkverstärkern. Und sogar Trinkwasser wird in manchen Gebieten mit Aluminium aufbereitet.

Sicherlich ist Aluminium nicht der einzige negative Einfluss. Monokausale Erklärungen ergeben in den seltensten Fällen die ganze Wahrheit. Doch umgekehrt kann auch eine Aufklärung nicht funktionieren, wenn Dogmen die wissenschaftliche Arbeit bestimmen und es Tabus gibt, die – nach stillschweigender Übereinkunft – nicht untersucht werden.

Dass der Aufklärungsprozess rasch und reibungslos passiert, ist nicht zu erwarten. Die globalen Player haben viel zu verlieren und sie werden enorme Summen investieren, damit alles beim Alten bleibt. Dazu benützen sie ein kleines Arsenal von bewährten Argumenten, welche auf den ersten Gedanken durchaus einleuchtend erscheinen und immer wieder vorgebracht werden, sobald über Aluminium diskutiert wird.

Als Haupt-Argument wird gerade seine Häufigkeit angeführt: Wie sollte »das häufigste Metall der Erde« für den Menschen schädlich sein? Das wäre doch absurd! Aluminium sei überall, wir könnten es nicht einmal vermeiden, wenn wir wollten.

Bei diesem Argument wird übersehen, dass Aluminium zwar überall, im Lehm, im Ton, im Granit, enthalten ist, dass es allerdings – bildlich gesprochen – die Energie eines Atomkraftwerks bräuchte, um es aus diesen Verbindungen herauszuholen. Es gibt nur ein einziges Erz, aus dem die Erzeugung heute wirtschaftlich möglich ist, nämlich Bauxit. Und auch hier ist der dafür nötige Energieeinsatz enorm.

Sobald dieses Argument genannt wird, machen die Lobbyisten einen radikalen Schwenk und kommen nun plötzlich mit dem Gegenteil. »Die Dosis macht das Gift«, heißt es nun. Und bei den minimalen Mengen, mit denen der Mensch konfrontiert sei, wäre eine Schädigung gar nicht möglich.

Falls es aber doch einmal passieren sollte, dass jemand zu viel Aluminium abbekommt, gilt die These, dass das Metall vom Organismus umgehend wieder ausgeschieden wird. Und zwar vollständig.

Als drittes Dogma gilt schließlich die Feststellung, dass Aluminium, falls es – in wirklich ganz außergewöhnlich seltenen Fällen – doch nicht zur Gänze ausgeschieden werden könnte, in biologisch neutralen Depots, z. B. in den Knochen, eingeschlossen werde.

Diese drei Argumente begleiten das »Zeitalter des Aluminiums« seit vielen Jahren und sie werden bis heute von Seiten der Aluminium-, Kosmetik-, Nahrungsmittel- und Pharmaindustrie, aber auch von vielen Medizinern und Behördenvertretern angeführt, sobald von irgendeiner Seite Vorsichts-Maßnahmen gefordert oder auch nur andiskutiert werden.

Bei sorgfältiger wissenschaftlicher Analyse erweisen sich – wie wir sehen werden – alle drei »Dogmen des Aluminium-Zeitalters« als falsch. Auch minimale Dosen können relevante Schädigungen auslösen, wenn die betroffene Person eine besondere Empfänglichkeit hat oder wenn das Aluminium besonders sensible Bereiche schädigt.

Die Gefährdung geht dabei im Allgemeinen nicht von den Werkstoffen aus, in denen metallisches Aluminium in Legierungen mit anderen Elementen fix gebunden ist, sondern von den biochemisch aktiven Aluminium-Verbindungen, wie sie in Kosmetikprodukten, Nahrungsmitteln und Medikamenten enthalten sind. Es ist auch von enormer Bedeutung, wie wir das Aluminium aufnehmen. Der menschliche Organismus ist beispielsweise relativ gut darauf vorbereitet, Gifte und schädliche Inhaltsstoffe in unserer Nahrung zu erkennen, zu isolieren und wieder auszuscheiden. Im Normalfall passiert das über die dafür zuständigen Organe Leber und Niere, mit der nachfolgenden Ausscheidung über Harn oder Stuhl. Bei Vergiftungs-Notfällen wird Erbrechen oder Durchfall ausgelöst.

Der Organismus ist aber wesentlich schlechter ausgerüstet, Gifte, die über Kosmetikprodukte in die Haut aufgenommen werden, zu entsorgen. Und er hat im Lauf der Evolution gar keine Gegenstrategien erlernt, wenn Aluminiumsalze – so wie bei Impfungen – tief ins Muskelgewebe injiziert werden.

Wir leben im Zeitalter des Aluminiums. Und wie es scheint, haben wir das Leichtmetall bislang sträflich unterschätzt. Neben der glänzenden Oberfläche hat das chemische Element eine dunkle Seite, der bisher von der Wissenschaft kaum Bedeutung geschenkt wurde. Die Recherche zu diesem Buch war demnach eine Entdeckungsreise zu den ebenso faszinierenden wie gefährlichen Eigenschaften von Aluminium, sowohl im Bereich der Umwelt, der Energie als auch der Gesundheit.

Zentrale These dieses Buches ist es, dass Aluminium jener lange gesuchte Umweltfaktor sein könnte, welcher ursächlich zum rasanten Anstieg der sogenannten Zivilisationskrankheiten beigetragen hat: von kindlichen Entwicklungsstörungen bis zur vollständigen Entgleisung des Immunsystems. Von Asthma und Allergien als Volkskrankheit bis zum Albtraum der Auflösung des Ichs von geliebten Menschen im Zuge einer immer weiter fortschreitenden Alzheimer-Epidemie.

Das Thema des Buches ist hochbrisant – angesichts einer in der Medizingeschichte noch nie dagewesenen Rate chronisch kranker Menschen.

Ich lade Sie ein, die Reise in die Welt von Aluminium mit mir zu gehen. Machen Sie sich selbst ein Bild.

1. Aluminium – ein biochemischer Alien

Das Geheimnis von 9/11

Noch selten hat mich eine Recherche so in den Bann gezogen und ist derartig ausgeufert wie diese hier: als ich begann, mich für Aluminium zu interessieren. Nie wäre ich auf die Idee gekommen, in welchen exotischen Anwendungen und bei welch entlegenen Themen dieser alltägliche Werkstoff eine Rolle spielen würde.

Gerade vorhin hatte ich wieder eine dieser denkwürdigen Begegnungen, die typisch waren für meine Entdeckungsreise in die Welt von Aluminium: Diesmal war es die berüchtigte Al-Kaida-Attacke vom 11. September 2001, welche New York den Einsturz der Twin-Towers bescherte. Was sollte das mit Aluminium zu tun haben?

Ich habe den ganzen Tag mit Christian Simensen verbracht, einem Physiker und Metallurgie-Experten aus Oslo, der sich als Mitarbeiter von SINTEF, der größten unabhängigen Forschungseinrichtung Skandinaviens, den Großteil seines Berufslebens mit den chemischen und physikalischen Eigenschaften von Aluminium beschäftigt hat.

Christian Simensen ist 70 Jahre alt und das, so sagt er, sei in Norwegen das normale Alter, in dem sich die meisten Leute zur Ruhe setzen und ihre Pension genießen. Bei ihm kann von Ruhestand keine Rede sein. Er schreibt emsig an wissenschaftlichen Publikationen und ist Gast auf Tagungen und Kongressen, wo er penibel seine Recherchen darlegt und die Zuhörer verblüfft.

Den Anstoß dazu gab vor ein paar Jahren sein Sohn Erding. Die beiden sprachen über das Attentat von 9/11. Erding erklärte, dass er einen Film gesehen hatte, der überzeugende Beweise dafür bot, dass die Twin Towers nicht durch den Einschlag der Flugzeuge eingestürzt sind, sondern von der CIA oder einer sonstigen Macht gesprengt wurden, um daraus die Rechtfertigung für die folgenden Kriegszüge der USA zu liefern.

Ein Argument für diese These sei die übereinstimmende Aussage vieler Beteiligter, dass sie kurz vor dem Einsturz heftige Explosionen gehört hatten. Also müsse jemand Dynamit oder TNT im Gebäude gelagert und gesprengt haben. Auf Videos sei außerdem klar zu erkennen, dass die Explosionen deutlich unterhalb jener Stelle stattfanden, wo die beiden Flugzeuge vom Typ Boeing 767 in die Türme eingeschlagen hatten. Dies, so Erding, sei ein eindeutiger Beleg, dass hier Sprengladungen gezündet worden waren.

Vater und Sohn sahen sich zusammen die Videos an und tatsächlich stimmte die Beobachtung: Wenn man Sekunde für Sekunde die Bilder verglich, so gab es in beiden Türmen kurz vor dem Einsturz eine gewaltige Explosion. Diese fand nicht an den Löchern an der Fassade statt, wo nun heftiger Rauch austrat, sondern ein bis zwei Stockwerke darunter.

Der Metallurgie-Experte Christian Simensen fand den Gedanken an eine Beteiligung der USA haarsträubend. Dennoch musste er anerkennen, dass hier Beobachtungen vorlagen, die man nicht einfach so als Blödsinn abtun konnte. Er versprach also seinem Sohn, die Angelegenheit näher zu untersuchen und alle diese Beobachtungen auf Basis der Naturwissenschaften vollständig aufzuklären.

Über einen Kollegen in New York bestellte Simensen den offiziellen 250 Seiten starken Untersuchungsbericht zum Hergang des Unglücks,[3] an dem insgesamt 312 Experten aus den verschiedensten Fachgebieten mitgearbeitet haben und auch namentlich angeführt werden.

Als Simensen die technischen Details zum Einsturz der beiden Hauptgebäude des World Trade Centers studierte, kam er immer mehr ins Grübeln. Denn die befassten Experten beschrieben das Unglück wie einen über den Treibstoff aus den Flugzeug-Tanks aufgeheizten Hochhaus-Brand:

Durch die große Menge an Kerosin in den beiden Flugzeugen sei ein Feuer entstanden, das über Kunststoff und sonstige Einrichtungsgegenstände ständig genährt wurde, hieß es in dem Bericht. Bald habe der Großbrand eine Temperatur von über 1.000 Grad Celsius erreicht. Durch die enorme Hitze sei das Stahlgerüst der Wolkenkratzer weich geworden und habe schließlich der enormen Last der darüberliegenden Stockwerke nicht mehr standgehalten und sei schlussendlich kollabiert.

Als Christian Simensen den Bericht vollständig durchgelesen hatte, bemerkte er mit wachsendem Erstaunen den entscheidenden Fehler der US-Expertenkommission: »Sie hatten komplett auf die Flugzeuge vergessen!«

Neben dem relativ schwer entflammbaren Kerosin aus den Tanks steuerten die Maschinen laut Simensen nämlich noch eine deutlich explosivere chemische Zutat zum Desaster bei: »Das Aluminium aus deren Karosserie.«

Eine Boeing 767 hat ein Leergewicht von 87 Tonnen, erklärt Simensen. »Etwas mehr als ein Drittel davon, nämlich 33 Tonnen stammt von den Aluminiumteilen in der Karosserie der Flugzeuge.« Diese Menge an purem Aluminium müsse in den Hergang des Unglücks mit einbezogen werden, sonst fehle die wichtigste Zutat, um den Einsturz zu verstehen. Der Rest des Geschehens sei dann eine relativ simple Abfolge von chemischen Reaktionen, welche den Experten der US-Kommission eigentlich bekannt sein sollten, kritisiert Simensen.

Beim Einschlag der Maschine in das Stahlgerüst-Netzwerk der Türme wurden die Flügel abgetrennt, das Flugzeug in mehrere Teile zerschlagen und die Treibstoff-Tanks der Maschine aufgerissen. Der Rumpf des Flugzeuges, dessen Außenhaut fast vollständig aus Aluminium besteht, wurde über die Wände und Stahlträger des Gebäudes immer mehr abgebremst und schließlich auf einen Klumpen zusammengepresst. Die gesamte Umgebung war mit tausenden Litern Kerosin getränkt, das sich entzündete. Der dem Diesel ähnliche Flugzeug-Treibstoff hat jedoch selbst kein Explosions-Potenzial, welches die eine Stunde später folgenden Ereignisse erklären könnte. Aluminium hingegen schon. Das Leichtmetall hat einen Schmelzpunkt von 660 Grad. Etwa eine Stunde nach dem Einschlag, rechnete Simensen vor, erreichte die Temperatur im Zentrum 750 Grad. »Aluminium wird in der Folge flüssig und rinnt ähnlich wie Wasser ab.«

Das eigentliche Problem, so Simensen, entsteht, wenn das flüssige Aluminium auf tatsächliches Wasser trifft.

In der Aluminiumindustrie gibt es eine oberste Regel, die allen Mitarbeitern bei den Schulungen mit Vehemenz eingetrichtert wird, erklärte mir Simensen. »Und diese oberste Regel lautet: Es muss trocken sein!«

Niemals und unter keinen Umständen dürfe flüssiges Aluminium in Kontakt mit Wasser kommen. Seit dem Jahr 1980 sind laut einer Untersuchung der US-Aluminium-Association mehr als 250 Unfälle dokumentiert, wo diese Regel missachtet wurde. Und dabei, so Simensen, habe bereits deutlich weniger Aluminium genügt, um Katastrophen auszulösen.

Besonders gut dokumentiert ist ein Versuch, der im Jahr 1980 in einem Werk des US-Multis Alcoa durchgeführt wurde. Dabei wurden 30 Kilogramm geschmolzenes Aluminium per Fernsteuerung auf 20 Liter Wasser gegossen. Daraufhin kam es zu einer so gewaltigen Explosion, welche die Techniker des Unternehmens vollständig überraschte. Die Wucht der Reaktion fegte das halbe Laboratorium weg. Zurück blieb ein Krater von 30 Metern Durchmesser.

Während hier glücklicherweise der Sicherheits-Abstand groß genug war und keine Mitarbeiter zu Schaden kamen, waren die Folgen dramatisch, als im Jahr 2008 ein Arbeiter in einem chinesischen Alu-Werk geschmolzenes Metall irrtümlich auf einen nassen Untergrund ausleerte. Allein der feuchte Boden genügte, um eine verheerende Explosion auszulösen, bei der 64 Personen verletzt wurden und 16 Menschen starben. Die chinesische Anlage wurde vollkommen zerstört.[4]

Simensen zeigte mir eines der weniger bekannten Videos vom Einsturz der Twin Towers. Dabei ist eine Kamera starr auf das brennende Gebäude gerichtet. Plötzlich erkennt man, wie eine helle, weißliche Flüssigkeit aus den Fenstern rinnt – und gleich darauf kommt es zur finalen Explosion, worauf der Turm einstürzt.

»Die Flüssigkeit, die Sie hier sehen«, erklärt mir Simenson, »das ist geschmolzenes Aluminium. Sobald eine bestimmte Temperatur erreicht war, floss es aus den Fenstern, durch die zerstörte Decke und über die Treppen in die darunterliegenden Stockwerke. Dort traf es auf große Mengen Wasser, das sich über die Sprinkleranlagen, gebrochene Leitungsrohre und Ähnliches angesammelt hatte.« Dieses fatale Zusammentreffen, so Simensen, sei der wahre Grund, warum die Twin-Towers so spektakulär eingestürzt sind.

Es war nicht die Überhitzung des Stahlgerüstes, denn Stahl hat seinen Schmelzpunkt, je nach Legierung, erst bei rund 1.500 Grad.

Und es war auch kein Dynamit oder TNT, das finstere Verschwörer von CIA oder wem auch immer dort gelagert hatten. »Das brauchte es gar nicht«, sagt Simensen, »denn die Menge an Aluminium, die hier zur Verfügung stand, entspricht etwa 800 Tonnen Dynamit bzw. 700 Tonnen TNT. Das genügte durchaus, um ein Stockwerk vollständig wegzublasen.«

Ohne das Aluminium aus dem Flugzeugwrack wären die Türme genauso eingestürzt, erklärt Simensen. Nur hätte es nicht eine Stunde, sonder etwa sieben bis acht Stunden gedauert. Dies belegen einige Hochhaus-Katastrophen aus der Geschichte, aber auch der Einsturz des benachbarten Gebäudes WTC-7. Das 42-stöckige Hochhaus war am Vormittag von brennenden Teilen der einstürzenden Twin-Towers getroffen worden und brach dann am späten Nachmittag des Unglückstages selbst zusammen.

Christian Simensen hat in den letzten beiden Jahren jedes Detail des Einsturzes recherchiert und – über seine Kenntnisse des Verhaltens von Aluminium – alle relevanten Beobachtungen wissenschaftlich erklärt.[5] Fachleute aus der Aluminium-Industrie, die mit dem Gefahrenpotenzial ihres Werkstoffes vertraut sind, spendeten Beifall für die »erste Theorie zum Einsturz der Twin-Towers, die auch tatsächlich Sinn macht«.

Auch Erding Simensen ist längst überzeugt, dass es – außer dem

Attentat der Al Kaida – keine weiteren finsteren Mächte brauchte, um die Auswirkungen des Unglücks und den Einsturz der Twin-Towers zu verstehen.

Einzig die US-Kommission gibt sich verstockt und teilt auf Anfrage nur mit, dass »den publizierten Resultaten nichts hinzuzufügen ist«.

Warum die US-Kommission eine derart laienhafte Publikation ablieferte, welche nicht in der Lage war, die offensichtlichen Explosionen zu erklären, und damit Verschwörungs-Theoretikern erst recht den Boden bereitete, bleibt ein Rätsel und eine unglaubliche Blamage. Tatsächlich findet man im Bericht der 312 US-Experten das Wort »Aluminium« gerade drei Mal – jeweils in belanglosem Zusammenhang. Dass es jedoch gerade die chemischen Eigenschaften von Aluminium waren, welche die Wurzel zum Verständnis der Ereignisse bilden, entging den ansonsten wohl hochgebildeten Fachleuten komplett.

Das Silber aus Lehm

Mit einem Anteil von rund acht Gewichtsprozent ist Aluminium das dritthäufigste Element der Erdkruste und damit das häufigste Metall. Noch weiter verbreitet sind nur Sauerstoff und Silizium, welche gemeinsam mit Aluminium in unzähligen Kombinationen und Bindungen den Großteil der rund 40 Kilometer dicken, soliden Oberfläche der Erde bilden.

Dennoch wusste noch vor hundert Jahren kaum jemand etwas mit dem Wort Aluminium anzufangen. Die deutsche Aluminiumindustrie feiert beispielsweise erst im Jahr 2015 ihr hundertjähriges Bestehen. Aluminium ist damit eindeutig ein Werkstoff der Moderne.

»Gediegenes«, reines Aluminium kommt in der Natur ganz selten und in winzigen Körnchen bzw. Mikrokristallen vor. Es sind nur einige wenige bis ein Zentimeter große Nuggets bekannt. Dabei handelt es sich um Mischungen aus Blei und Aluminium, die etwa in Aserbaidschan gefunden wurden.

Als Bestandteil von Gestein ist Aluminium hingegen allgegenwärtig. Die auffälligste Eigenschaft von Aluminium ist seine extreme Reaktionsfreudigkeit. Biochemisch aktive Aluminium-Ionen sind dreifach positiv geladen und versuchen sich sofort und dauerhaft mit den nächstbesten Elementen zu verbinden. Deshalb blieb Aluminium über Milliarden von Jahren als fixer Bestandteil von Lehm, Ton, Gneis oder Granit fest in der Erde gefangen.

Im Vergleich dazu war Eisen mit seinem dreifach höheren spezifischen Gewicht von Beginn an ein Nutzmetall. Die ersten Fundstücke sind Speerspitzen aus der Zeit um 4.000 v. Chr. Sie wurden aus den Trümmern eisenhaltiger Meteoriten zurechtgeschlagen. Erst viel später entwickelte das Volk der Hethiter im Gebiet der heutigen Türkei die Technik der Eisenverarbeitung und hatte in der Zeit ab 1.600 v. Chr. über mehrere Jahrhunderte ein Weltmonopol. Mit der allgemeinen Verbreitung des Wissens um die Verhüttungs- und Schmiedetechnik ging die Bronzezeit um 1.200 v. Chr. zu Ende und Eisen wurde das bestimmende Material zur Herstellung von Werkzeug und Waffen.

Dass es so etwas wie Aluminium überhaupt gibt, wurde erst 3.000 Jahre später entdeckt. Taufpate war im Jahr 1808 der britischen Chemiker Humphry Davy, der sich zuvor bereits mit der erstmaligen Isolierung von Kalium sowie der Gewinnung von Barium, Strontium, Magnesium und Kalzium einen Namen gemacht hatte. Auch Aluminium wollte er – mit Hilfe einer Batterie – aus Tonerde gewinnen, scheiterte jedoch daran.

Bei der Namensgebung brauchte es mehrere Anläufe. Zunächst nannte Davy das Element »Alumium«, später »Aluminum«. Die zweite Bezeichnung hat sich bis heute in den USA gehalten. Im deutschsprachigen Raum hieß es eine Zeit lang »Tonsilber«. Schließlich setzte sich aber hier wie im Großteil der Erde der Name »Aluminium« durch.

Davy orientierte sich bei der Namensgebung am lateinischen Wort Alumen, das wir im Deutschen als Alaun kennen. Alaun wird seit der

Antike zum Gerben von Leder sowie zum Färben und Beizen von Stoffen verwendet. Alaun-Kristalle wurden als Vorgänger des Deodorants eingesetzt. »Er entfernt den Gestank unter den Achseln sowie auch den Schweiß«, heißt es in der »Naturkunde« des römischen Gelehrten Plinius.

Alunit oder Alaunstein ist ein eher selten vorkommendes Mineral. Im Mittelalter war es ein begehrtes Gut, das aus dem Orient eingeführt werden musste. Als im 15. Jahrhundert im Kirchenstaat bei Tolfa reiche Funde entdeckt wurden, errichtete der Papst gemeinsam mit dem Haus Medici das erste Alaunwerk Europas. Hier waren bis zu 6.000 Arbeiter damit beschäftigt, Alaunstein abzubauen und diesen in Schachtöfen zu brennen. Der Vatikan hatte daraufhin in Europa ein Monopol auf die Herstellung der begehrten Chemikalie. Der geschäftstüchtige Papst Pius II. drohte in seiner Osterbulle von 1463 all jenen den Kirchenbann an, die weiterhin »unchristliches« Alaun importieren oder kaufen. Doch im frühen 16. Jahrhundert war es auch schon wieder mit dem päpstlichen Monopol vorbei: Als es gelang, auch aus Schwarzschiefer Alaun zu gewinnen, schossen die Alaunwerke nur so aus dem Boden.

Die Herstellung von Alaun war enorm aufwändig und die Qualität des Endproduktes schwankte gewaltig. Das »Rösten« des Schwarzschiefers brauchte große Mengen von Holz, um das darin enthaltene Pyrit in Schwefelsäure umzuwandeln. Die Säure war nötig, um Aluminium, Eisen, Kalium und andere »Tonminerale« aus dem Gestein zu lösen. Um das teure Holz einzusparen, wurde Ammoniak über die Beimengung von Urin und angefaulten Schlachtabfällen zugesetzt. Nach der Methode von Versuch und Irrtum probierten die verschiedenen Werksmeister alle möglichen Rezepte aus. Was chemisch ablief, war für die Menschen damals vollständig undurchschaubar und so waren auch die Chemikalien, die schließlich als Alaun angeboten wurden, von höchst unterschiedlicher Zusammensetzung und Qualität. »Gutes Alaun« war jedenfalls eine Kombination, welche zum großen Teil aus Kalium- und Aluminiumsulfat bestand.

Das Aufblühen der Chemieindustrie im 19. Jahrhundert bereitete den alten Alaunwerken ein rasches Ende. Schwefelsäure war nun leicht zu haben und damit konnte das Alaunsalz billig in den Fabriken hergestellt werden. Auch was heute in den Drogerien als Alaunstein oder Deo-Kristall angeboten wird, ist Kaliumaluminiumsulfat. Schlicht falsch sind Werbeaussagen, es handle sich dabei um aluminiumfreie »natürliche Mineralsalze«, die »gesunde Alternative« zu herkömmlichen Deodorants. Alaun enthält in Wahrheit sogar mehr Aluminium als die meisten Deos. Und wenn man will, kann man Kaliumaluminiumsulfat selbstverständlich als natürliches Mineralsalz bezeichnen. Dann gilt dasselbe aber auch für Aluminiumchlorid, den chemischen Wirkstoff in schweißhemmenden Deodorants.

Doch zurück zum erwähnten Namenspatron des Aluminiums, Humphry Davy, der trotz vieler Anläufe an der Isolierung des Metalls gescheitert war. Davy war ein exzessiver Geist, der berühmt war für seine waghalsigen Experimente und seine poetischen Vorträge. Die Angewohnheit, unbekannte Chemikalien zu kosten und zu riechen, schadete seiner Gesundheit und so starb er, gerade mal 50-jährig, nach einem Herzinfarkt.

Mehr Glück bei der Isolierung des Metalls hatte der dänische Physiker und Chemiker Hans Christian Oersted, der im Jahr 1825 winzige Mengen des neuen Metalls durch die Reaktion von Aluminiumchlorid mit Kaliumamalgam gewinnt. Da er sich jedoch mehr für das Phänomen des Elektromagnetismus interessierte, forderte er den deutschen Chemiker Friedrich Wöhler auf, sich doch weiter mit den Eigenschaften von Aluminium zu befassen.

Wöhler reizte die Aufgabe sofort, die chemischen und physikalischen Eigenschaften des sensationellen Fundes zu ermitteln. Er verfeinerte Oersteds Methode und schaffte es, im Jahr 1827 ein graues Pulver abzuscheiden, das im Licht betrachtet »aus lauter kleinen Metallflittern« bestand. Weil dies zu wenig war, um seine Eigenschaften auszukundschaften, und sich auch Wöhler wieder anderen Arbeiten zuwandte, dauerte es bis 1845, bis er schließlich mit allergrößter Mühe doch ein kleines Aluminiumklümpchen zustandebrachte. Hier war es ihm nun endlich möglich, die spezifische Dichte zu bestimmen. Für genauere Untersuchungen reichte das aber nach wie vor nicht. Wöhler hinterließ in einem zugeschmolzenen Röhrchen ein stecknadelkopfgroßes Kügelchen sowie eine kleine gehämmerte Platte, welche er selbst mit den Worten »Vom ersten Aluminium« beschriftete. »Unter Chemikern gilt Aluminium fortan als interessante Laborkuriosität, die das Herz von so manchem Wissenschaftler höher schlagen lässt«, schreibt Luitgart Marschall in ihrer Stoffgeschichte des Aluminiums,[6] einem Buch, das allen empfohlen sei, die sich für dessen Entdeckungsgeschichte näher interessieren.

Wegen seines edel glänzenden Aussehens und des hohen Preises wurde reines Aluminium zu Beginn als Verwandter des teuren Silbers angesehen. Einer der ersten Gegenstände, die aus Aluminium hergestellt wurden, war eine Baby-Rassel für den neugeborenen Sohn von Kaiser Napoleon III. Ein Jahr davor, von Mai bis Oktober 1855 wurde das Metall auf der Weltausstellung in Paris erstmals feierlich einer großen Öffentlichkeit von mehr als fünf Millionen Besuchern präsentiert. Was sie zu sehen bekommen, ist allerdings noch recht bescheiden: Zwölf kleine Barren des neuen Metalls liegen in einer Vitrine, die zusammen gerade mal ein Kilogramm wiegen. Daneben ein paar Objekte wie ein Aluminiumbesteck, ein Chronometer und der Arm einer Balkenwaage aus dem Leichtmetall.

Als begabter Promoter erweist sich der französische Chemiker Henri Sainte-Claure Deville, der in seinen Auftritten vor der Akademie der Wissenschaften die Eigenschaften des Metalls in schillernden Farben ausmalt und ihm eine phantastische Zukunft prophezeit: Man bedenke, es sei weiß und unveränderlich wie Silber, schwärze nicht an der Luft, sei gut schmelz- und hämmerbar, dabei auch noch verformbar und zäh. Bedenke man ferner, dass es in beträchtlichen Mengen Bestandteil des gewöhnlichen Tons sei, so müsse man sich geradezu wünschen, dass es bald gelingt, das Metall daraus zu lösen. Dann würde es, so Deville, bald schon alle anderen Metalle überflügeln.

Trotz derartiger Werbung sollte es zwei Weltkriege brauchen, bis der silberne Vogel wirklich abhob. Denn als sein wichtigster Trumpf erwies sich seine Leichtigkeit. Und erst über den massenhaften Einsatz für die Karosserie von Flugzeugen entstand das Know-How für die großindustrielle Fertigung des leichten, aber doch stabilen Metalls.

Evolution live: Say hello to the Alien

Aluminium ist das einzige der reichlich vorhandenen Elemente, das von Lebewesen nicht genutzt und für keinerlei biologische Funktion benötigt wird. Das ist höchst ungewöhnlich, weil die Evolution stets nach dem Prinzip vorgeht, dass alles, was da ist, auch in einem positiven Sinne eingesetzt wird.

Doch Aluminium war nicht da. Es steckte in seinen festen Bindungen – meist mit Silikaten und Sauerstoff – fest. Insgesamt sind mehr als tausend aluminiumhaltige Minerale bekannt. Aktive Ionen können sich daraus nur unter dem Einfluss starker Säuren oder Basen lösen und abgesehen vom Phänomen des »Sauren Regens«, den wir mit Hilfe industrieller Luftverschmutzung selbst erzeugt haben, waren solche Ereignisse im natürlichen Ablauf der Entstehung des Lebens auf der Erde selten.

Bohrungen in urzeitliche Eis-Schichten mit einem Alter bis zu 700.000 Jahre zeigen, dass Aluminium niemals in relevanten Mengen biochemisch verfügbar war. Es blieb tief in der Erdkruste, nicht wasserlöslich und für keine biologische Funktion erreichbar. Das Leben entwickelte sich demnach in nahezu vollständiger Abwesenheit von Aluminium. »Die Biologie kannte Aluminium nicht, bevor wir vor etwa 120 Jahren begonnen haben, es aus seinen festen Bindungen in der Erde zu befreien«, erklärt Christopher Exley, Professor für bioanorganische Chemie an der britischen Université Keele. Für sämtliche Lebensprozesse sei Aluminium so etwas wie ein Alien, warnt Exley – ein Außerirdischer, auf den niemand vorbereitet war: »Wir befinden uns jetzt im Zeitalter des Aluminiums und sind Zeugen einer aktiven Phase der Evolution: Das Leben schließt gerade Bekanntschaft mit Aluminium.« Was dabei herauskommt, sagt Exley, sei schwer zu sagen. »Wir befinden uns inmitten eines Experiments mit ungewissem Ausgang.« Solche Phasen hat es im Lauf der Erdgeschichte immer wieder gegeben. Die bekannteste und dramatischste war die Entstehung von freiem Sauerstoff, die zur Bildung der gasförmigen Hülle unseres Planeten, der Erd-Atmosphäre, führte. In den Lehrbüchern wird sie als »große Sauerstoff-Katastrophe« bezeichnet und ereignete sich vor etwa 2,4 Milliarden Jahren. Damals entwickelten Algen und andere Pflanzen die Technik der Photosynthese, bei der sie mit Hilfe von Sonnenlicht Kohlenstoffdioxid und damit Energie erzeugen. Bei diesem Prozess wird Sauerstoff »ausgeatmet«.

Ebenso wie Aluminium ist Sauerstoff ein sehr reaktionsfreudiges Element. Für die überwiegende Zahl der damaligen Lebewesen war Sauerstoff pures Gift. Sie starben aus und neue Arten entstanden, welche Sauerstoff nun ihrerseits zur Energieerzeugung nutzten. Heute ist es genau umgekehrt wie zur Zeit der großen Sauerstoff-Katastrophe: Nahezu alle Lebewesen brauchen für ihren Stoffwechsel Sauerstoff − und nur wenige Arten leben anaerob.

Sauerstoff ist heute das mit Abstand wichtigste Element unserer Welt: Der Masseanteil von Sauerstoff in der Luft beträgt 23 Prozent, jener in Süßwasser liegt bei 89, in Meerwasser bei 86 Prozent. Etwa die Hälfte des Gewichts der Erdkruste kommt vom Sauerstoff, der mit Eisen und vielen anderen Elementen verbunden ist. Auch die erste Reaktion, die metallisches Aluminium eingeht, wenn es fertig gegossen wurde, ist immer jene mit Sauerstoff. Dies ist auch der Grund, warum Aluminium nicht rostet: Die beiden extrem reaktionsfreudigen Elemente bilden augenblicklich eine dichte Oxidschicht und damit isoliert sich Aluminium von weiteren Oxidationsvorgängen. Der Fachausdruck dafür lautet: Selbstpassivierung. Eisenrost hingegen ist porös und durchlässig und schützt nicht vor weiterer Zersetzung des Metalls. Der Sauerstoff erobert sich das Eisen zurück.

»Nicht nur Sauerstoff, nahezu alle Elemente waren toxisch, als sie im Lauf der Evolution des Lebens erstmals auftraten«, sagt Exley. Ein gutes Beispiel, wie die Evolution mit diesen Herausforderungen umging, ist das Element Calcium.[7] Als die ersten Einzeller im Meerwasser entstanden, teilte sich – aus Sicht der Zelle – die Welt in »außerhalb« und »innerhalb« der Zellmembran. Im Wasser gab es nicht allzu viele Elemente, welche sich als Bausteine des Lebens aufdrängten. Neben dem Wasser selbst waren das Natrium und Chlorid mit einem Anteil von ein bis zwei Volumsprozenten. Magnesium hielt bei 0,1 Prozent und dann kamen schon Kalium (0,03) und Calcium mit 0,04 Prozent. Die Eigenschaften von Calcium wurden in allen nur möglichen Variationen getestet, ob sie dem Stoffwechsel der Zelle irgendwie nützlich sein könnten. Dabei stellte sich heraus, dass Calcium zwar viele interessante und sinnvolle Eigenschaften besitzt, in höheren Konzentrationen jedoch schwer toxisch und mit den Abläufen des Lebens vollständig inkompatibel ist. Also gingen schon die primitivsten Zellen daran, den Zugang von Calcium streng zu reglementieren, sodass die Calcium-Konzentration innerhalb der Zelle um das Zehntausendfache niedriger war als außerhalb. In dieser geringen Konzentration konnte es jedoch seine hervorragenden Eigenschaften gut ausspielen und so ist Calcium heute – etwa in der Signalübertragung von einer Zelle zur anderen – für das Leben des Menschen und der meisten anderen Lebewesen unverzichtbar.

Die Evolution testet also alle Möglichkeiten, wählt über Versuch und Irrtum die günstigsten aus und damit entstanden die Bausteine des Lebens. Und der Zufall spielte fröhlich mit. Als höherentwickelte Lebewesen abermals vor dem Problem standen, was sie mit dem wertvollen und doch so problematischen Calcium anfangen sollten, war eine der Ideen, das Calcium in einer Art Problemstoff-Lager zu deponieren. Dies war insofern ein genialer Einfall, als es die Basis für die Bildung von Knochen und die Entstehung der Wirbeltiere und damit auch der Menschen darstellte. Zyniker könnten also behaupten, wir sind das Resultat einer im Lauf der Evolution angelegten Sondermüll-Deponie.

Manche chemischen Elemente erwiesen sich jedoch trotz aller nur denkbaren Anwendungs-Experimente als unbrauchbar. »Dazu zählt beispielsweise Cadmium«, erzählt Exley. »Wenn du ein Sandwich isst, das mit Cadmium kontaminiert ist, so wird dein Körper spezielle Proteine erzeugen, deren Aufgabe es ist, das Cadmium möglichst rasch wieder aus dem Organismus rauszubefördern.« Allein die Fähigkeit, diese spezifischen Proteine zu erzeugen, sagt Exley, belegt deutlich, dass der Körper Cadmium aus dem Ablauf der Evolution her kennt und auch darauf vorbereitet ist, es wieder loszuwerden.

»Bei Aluminium«, sagt Exley, »ist das hingegen nicht der Fall. Weder spielt Aluminium irgendeine sinnvolle Rolle im Stoffwechsel, noch wird es vom Körper erkannt. Dadurch gibt es auch keine Abwehr- und Schutzmaßnahmen gegen die aggressiven Metallionen.« Das Leben, so Exley, ist dem Einfluss des Aluminiums weitgehend schutzlos ausgeliefert, weil es eben im Lauf der Evolution keinen Kontakt gab.

Dieser Kontakt passiert erst jetzt, seit die Menschen begannen, Aluminium aus den festen Verbindungen in der Erde zu lösen und diese in die biologischen Systeme freizusetzen. »Wir wissen, dass Aluminium, wenn es auf lebende Organismen trifft, eine enorm variantenreiche Chemie aufweist«, sagt Exley und nennt als Beispiel Magnesium, das im Stoffwechsel des Menschen an einer Unzahl wichtiger Abläufe beteiligt ist. »Fast in jedem Prozess, wo Magnesium eine Rolle spielt, könnte es von Aluminium verdrängt werden«, sagt Exley. Doch Aluminium habe ganz andere Eigenschaften als Magnesium. Einige der Abläufe würden durch Aluminium vielleicht sogar verbessert, die meisten aber verschlechtert oder ganz unmöglich, sagt Exley. »Wir wissen nicht, was passiert, wenn Aluminium im Biosystem andere Elemente verdrängt und sich in gut eingespielte Lebensprozesse einbaut. Doch wir sind gerade jetzt in diesem Prozess. Das ist ebenso faszinierend wie beängstigend.«

Der Punkt, den Exley hier anspricht, erscheint mir essentiell für das Verständnis der Situation. Denn wenn seine Einschätzung stimmt – und es gibt wenig, was dagegen spricht – so wären die

Konsequenzen gewaltig. Vor allem würde es bedeuten, dass der Großteil der Fachleute, Mediziner, ja sogar der ausgewiesenen Aluminiumexperten von einer völlig falschen Ansicht ausgehen, wenn immer wieder darauf hingewiesen wird, dass Aluminium als häufigstes Metall der Erdkruste ja sowieso allgegenwärtig ist. Dass wir beim Umgang mit Aluminium also überhaupt keine besondere Vorsicht walten lassen brauchen, weil das Leben an Aluminium seit jeher gewöhnt ist.

»Aluminiumsilikate, wie sie in fast jedem Gestein vorkommen, kann man jedoch überhaupt nicht vergleichen mit den biologisch aktiven Alu-Verbindungen, die wir heute überall einsetzen«, sagt Exley. »Das sind zwei vollständig unterschiedliche Dinge, die nichts miteinander zu tun haben und sich auch vollständig anders verhalten.«

Der »Saure Regen« als Fischkiller

Für Christopher Exley war es ein wissenschaftliches Schlüssel-Erlebnis, als er vor beinahe 30 Jahren bei seiner Arbeit mit atlantischen Lachsen erstmals auf Aluminium stieß. Dabei erfasste ihn eine spezielle Faszination für dieses Leichtmetall, das für ihn »die mit Abstand eigenartigste und wohl auch problematischste Substanz der Erde ist.«

In der Wissenschafts-Community gilt Exley heute als »Mister Aluminium«, weil kein anderer Forscher weltweit über so lange Zeit und in so vielen verschiedenen Aspekten zum Thema gearbeitet hat. Alle zwei Jahre lädt er zum »Keele Meeting on Aluminium«, einer internationalen Konferenz zur aktuellen Aluminiumforschung, die 2013 zum zehnten Mal stattfindet.

Den Anlass für Exleys Einstieg ins Thema bildete eines der großen Umweltthemen der 1980er Jahre, der »Saure Regen«, der über die steigende Luftverschmutzung durch Verkehr und Industrie verursacht wurde und die Böden versauerte. Sichtbare Auswirkung war das Waldsterben in der Umgebung besonders emissionsreicher Braunkohle-Kraftwerke oder ähnlicher »Dreckschleudern«.

Ebenso kam es damals zu einem ungewöhnlichen Fischsterben, was besonders den Betreibern von Aquakulturen Probleme bereitete. Die Lachse schlüpften entweder nicht aus dem Laich oder sie waren so geschwächt, dass sie bei der Übersiedlung vom Süßwasser in die Käfige vor der Küste eingingen. Damals nahm man an, dass die Fische den sauren pH-Wert des Wassers von 5,5 und darunter nicht ertrugen und deshalb zugrunde gingen.

Ein Hilferuf eines schottischen Lachsproduzenten erreichte die Universität, wo der junge Chemiker Exley gerade auf der Suche nach einem Thema für seine Doktorarbeit war. So untersuchte er Mitte der 80er Jahre das Phänomen in den britischen Aquakulturen. Exley analysierte die chemische Zusammensetzung des Wassers und bestätigte dabei den niedrigen pH-Wert des Regenwassers. Gleichzeitig stieß er im Wasser der Aquakultur zu aller Überraschung auf einen vergleichsweise ungewöhnlich hohen Gehalt an Aluminium.

Exley wies nach, dass es nicht der niedrige pH-Wert ist, der die Fische tötet, sondern ein indirekter Weg:

»In neutralem Wasser ist Aluminium nahezu unlöslich«, fand er heraus. »Sobald der pH-Wert jedoch in den sauren Bereich absinkt, werden zunehmend Aluminium-Ionen aus dem Gestein herausgelöst.« Und genau dies bewirkte der Saure Regen. Die reaktionsfreudigen Metallionen befallen die Zellen der Kiemen, verstopfen diese mit Schleim und behindern auf diese Weise die Atmung. Eine Konzentration von 1,5 Milligramm pro Liter erwies sich als tödlich für erwachsene Tiere.

Bei Jungfischen und Laich waren jedoch schon wesentlich geringere Konzentrationen fatal. Hier reagieren die Aluminium-Ionen vor allem mit Zellen des sich entwickelnden Nervensystems und schädigen diese in ihrer Funktion.

Exley wies diesen toxischen Effekt im Detail mit Lachseiern nach. Während ein niedriger pH-Wert kaum Schaden verursachte, genügte ein minimaler Aluminiumgehalt von 0,2 Milligramm pro Liter, um in Kombination mit dem leicht sauren Wasser die Kiemen und das Nervensystem der Lachs-Embryos irreparabel zu schädigen. Binnen 48 Stunden starb der Laich vollständig ab. Im von Aluminium unbelasteten Behälter schlüpften währenddessen die Jungfische.

2. Vom Bauxit zum Aluminium

Rote Erde

Bauxit ist eine Gesteinsschicht von recht unterschiedlicher Beschaffenheit, von erdig-weich bis kristall-hart. Je nach Eisenanteil verändert sich seine Farbe von braun zu rötlich, mit weniger Eisen ist es gelblich-grau bis rosa-weiß. Bauxit entsteht im Lauf der Verwitterung silikat-, kalk- und aluminiumreicher Gesteine. Tropisches, feuchtes Klima begünstigt diesen Prozess, indem Silikate, Mangan und Kalium durch Wasser und natürliche Säuren gelöst und ausgeschwemmt werden. Aluminium, Eisen und Titan reichern sich am Ort an und verbinden sich mit Sauerstoff zu Oxiden. Bauxit ist also – je nach Region – eine recht bunte Mischung des Periodensystems mit zahlreichen anderen Inhaltsstoffen. Ob ein Sediment als Bauxit definiert wird, richtet sich in erster Linie nach seinem Gehalt an Aluminiumoxid, der mindestens 30 Prozent, manchmal sogar bis zu 60 Prozent beträgt. Ideal dafür ist der Tropengürtel der Erde. Rund um den Äquator herrschten erdgeschichtlich die besten Bedingungen, um einen derart hohen Aluminiumanteil hervorzubringen. Zwar enthält fast jede Erdkrume des gesamten Globus Spuren des Leichtmetalls, doch ist der Anteil normalerweise gering. Im Schnitt machen Aluminium-Verbindungen acht Prozent der Erdkruste aus. Nach Sauerstoff und Silizium ist es damit dennoch das dritthäufigste Element und das häufigste Metall in der Außenschicht der Erde. In Erdmantel und Erdkern liegt Aluminium hinter Eisen an zweiter Stelle.

Erster Fundort von Bauxit und sozusagen Taufpate war der südfranzösische Ort Les Baux de Provence, wo der Geologe Pierre Berthier im Jahr 1822 erstmals dieses Material fand und beschrieb. Die Landbesitzer hatten sich erhofft, dass die rotbraune Farbe des Erzes auf einen hohen Eisengehalt wies. Die Analyse brachte Ernüchterung: Das Eisen war zwar für die Färbung des Gesteines zuständig, allerdings kam es insgesamt nur auf einen Anteil von wenig mehr als zehn Prozent. Vollständig unrentabel für einen Abbau. Bestimmt wurde der Charakter des Gesteins hingegen von Aluminium.

Le Baux ist ein verschlafener Ort in der Nähe von Arles, dessen mächtige Burgruine von geschäftigeren Zeiten zeugt. Heute leben hier nur noch 400 Einwohner. Die Bauxit-Vorkommen waren niemals sonderlich bedeutend, der Abbau wurde – nicht nur hier, sondern auch in den ertragreicheren Fundstellen bei Marseille – bereits vor langer Zeit eingestellt.

Die meisten dieser Bauxitfunde in den gemäßigten Klimazonen Europas hatten das Problem, dass sie – im Gegensatz zu den tropischen Bauxiten – einen zu hohen Anteil an Silikaten aufwiesen. Sie wurden zwar ebenfalls in Zeiten gebildet, wo hier feuchtheißes tropisches Klima herrschte, dieses dauerte jedoch nicht lange genug an, um qualitativ hochwertiges Bauxit zu bilden. Zudem lag das meiste Bauxit nicht an der Oberfläche, so wie etwa in Westafrika, sondern es musste in Bergwerken aus der Tiefe geholt werden.

Eines der größten derartigen Abbaugebiete wurde 1919 entdeckt und liegt im österreichischen Hintergebirge, einer abgelegenen Region zwischen Steyr- und Ennstal. Bis zu 2.000 Menschen lebten in einer 54 Häuser umfassenden Bergarbeitersiedlung tief im Wald und luden das aus der Erde geholte Aluminiumerz auf eine 14 Kilometer lange Materialseilbahn, damals die längste Mitteleuropas. 1964 wurde der Abbau wegen der Tiefe der Lagerstätten, der aufwändigen Gewinnung und daraus folgender mangelnder Rentabilität eingestellt. Dasselbe traf für ähnliche Bauxit-Minen in Deutschland, Frankreich und Griechenland zu. Sogar Ungarn, das in Europa zu den größten Aluminiumproduzenten zählt, schloss die meisten Bauxit-Bergwerke und beteiligte sich an besser zugänglichen Abbaugebieten in Bosnien und Montenegro.

Bauxit aus dem Regenwald

Im Juni 2012 besteige ich mit Kameramann Chris Roth, Tonmeister Tom Ripper, Aufnahmeleiter Alex Lehner sowie unserer brasilianischen Producerin Isabela de Oliveira in der Nordbrasilianischen Millionenstadt Belém ein Flugzeug mit dem Ziel Porto Trombetas. Die kleine Propellermaschine landet zwei Mal – in Altamira sowie in Santarem. Altamira ist der Wirkungsort des aus Österreich stammenden Bischofs Erwin Kräutler, der aufgrund seines Einsatzes für die Lebensräume der Amazonas-Indios mit dem Alternativ-Nobelpreises ausgezeichnet wurde. Dom Erwin, wie er hier genannt wird, steht seit mehr als zehn Jahren unter Polizeischutz, täglich sind zwei bis drei Leibwächter mit ihm unterwegs, um zu verhindern, dass er, so wie einige seiner Mitstreiter, ermordet wird. Bischof Kräutler steht den Profitinteressen einflussreicher Kreise im Weg, wenn er als allseits bekannter Würdenträger gegen Staudamm-Projekte kämpft, die dazu dienen sollen, genug Strom für die ehrgeizigen Ausbaupläne der Aluminiumindustrie zu erzeugen.

Als das Flugzeug zum dritten Mal abhebt, sind nur noch etwa zwanzig Passagiere an Bord. Viele tragen Uniformen, die sie als Mitarbeiter des Minenkonzerns MRN (Mineracao Rio do Norte) ausweisen.

Den Anflug auf Trombetas werde ich so schnell nicht vergessen. Es war ein prächtiger sonniger Vormittag. Unter uns lag der unberührte Regenwald, begrenzt nur von den zahlreichen mächtigen Flüssen Amazoniens. Als die Propellermaschine zur Landung ansetzt, habe ich zunächst den Eindruck, der Pilot steuert mitten in den Urwald. Von einem Moment zum nächsten sind Straßen und Siedlungen erkennbar. Und dann ist sie plötzlich da: Die gigantische rostrote Insel im Regenwald. Ein von Menschen geschaffenes Loch: die drittgrößte Bauxitmine der Welt. Hier werden jährlich mehr als 20 Millionen Tonnen Bauxit aus der Erde geholt, um daraus in einem aufwändigen Verfahren Aluminium zu gewinnen.

Wir landen auf einem Flughafen, der demgegenüber deutlich bescheidener ist und etwa die Dimension eines Lokalbahnhofs hat.

Nur ein Flugzeug landet hier planmäßig – jeden Tag gegen zehn Uhr. Abends fliegt es wieder retour. Am Ausgang des Flughafens wird kontrolliert, ob wir eine gültige Genehmigung der Minen-Company haben. Ohne diese Registrierung darf hier niemand den Flughafen verlassen. Unsere Namen finden sich auf der Liste des Wachebeamten. Und somit erhalten wir jeweils ein Papier, das uns für die nächsten Tage als Gäste der MRN ausweist. Über die Details, wie wir zu dieser Einladung gekommen sind, möchte ich mich lieber nicht näher auslassen. Nur so viel: Es war ein langer, mühsamer Kuhhandel. Doch schließlich hatten wir den Vertrag in Händen. Im Groben lautete der Deal, dass wir den Betrieb in der Mine filmisch dokumentieren dürfen. Als Gegenleistung erhält der Konzern eine Kopie unseres Materials für eigene Zwecke.

Dieselben Kontrollen wie am Flughafen gibt es auch beim Hafen Porto Trombetas, wo das Bauxit auf gigantische Frachter verladen und den Rio Trombetas abwärts zum Rio Pará und schließlich zur Mündung in den Atlantischen Ozean verschifft wird. Manche Frachter fahren nordwärts in Richtung USA und Kanada, einige auch nach Europa. Der Großteil des Bauxits bleibt jedoch im Land und wird hier weiterverarbeitet. Auch am Hafen schützt sich die Company vor unwillkommenem Besuch. Nur ein kleiner Marktbereich am Fluss ist für Durchreisende und Händler frei zugänglich. Doch wer tiefer nach Trombetas vordringen möchte, befindet sich auf Privatgelände. Hier ist verbotenes Land für alle, die nicht von MRN eingeladen werden.

Also nicht für uns: Am Ausgang winkt uns bereits ein freundlicher Mann zu und stellt sich als Pedro Ribeiro vor. Er ist Mitarbeiter der Öffentlichkeits-Abteilung von MRN und er wird in den nächsten Tagen unser Begleiter sein.

Die Geschichte der Mine mitten im Regenwald des nord-brasilianischen Bundesstaates Pará, 880 Kilometer entfernt von der Provinzhauptstadt Belém, begann in der zweiten Hälfte der 1960er Jahre. Damals waren Techniker der Aluminium Company of Canada (Alcan) im Amazonas Gebiet nahe am Äquator unterwegs und führten Probebohrungen durch. Was sie schließlich am Rio Trombetas fanden, waren mächtige Bauxit-Flöze, die unterhalb des Regenwald-Bodens lagen. Was die Techniker aber besonders bejubelten, war die Qualität des Bauxits. Während beispielsweise bei europäischem Bauxit für eine Tonne Aluminium rund vier Tonnen unbrauchbarer Rotschlamm anfällt, wären es hier nur 1,5 Tonnen. Der Anteil von Silizium, dem ständigen Begleiter des Aluminiums, mit dem es in festen chemischen Verbindungen den Großteil der Erdkruste stellt, war hier besonders gering. Mit einem Anteil von vier Prozent betrug der Anteil von Silizium nur die Hälfte dessen, was sonst üblich war. Und das reduzierte die aufwändige Entfernung dieses Bündnispartners enorm.

Der brasilianische Staat war sehr an einer Bauxit-Förderung im eigenen Land interessiert, weil die Aluminium-Importe teuer waren. Also hofften die Politiker auf ein kräftiges Investment der Kanadier. Umso enttäuschter waren die Brasilianer, als bekannt wurde, dass die kanadischen Pläne ausschließlich den Export des Bauxits zur Weiterverarbeitung in Kanada vorsahen. Es kam zu ersten Spannungen, welche schließlich in einem vorübergehenden Ausstieg der Kanadier mündete. Zu Hilfe kamen dem Projekt schließlich japanische Investoren, welche auf der Suche nach einer Ersatzproduktion außerhalb Japans waren. In Japan selbst war die Energie zu teuer geworden und nun suchte man nach einem Land, in dem die Bodenschätze mit günstiger Energie, billigen Löhnen und einem halbwegs stabilen politischen Umfeld zusammenfielen. Noch einige andere Investoren schlossen sich dem Projekt an und bildeten gemeinsam die Shareholder von MRN.

Ab Mitte der 1970er Jahre – Regierungsform in Brasilien war damals eine Militärdiktatur – wurde die Anlage zügig vorangetrieben. Im August 1979 verließ der erste Bauxitfrachter Porto Trombetas. Die beteiligten Firmen jubeln seither über eine der profitabelsten Bauxitminen der Welt. Die Fördermenge wurde schrittweise nach oben getrieben. Die ursprünglich geplante Menge von 2 Millionen Tonnen wurde bereits im ersten Jahr deutlich übertroffen. Heute liegt die Fördermenge bereits bei mehr als 18 Millionen Tonnen.

Im Lauf der Jahre kam es zu einigen Umschichtungen. Die wichtigste ist die offensive Rolle, welche der norwegische Konzern »Hydro« mittlerweile in Brasilien ausübt. Im Zuge einer langfristigen Übernahme der gesamten Aluminium-Aktivitäten des brasilianischen Bergbau-Konzerns VALE ist der europäische Alu-Riese nun Mehrheits-Eigentümer. Prominente weitere Shareholder sind der US-Multi Alcoa (Aluminum Company of America) mit knapp 20 Prozent sowie Alcan (Aluminum Company of Canada), das mittlerweile zum weltgrößten Bergbau-Giganten, der australisch-britischen Rio-Tinto-Gruppe, gehört.

Die Shareholder des Unternehmens MRN trieben die Entwicklung immer steiler voran. Zum einen, um den Profit zu maximieren, zum anderen um stets ein gut gefülltes Bauxitlager in den eigenen Produktionsanlagen zu haben. Und Bauxit aus den eigenen Beteiligungen war zum einen billiger, zum anderen verlässlicher lieferbar als Aluminium-Erz, das irgendwo am freien Markt erstanden werden musste. »Integrierte Produktionskette«, nennt man das in der Sprache der Alu-Manager.

Als ich Pedro frage, warum in den Minen sowie am Verladehafen überall Flutlichtmasten aufgestellt sind, erklärt er: »Hier wird sieben Tage pro Woche in drei Schichten gearbeitet. Wir kommen kaum mit dem Liefern nach.« Pedro scheint nicht sonderlich glücklich mit dieser Rekord-Produktion. Zumal er für die Sicherheits-Konzepte im Unternehmen zuständig zeichnet und das Unfallrisiko nachts deutlich höher liegt.

Und erstmals kommt auch beim loyalen Öffentlichkeits-Arbeiter leise Kritik hoch: »Es ist eben der Wunsch der Shareholder, hier das Maximum rauszuholen.«

Das vom Abbau betroffene Gebiet ist mittlerweile riesig. Die Bauxitschicht liegt im Schnitt etwa acht Meter unter der Erde und zählt nur gerade mal vier bis sechs Meter im Durchmesser. Um an das begehrte Erz zu kommen, muss also beinahe doppelt so viel Lehm und sonstiges Gestein ausgehoben werden.

Von der Mine wird das Bauxit zunächst auf Laster verladen und zu einer zentralen Mühle gebracht. Hier erfolgt der erste Mahlvorgang. Laster um Laster kippt seine Last in ein Loch, wo es von einem gigantischen Grob-Mahlwerk erfasst wird. Größere Klumpen könnten beim Weitertransport Schwierigkeiten und Staus verursachen. Erster Zweck ist es deshalb, das Gestein in handliche Brocken zu teilen.

Gleich nach der Mühle erfasst ein Förderband das Bauxit. Es ist ein unglaubliches Bild, das sich hier eröffnet. Von der etwas höher gelegenen Mine führt eine schnurgerade rote Schneise durch den Wald. Auf ihr herrscht ein emsiger Betrieb aus Lastern und den allgegenwärtigen Jeeps der Minen-Verwaltung und der Security. Obwohl die Straße nicht asphaltiert ist, hat der Belag trotz nahezu täglichen tropischen Niederschlägen kaum Schlaglöcher. Hier wirkt wohl der allgegenwärtige Bauxitstaub dämpfend, der vom überdachten Förderband ausgeht. Links und rechts wird die Schneise teils von Aufforstungen, teils noch von Primär-Regenwald flankiert. Gemeinsam ist den Bäumen die Rotfärbung ihrer Blätter. Ab und zu ergibt sich ein skurriler Einblick in einen ertrunkenen Wald, aus dem nur noch Stümpfe aus einem flachen See aufragen. Hier hat der Straßendamm wohl einen Abfluss aufgestaut.

In weiter Ferne verschwinden das Förderband und die parallel dazu laufende Straße am Horizont. Nach etwa zehn Kilometern wird das Bauxit vom Band auf Eisenbahn-Waggons verladen und die Züge bringen das Erz schließlich zum Hafen, wo es in riesigen Waschtrommeln gewaschen, getrocknet und schließlich auf die Frachter verladen wird.

Von der Siedlung, die noch in den 1980er Jahren gleich neben den Minen lag, muss man nun bereits eine knappe Stunde über die breiten roten Straßen brettern, um in die aktuellen Abbaugebiete zu kommen. Jedes Jahr nimmt die Entfernung zu, wenn ein Gebiet im Ausmaß von etwa 250 Fußballfeldern neu gerodet wird, um an die Bauxit-Flöze heranzukommen. Das sind Fußballfelder, auf denen Regenwald steht, der bisher während der gesamten Geschichte der Menschheit vollkommen unberührt gewachsen ist. Im brasilianischen Amazonasbecken findet sich das weltweit größte zusammenhängende tropische Regenwaldgebiet, das unersetzliche lokale und globale Funktionen hat. Es gibt kein anderes Land, in dem die Aluminiumproduktion ehemals intakte Gebiete tropischen Regenwaldes in vergleichbarem Umfang geschädigt oder zerstört hat.

Die brasilianische Politik hat für derartige Bedenken nur Verachtung übrig. Das Land gilt als aufstrebendes Schwellenland, an dem – ähnlich wie an China – die weltweite Rezension vorbeigegangen ist und wo eine ungeheure wirtschaftliche Aufbruchstimmung herrscht. Nur so, lautet der Vorsatz der Regierung, könne es irgendwann gelingen, die dramatische Armut im Land halbwegs zu besiegen. Amazonien, erklärte Ex-Präsident und politisches Idol der jungen Demokratie Luiz Inácio Lula da Silva, werde den wirtschaftlichen Boom des restlichen Landes mitmachen. Einmischungen von außen verbot er sich: »Personen, die hierherkommen, um Brasilien zu besuchen, sollten eines wissen: Sie kümmern sich um ihre Dinge und Brasilien kümmert sich um die seinigen.« Keinesfalls, so der frühere Gewerkschaftsführer, würde man sich von grün angehauchten Weltverbesserern bevormunden lassen. »Die 25 Millionen Bewohner Amazoniens wollen arbeiten und Zugang zu materiellen Dingen haben. Auf gar keinen Fall wollen sie, dass Amazonien ein Heiligtum der Menschheit wird.«

Brasilien hat nach den Jahren der Militärdiktatur von 1964 bis 1985 den Übergang zur Demokratie geschafft. Die gravierenden Ungleichheiten haben sich dadurch aber nur wenig verändert. Noch immer besteht eine riesige Kluft zwischen Arm und Reich. Die Hälfte des Bruttosozialproduktes konzentriert sich auf eine zehnprozentige Oberschicht. Ein Viertel der Bevölkerung von knapp 200 Millionen Menschen lebt in bitterer Armut in slumartigen Siedlungen, den sogenannten Favelas. Und dieses Land, in dem noch heute das Militär auf den Straßen omnipräsent ist und die Furcht vor sozialen Spannungen und Ausschreitungen alltäglich ist, beherbergt mit dem Amazonasbecken eines der wertvollsten Ökosysteme der Erde.

Nach Angaben der FAO waren im Jahr 1990 noch 66,9 Prozent der Landesfläche Brasiliens mit Urwald bedeckt. Zwanzig Jahre später waren es nur mehr 60,1 Prozent. Im Rekordjahr 2004 wurden in Brasilien 26.000 Quadratkilometer Regenwald vernichtet. Das entspricht einer Fläche von etwa zwei Dritteln der Schweiz.

In Trombetas wird aber natürlich großer Wert auf die Wieder-Aufforstung der gerodeten Gebiete gelegt. Zuerst wird der Altbestand möglichst fachmännisch geschnitten und gewinnbringend verkauft. Dabei sind jene mehr als 2.000 Firmen behilflich, die sich in Brasilien auf den Handel mit Tropenholz spezialisiert haben. Trotz aller Dementis boomt diese Branche und viele europäische und nordamerikanische Handelsriesen haben hier eine auf die Verwertung des Regenwaldes spezialisierte Niederlassung.

Wenn im gerodeten Gebiet das Bauxit ausgebeutet wurde, schieben die Bagger die davor zur Seite geräumte obere Schicht wieder zurück. Darunter befindet sich auch der einstige Humusboden. Pedro führt uns auf ein Gelände, das gerade rekultiviert wird. Und hier bekommt man einen Eindruck, wie schwer es sein wird, die einstige Fülle zu ersetzen. Von den mehr als 400 Pflanzenarten, aus denen die Fauna einst bestand, wird fast die Hälfte auch hier wieder angepflanzt, betont Pedro. Die Frage ist bloß, wie viel davon auch gedeiht. Denn der Boden hat mit dem fruchtbaren Milieu, auf dem über Millionen von Jahren Pflanzen abgestorben und verwittert sind, nur noch wenig zu tun. Die Wasser-Speicherung ist ebenso gestört wie das Zusammenspiel der Boden-Lebewesen und Bakterien. Bis sich eine neue Humusschicht aufbaut, vergehen viele Jahre.

Und dann wachsen bestenfalls Sekundärwälder, wie wir sie aus Kolumbien kennen, wo der Großteil des Regenwaldes abgeholzt wurde. Primärregenwälder sind nach einer Rodung unwiederbringlich verloren. 80 Prozent der Biomasse eines tropischen Regenwaldes werden nämlich in der Kronenregion produziert. Nährstoffe werden oft schon zerlegt und verbraucht, bevor sie überhaupt den Boden erreichen. Der Boden selbst ist überraschend nährstoffarm und wenig fruchtbar.

Dennoch soll in Trombetas neuer Regenwald entstehen, sagt Pedro und führt uns in ein Gebiet, das im Jahr 1984 aufgeforstet wurde. Man merkt dem Gelände an, dass hier öfter mal Delegationen hereingeführt werden. Sogar eine eigene Stiege leitet in diesen Vorzeige-Wald. Und tatsächlich finden sich auch ein paar größere Bäume. Vor einigen Jahren haben die zuständigen Förster gemerkt, dass sich das für einen Regenwald typische »obere Stockwerk« nicht selbstständig aufbaut. Damit sind unter anderem jene Pflanzen gemeint, die als eigene Arten auf den Bäumen wachsen und in der Höhe noch einmal eine eigene, enorm vielfältige Flora bilden. Nun sieht man im Vorzeige-Regenwald häufig gelbe Plastik-Bänder. Sie markieren jene Bäume, wo diese sogenannten Epiphyten händisch aufgepflanzt und festgebunden wurden. Einige sind schon festgewachsen und werden uns stolz präsentiert. Ebenso viele andere sind jedoch abgestorben und kleben verdorrt an den Stämmen. An einen wirklichen Regenwald erinnert hier gar nichts. Das Gelände wirkt eher wie ein typischer Forst. Die Wege sind ausgetreten, der Boden trocken und hart. Der Großteil der Vegetation wirkt mickriger als ein vergleichbarer Mischwald in Europa und es wird noch lange Zeit dauern, bis sich das Gebiet von dem dramatischen Eingriff erholt, der hier vor 28 Jahren aus fruchtbarem Urwald eine rote Wüste gemacht hat.

Ursprünglich war man davon ausgegangen, dass das Bauxit im Bergbau-Gebiet der MRN noch für 50 Jahre reichen würde. Diese Prognose wurde mittlerweile wegen der Rekord-Abbaumengen im Drei-Schicht-Betrieb auf etwa die Hälfte reduziert. Was danach kommen wird, frage ich Pedro am Abend bei einem guten Glas Caipirinha. Natürlich sei es möglich, sagt Pedro, dass dann der nächste Bezirk zum Bergbau-Gebiet umgewidmet wird. »Schließlich liegt hier überall unter dem Regenwald das Bauxit.« Pedro hält aber auch das Gegenteil für möglich: dass dann Schluss ist. Weil der Bedarf an Aluminium stark zurückgeht und die Preise verfallen. »Dann wird diese 6.000-Einwohner-Siedlung wohl recht rasch verlassen werden«, sagt Pedro nachdenklich. »Und künftige Archäologen werden sich wundern, wenn sie einst auf die Reste der Industrieanlagen und Arbeitersiedlungen mitten im Regenwald stoßen.«

Raubbau in den Tropen

Der Abbau von Bauxit beschränkt sich heute weitgehend auf Länder rund um den Äquator. Die bedeutendsten Vorkommen liegen in Guinea (Westafrika), in Brasilien, Australien, Jamaika, Indien und Venezuela. Hier werden insgesamt Vorräte von 25 Milliarden Tonnen vermutet. Damit wäre – laut einem Gutachten der US-amerikanischen Geologen-Gesellschaft – bei gegenwärtigen Produktionsraten die Nachfrage noch für etwa 200 Jahre sichergestellt. Im Vergleich mit anderen Metallen sind diese Bodenschätze enorm. Zink kann vergleichsweise nur noch 20 Jahre, Kupfer 36 Jahre abgebaut werden. Dann sind die Lager erschöpft.

95 Prozent der geförderten Bauxite werden im Tagebau gewonnen. Der Oberboden wird dabei mit Räumungsmaschinen entfernt – und teilweise für die spätere Rekultivierung aufgehoben. Dann kann das Bauxit, das in Schichten von zwei bis zu etwa 20 Metern vorliegt, bequem durch Radlader, Schürfkübelbagger und sonstige Maschinen abgetragen werden. Nachfolgend wird das Bauxit in einem mobilen Brecher mechanisch zerkleinert und Minerale wie Tone, Sand und Kalkstein abgetrennt. Sie bleiben ebenfalls als Rückstand der Aluminiumproduktion zurück und machen 15 bis 30 Prozent der Abbaumenge aus.

Weil beim Abbau des Bauxits die Vegetation mitsamt der oberen Bodenschicht vollständig entfernt werden muss, ist dieser mit einem enormen, großflächigen Eingriff in die Natur verbunden. Sowohl die landwirtschaftliche Nutzung des Gebietes durch Menschen wie auch die Besiedlung durch Tiere wird deswegen auf Jahrzehnte oder sogar dauerhaft gestört. »Während des Abbaus ist vor allem der Eingriff in den Wasserhaushalt problematisch«, erklärt Lars Hildebrand, Diplom-Geograph der Universität Hamburg.[8] Zum Waschen des Bauxits sind große Mengen Wasser notwendig. Gleichzeitig fällt Abwasser an, das mit feinsten Partikeln von Bauxitstaub verunreinigt ist. »Gelangen diese Partikel in natürliche Gewässer, verschlammen diese und es verstopft die Poren der im und am Wasser lebenden Pflanzen und Tiere.«

Bei der Mine am Rio Trombetas wird uns der enorme Wasserbedarf bewusst, als wir mit einem Kahn auf ein riesiges Staubecken fahren, das vom Fluss abgeleitet worden ist. In dessen Mitte wird hier Wasser über gigantische Rohrsysteme abgepumpt. Weil später das mit Bauxit versetzte Wasser wieder zurückgepumpt wird, kommt es zu einer laufenden Ablagerung von rotem Schlamm am Boden. Dieser Schlamm wird abgesaugt und in eigenen Becken gelagert. Einige der großen Wasserbecken, die wir sehen, sind bereits nicht mehr in Verwendung. Ihr Ufer bildet ein weitläufiger roter Sandstrand. Irgendwann trocknen diese Becken dann ganz aus und sollen, so lauten zumindest die Pläne, wieder bepflanzt werden.

Zahlreiche Forschungsprojekte sind in den letzten Jahrzehnten initiiert worden, um die Methoden für eine Rehabilitation von Bauxitminen zu verbessern. Durch Wiederaufbringen des Oberbodens und die Bepflanzung mit angepassten Arten wäre die erneute Nutzung durch Land- oder Forstwirtschaft heute technisch möglich. Die Wiederherstellung der ursprünglichen Artenvielfalt besonders in Regenwaldgebieten ist dabei jedoch meist Illusion.

Als Beispiel, wohin Bauxitabbau und dessen Weiterverarbeitung führt, bringt der deutsche Geograph Lars Hildebrand das Beispiel von Ghana und dessen Provinz Awaso. Dort begann ein britischer Aluminium-Konzern in den 1940er Jahren mit der Gewinnung von Bauxit, mitten in einem Regenwaldgebiet, das 130 Kilometer von der Altlantikküste entfernt ist. Die lokale Bevölkerung lebte damals vor allem von der Landwirtschaft. Mit der Vergabe der Konzession für eine neue Mine Ende der 1960er Jahre verloren die Bewohner von Awaso zunächst große Teile ihres traditionellen Territoriums, das bis dahin ihre Lebensgrundlage dargestellt hatte.

Um das Bauxit auszuwaschen, wurde der Fluss Awa aufgestaut, was zu einem Wassermangel stromabwärts und somit zur Verödung einst fruchtbarer Nutzflächen im Uferbereich führte.

Darüber hinaus gelangten durch das Abwasser der Mine große Mengen Feinpartikel in den Awa und verschlammten diesen vollständig. Das Wasser war daraufhin nicht mehr trinkbar, der Fischbestand ging stark zurück.

Erst im Jahr 2003 errichtete das mittlerweile vom kanadischen Alcan-Konzern übernommene Unternehmen ein Dammsystem, das die Feinstpartikel aus dem Waschprozess halbwegs auffangen konnte. Die weitere Verunreinigung des Awa wurde damit zwar minimiert, bis heute ist aber keine Säuberung des Gewässers erfolgt. Ebenso trist sieht es mit den im Lauf der Jahrzehnte ausgebeuteten und geschlossenen Minen aus. Sie wurden nie renaturiert und das Land gleicht heute einer Wüste, wo nur spärliche Vegetation aufkommt.

Begriffsverwirrung um Tonerde

Bauxit enthält zwischen 30 und 60 Prozent Aluminiumoxid, das im Deutschen als Tonerde bezeichnet wird. Warum sich diese Bezeichnung eingebürgert hat, ist heute nicht mehr nachvollziehbar, zumal das weiße Pulver, aus dem später das Roh-Aluminium erzeugt wird, überhaupt nichts mit jener Tonerde zu tun hat, die zum Töpfern verwendet wird. Im Englischen gibt es dafür jedenfalls nur ein Wort: aluminium oxide.

Um dieses Aluminiumoxid aus dem Bauxit zu gewinnen, wird das rotbraune Gestein nach dem sogenannten Bayer-Verfahren bearbeitet, das vom Österreichischen Chemiker Carl Josef Bayer Ende des 19. Jahrhunderts entwickelt wurde. Bayer selbst erfuhr ein tragisches Erfinderschicksal – denn er erlebte die Durchsetzung seiner Technik in der Praxis nicht mehr. Seine Familie hatte später nicht die finanziellen Mittel, die Abgeltung der Patente einzufordern, als weltweit nach den Prinzipien Bayers gearbeitet wurde.

Bei diesem Prozess wird das in Brocken anfallende Bauxit zunächst gebrochen und mehrfach gemahlen, bis die Körnchengröße so fein ist, dass es den Ansprüchen genügt. In der Folge wird der Bauxitstaub mit Natronlauge (Ätznatron) getränkt.

In einem sogenannten Autoklav wird das Bauxit unter hohem Druck und bei einer Temperatur von 120–300°C aufgeschlossen: Das Aluminiumhydroxid löst sich in der Natronlauge und bildet Aluminatlauge. Die restlichen Bestandteile (Eisen, Silizium, Titan

u. a.) dagegen sinken zu Boden und werden als Rotschlamm abgetrennt. Und zwar in gewaltigen Mengen. Je nach Qualität des Bauxits fällt pro Tonne Tonerde, die erzeugt wird, die 1,5- bis 3,5-fache Menge an Rotschlamm an.

Um zum Endprodukt zu kommen, wird das Filtrat der Aluminatlauge abgekühlt, mit festem, bereits erzeugtem Aluminiumhydroxid »geimpft« und muss dann noch in Drehöfen bei einer Temperatur von bis zu 1.300 Grad gebrannt werden. Das Ergebnis ist dann weißes, pulvriges Aluminiumoxid. Dieses Material wird zu etwa 85 Prozent zur Aluminiumherstellung genutzt, die restlichen 15 Prozent der »Tonerde« finden Gebrauch in der Zementindustrie, der chemischen Industrie sowie als Schleifmittel und zur Herstellung von feuerfestem Material und Aluminiumkeramik.

Ton, wie er etwa zum Töpfern verwendet wird, hat, wie erwähnt, nichts mit Tonerde/Aluminiumoxid zu tun. Hier sind die Bezeichnungen wirklich reichlich verwirrend. Tonminerale sind gekennzeichnet als feinstkörnige Minerale und Schichtsilikate, die immer Silizium, jedoch unterschiedliche Mengen von Aluminium enthalten. In manchen Tonen ist kaum Aluminium enthalten und dieses weitgehend durch Magnesium ersetzt. Die Freisetzung von Aluminium-Ionen aus Ton ist aber ohnedies nur möglich, wenn dieser mit Säuren oder starken Basen versetzt wird. Auch Lehm hat einen mehr oder weniger großen Anteil an Ton. Art und Anteil von Ton bestimmen maßgeblich die Fruchtbarkeit der Böden.

Auch das altbekannte Arzneimittel »Essigsaure Tonerde« hat nichts mit Tonerde/Aluminiumoxid zu tun, sondern ist chemisch das Aluminiumsalz der Essigsäure: Aluminiumdiacetat. Essigsaure Tonerde wirkt kühlend bei Insektenstichen und Prellungen, zusammenziehend, schweißhemmend und antibakteriell und wird seit Langem in der Volksmedizin eingesetzt. Es darf nicht mit Wunden in Kontakt kommen und auch nicht mit Augen oder Schleimhäuten. Heilpraktiker und Naturheiler empfehlen heute meist deutlich verträglichere Substanzen wie etwa Arnika- oder Beinwelltinkturen, die kein Aluminium enthalten.

Das Rotschlamm-Desaster

Das größte Problem bei der Erzeugung von Tonerde/Aluminiumoxid ist der als Industrieabfall auftretende Rotschlamm. Dieser ist ein rotes bis rotbraunes, sehr feinkörniges Material und enthält die nicht löslichen Erzrückstände des Bauxits. Dazu noch die stark alkalische Natronlauge mit einem pH-Wert von 14. Sie steht damit am obersten Ende der Säure-Basen-Skala. Neutral ist ein Wert von 7. Es gibt wenige Flüssigkeiten, vor denen Chemiker im Umgang so viel Respekt haben. Es heißt, Natronlauge sei so ziemlich das Schlimmste, was an die Augen kommen kann. Selbst stark verdünnte Natronlauge kann die Hornhaut der Augen noch so schädigen, dass es zur Erblindung kommt.

Extrem unangenehm ist auch der Kontakt mit normaler Haut. Das liegt daran, dass Natronlauge die Haut stark verätzt und die Lauge sich wie in einem Schwamm festsetzt. Dadurch kann sie kaum abgewaschen werden. Chemisch gesehen verwandelt Natronlauge die Fette der Haut und der darunterliegenden Gewebsschichten zu Seife. Die Verätzungen heilen sehr schlecht ab und häufig bleiben üble Narben zurück, die immer weiter nässen und wieder aufbrechen.

Für das Grundwasser ist Natronlauge ebenfalls pures Gift. Wenn es in einem Industriebetrieb Europas durch einen Unfall zu einem größeren Austritt dieser Lauge kommt, ist das für die Berufs-Feuerwehren ein Katastrophenfall, zu der speziell ausgebildete Einsatzkräfte in Schutzanzügen anrücken. Eine Sanierung ist schwierig und besteht unter anderem darin, dass man zur Neutralisierung der ätzenden Base ebenso ätzende Säuren wie etwa Salzsäure verwendet. Bereits ein verunfallter LKW mit einer Ladung von 20 Tonnen Natronlauge löst einen Großeinsatz aus.

Im Vergleich dazu haben wir es in der Aluminiumindustrie mit Größenordnungen zu tun, die kaum vorstellbar sind. Bei einer jährlichen Fördermenge von mehr als 200 Millionen Tonnen Bauxit bleibt im Verarbeitungsprozess weit mehr als die Hälfte dieser

Menge als Rotschlamm zurück. Pro Jahr fallen also rund 150 Millionen Tonnen giftiger Schlamm als Industrieabfall an.

Um nicht ständig sündteure neue Becken bauen zu müssen, achtete man in früheren Zeiten nicht allzu sehr darauf, den Boden abzudichten. So konnte die Lauge oben verdunsten und unten versickern. Dass die Natronlauge in den Boden einsickerte und das Grundwasser vergiftete, war in der Miete inbegriffen.

Bis vor nicht allzu langer Zeit war es sogar üblich, den Schlamm einfach zu verdünnen und in Flüsse oder ins Meer zu entsorgen. Dies ist mittlerweile, so versichern die Alu-Konzerne, die Ausnahme. Doch speziell bei starken tropischen Regenfällen gehen noch immer viele Becken über.

Die Vergiftungsgefahr geht dabei nicht nur von der Lauge aus, sondern auch von deren Effekten auf die Schwermetalle. Diese wurden nämlich im Lauf der Verarbeitung und unter dem Einfluss der Natronlauge aus ihren Bindungen gelöst, liegen in ungebundener Ionenform vor und sind infolgedessen im Rotschlamm biochemisch aktiv. Cadmium, Chrom, Arsen, Blei und speziell auch die in hohen Mengen im Schlamm zurückbleibenden Aluminium-Ionen sind für alle Lebewesen gefährlich, besonders aber für Fische. Die aggressiven Ionen binden an Zellen der empfindlichen Kiemen, lösen dort Entzündungen aus und behindern dadurch die Atmung der Fische. Aluminium kann bereits in niedrigen Konzentrationen von 0,2 Milligramm pro Liter ein gewaltiges Fischsterben verursachen.

Ideen, wie man den Rotschlamm irgendwie sinnvoll nutzen könnte, werden seit Jahrzehnten gewälzt. Immerhin sind ja viele auch wirtschaftlich interessante Chemikalien darin enthalten. So wurde etwa überlegt, wie man den hohen Eisenanteil herausfiltern könnte. Das erwies sich als zu aufwändig. Deutlich einfacher – so ein anderer Plan – wäre es, mit dem Schlamm Dachziegel oder Zementputz rot einzufärben. Hier wurden bereits mehrere Versuche gestartet. Die Abnehmer stellen sich aber nicht gerade in Schlangen an. Zumal die Ablagerung von toxischem Industriemüll als Straßenbelag, als Schallschutz-Wände auf Autobahnen oder Dekor-Beton in Fußgängerzonen bei uns nicht eben ein hervorragendes Image genießt. Und in den Entwicklungsländern, wo der Schlamm heute großteils anfällt, gibt es zudem kaum Fußgängerzonen. Den westlichen Unternehmer oder Politiker möchte ich sehen, der auf die Idee käme, den rot gefärbten Industrieabfall zu importieren, um damit beispielsweise die Fassade des neuen Shopping-Centers aufzuhübschen. Eine wirklich kostendeckende Nutzung der enormen Mengen wurde bisher jedenfalls nicht gefunden. Und die geniale Idee zur idealen Verwertung des Sondermülls scheint weit und breit nicht in Sicht. Der Rotschlamm bleibt damit ein zentrales Umweltproblem der Aluminiumproduktion. Und oft genug ein Gesundheit und Leben bedrohendes Problem der Anrainer.

Die rote Flut

Wenn man vom Grundstück des Landwirtes Jozsef Fuchs nach Norden schaut, erkennt man in etwa einhundert Meter Entfernung eine gigantische, rund 15 Meter hohe Mauer, die sich über den gesamten Horizont erstreckt. Sie steht auf dem Gelände der nahen Aluminiumfabrik von Ajka in Westungarn. Der Bauernhof der Familie Fuchs befindet sich auf einer kleinen Anhöhe über dem Dorf Kolontar. Auf einer eingezäunten Weide grasen Kühe, ein paar Meter weiter beginnt ein großer, von mächtigen Bäumen umgebener Fischteich. Er ist der ganze Stolz von Jozsef Fuchs. Hier treffen sich am Abend stets ein paar Männer, rundum spielen die Kinder oder sie baden im Teich. An Wochenenden kommen Familien, um gemeinsame Feste zu feiern. Regelmäßig finden Angelwettbewerbe statt. Aus dem Verkauf der Fische bezieht Fuchs auch einen Teil seines Einkommens.

An der nördlichen Seite des Hofes steht eine Halle mit Legehühnern in Bodenhaltung. Dahinter führt der Abhang zu einem Feld, das bis zur Mauer reicht. Keines der Häuser des 600-Einwohner-Dorfes Kolontar liegt näher an der Mauer als der Fuchs-Hof, doch viele liegen tiefer. Zwar nur einige Meter, doch das sollte an diesem Unglückstag den entscheidenden Unterschied ausmachen. Es geschah am Montag, dem 4. Oktober 2010. Zur Mittagszeit gegen 12:30 Uhr brach die Mauer. Und eine meterhohe rote Flut schoss auf das Dorf Kolontar sowie die fünf Kilometer entfernte Kleinstadt Devecser zu. Als Erstes jedoch passierte sie den Hof von Jozsef Fuchs. Der Anblick war bizarr. Wenige Meter unterhalb der Kuhweide, wo die Landstraße ins Dorf hinabführte, floss nun ein reißender, breiter Strom von grellroter Farbe. »Ich habe gleich meinen Sohn geschickt, um nach der Großmutter zu sehen«, erzählte uns Jozsef Fuchs. »Er fuhr mit dem Traktor, einem schweren Gerät, die paar Meter nach Kolontar zu meinem Elternhaus hinunter. Die Strömung hatte schon etwas nachgelassen, aber den Traktor riss es noch immer hin und her.«

Bei unserem Besuch, einige Tage nach dem Unglück, ist Kolontar eine verwüstete Geisterstadt. Am markantesten ist die rote Markierung an den Wänden. Bei vielen Häusern reicht diese Marke bis über die Fenster. Auch beim Elternhaus von Jozsef Fuchs. »Mein Sohn ist beim Fenster eingestiegen, Großmutter hat er leider nicht gefunden. Doch er hat ein Mädchen aus dem Nachbarhaus retten können. Ihre kleine Schwester und die Eltern sind jedoch gestorben.«

Auch Jozsef Fuchs' Mutter überlebte das Unglück nicht. »Wir fanden sie einige hundert Meter stromabwärts. Sie hat noch einen Tag gelebt und ist am nächsten Tag gestorben.« Fuchs zeigt über den ehemaligen Garten, der nun einer Schlammgrube ähnelt. »Unsere Nachbarn, die Tante Anni und der Onkel Ferry, sind ebenfalls gestorben. Sie lag drinnen im Gebäude zwischen den Trümmern. Ferry wurde später tot in Devecser gefunden, ihn hat die Flut kilometerweit mitgeschleppt.«

Das Viertel unterhalb des Hauptplatzes gehörte zu den schönsten von Devecser. Hier hatten sich in den letzten Jahrzehnten zahlreiche Einwohner ihren Traum vom eigenen Haus erfüllt. In den Gärten wuchs das Gemüse, die Apfelbäume trugen schwer an den reifen Früchten.

Hier lebte Istvan Benkö, Kameramann und Betreiber der kleinen

Fernsehstation Devecser TV, mit seiner Frau. Die beiden haben ihre gesamten Ersparnisse in diesen Ort investiert. Neben dem Zaun, entlang der Grundstückgrenze, lief der Torna-Bach. Benkö arbeitete zu Mittag mit seiner Frau im Garten, da rief jemand aus einem fahrenden Auto:»Der Damm ist gebrochen!« An der nahen Brücke hatten sich einige Neugierige versammelt und schauten ins Wasser. Benkö bemerkte, dass sich das Wasser im Torna-Bach rot verfärbt hatte.»Das war jedoch nichts Besonderes«, erzählte er mir.»Am Bach trieb regelmäßig roter Schaum.« Dennoch ging er ins Haus, um seine Kamera zu holen. Er schaltete sie ein und ließ sie laufen. Istvan Benkö war 63 Jahre alt, als das Unglück geschah. Seit drei Jahrzehnten arbeitete er mit der Kamera. Doch Szenen wie diese hatte er niemals auch nur annähernd beobachtet. Der Bach schwoll binnen kürzester Zeit an und trat übers Ufer. Die Neugierigen an der Brücke gerieten in Panik und liefen um ihr Leben. Autos wurden fortgeschwemmt. Ein Hund hatte sich auf eine Insel gerettet, doch die Flut riss ihn bald weiter. Ein Nachbar watete in seinem Garten bis zu den Knien im Schlamm, brüllte verzweifelt und versuchte ein paar Habseligkeiten zu retten. Ein anderer, deutlich älterer Mann war scheinbar gestürzt, sein Gesicht war ziegelrot gefärbt und auch seine weißen Haare leuchteten nun unnatürlich rot. Völlig abwesend, wie narkotisiert watete er an Benkö vorbei.

Doch auch dieser saß in der Falle. Wo normalerweise die Straße verlief, floss nun ein reißender Strom.»Ich wusste, ich muss flüchten,« erzählte mir Benkö. Der rote Schlamm reichte ihm zeitweise bis zur Brust. Er hielt sich am Zaun fest. Seine Kamera trug er schützend über dem Kopf. Mit äußerster Mühe gelang es Benkö, sein Haus zu erreichen. Einige Minuten filmte er von der Terrasse herab. Er war vollständig nass. Gerade als er ein wenig zur Ruhe kam und dachte, er sei gerettet, begann das Brennen. Benkö lief ins Badezimmer. Er drehte den Wasserhahn auf, doch es kam kein Wasser. Er zog seine Schuhe aus. Und plötzlich bekam er eine Ahnung, was hier wirklich passiert war. Denn seine Socken waren weg, hatten sich regelrecht aufgelöst.

Nur die allerwenigsten Anrainer unterhalb der Rotschlamm-

Becken von Ajka wussten Bescheid, welcher Art die Chemikalien waren, die dort gelagert waren. Weder Joszef Fuchs noch Istvan Benkö erinnern sich, dass es in Kolontar und Devecser jemals Informations-Veranstaltungen gegeben hätte, was im Notfall zu tun sei. Nicht einmal in den Schulen. Und das ist einer der schwer wiegendsten Vorwürfe, die man den Betreibern der Anlage machen muss. Es gab keine Katastrophenübungen, keine Instruktionen für den Unglücksfall. Die meisten Menschen stiegen sorglos in den Schlamm und dachten, es handle sich um rot gefärbtes Wasser.

So auch Istvan Benkö. »Klar wussten wir von den Becken«, erzählt er. »Die Dämme wurden ja ständig erhöht. Doch die Bevölkerung wusste nicht, was darin gelagert war, und niemand dachte, dass die Dämme jemals brechen könnten.«

Benkös Kamerabilder gingen um die Welt, während er selbst um sein Leben kämpfte. Bereits während der Flucht begannen die Schmerzen. Im Spital wollte man ihn waschen, bis ein Arzt einen Blick auf seine Wunden warf: »Den Herrn nicht waschen, der muss sofort zum Helikopter«, hörte Benkö. Beim Transport wurde er von den Schmerzen mehrfach ohnmächtig. Alles, was man ihm geben konnte, waren Kühldecken. Erst in der Klinik in Budapest brachten starke Schmerzmittel etwas Linderung.

Hier stellt sich allmählich die Tragweite seiner Verletzungen heraus. »Jeden Tag beim Verbandswechsel«, erzählt Benkö, »wurde meine Haut angestochen. Anfangs habe ich das noch gespürt, doch am vierten Tag war meine Haut tot. Die Lauge hat so gut gearbeitet, dass sie sogar das Fleisch darunter angefressen hat.« Wieder und wieder musste ihm verätzte Haut abgenommen werden. »Die Ärzte wirkten ratlos«, erzählt Benkö. »Man merkte ihnen deutlich an, dass sie mit Laugenverätzungen wenig oder gar keine Erfahrung hatten.« Eine Woche lang wurden seine Wunden mit Schweinehaut abgedeckt. Dann wurde Haut vom Oberschenkel entnommen und transplantiert. Auch die Eigenhaut wuchs an manchen Stellen schlecht oder gar nicht an. Benkö zieht seine Hose ein Stück nach oben und macht sein Bein frei. Die Haut, die dabei sichtbar wird, scheint nur aus Narben zu bestehen.

Als Benkö nach wochenlangem Martyrium endlich das Krankenhaus verlassen konnte, stand er vor den Trümmern seiner Existenz.
»Meine Füße waren kaputt, mein Haus war weg und meine Frau
überfordert mit den ganzen Wohnungsproblemen«, erzählt er. »Ich
konnte das nicht verarbeiten.«
Kurz nach der Entlassung leidet Istvan Benkö an starken Schmerzen am Herz. Er geht zum Arzt, wird untersucht, doch der Arzt trös-
tet ihn: Es seien wohl die Sorgen, die sich aufs Herz schlagen. »In
Wahrheit lief ich zweieinhalb Wochen mit einem Herzinfarkt herum«, erzählt Benkö. Als dieser endlich diagnostiziert wurde, waren
zwei Drittel der Hinterwand des Herzmuskels abgestorben. Nun
kann Benkö nicht einmal mehr eine Kamera tragen.

Zehn Menschenleben hat die ungarische Rotschlamm-Katatstrophe
gefordert. Dazu etwas mehr als hundert Menschen, die, so wie Benkö, wegen ihrer Verätzungen in Kliniken behandelt werden mussten.
Verantwortlicher Betreiber des Werkes in Ajka ist die MAL, die
Ungarische Aluminium AG, die seit 1995 private Eigentümer hat.
Zum Zeitpunkt des Dammbruchs war die MAL in einer wirtschaftlich schwierigen Lage. Ungarn galt ja lange Zeit als eine der
letzten Bastionen der europäischen Aluminiumindustrie, wo von
der Förderung des Bauxits bis zur Aluschmelze noch die gesamte
Produktionskette betrieben wurde. In den meisten anderen Ländern Europas waren die Bauxitvorräte, falls es überhaupt welche
gegeben hatte, längst ausgebeutet. Im benachbarten Österreich
wurde der Abbau beispielsweise bereits 1964 eingestellt. Auch die
Elektrolyse-Anlagen im Salzburger Land und im oberösterreichi-
schen Ranshofen schlossen Anfang der 90er Jahre wegen Unwirt-
schaftlichkeit. Bis dahin war das Werk der AMAG in Ranshofen
Österreichs größter Stromverbraucher gewesen. Als die Regierung
beschloss, den Strom nicht mehr zu subventionieren, war damit das
Kapitel der heimischen Aluminiumschmelze besiegelt. Heute wird
nur noch importiertes Rohaluminium verarbeitet.
Auch an Ungarn ging die Krise nicht vorüber. Zur Jahrtausendwende waren die Bauxitvorräte in Ungarn ausgebeutet. Die MAL

reagierte mit Beteiligungen an Bergwerken in Bosnien und Montenegro, dennoch stiegen die Preise. Schließlich schloss im Jahr 2006 auch noch das einzige ungarische Alu-Schmelzwerk, die Elektrolyse in Inota bei Székesfehérvár, weil die nationalen und internationalen Rahmenbedingungen sich drastisch verschlechtert hatten. Der Aluminiumpreis war gefallen, ebenso der Dollar gegenüber dem Euro. Noch dazu war der Forint gegenüber dem Euro gestiegen. Die Liberalisierung der Stromnetze und die damit einhergehende Spekulation in Ungarn hatte den Importstrom aus Tschechien verteuert. Erhöhten Kosten bei der Produktion standen also fallende Weltmarktpreise gegenüber. In Inota wurden damals 700 Leute entlassen.

Für die MAL, wo Aluminiumoxid – das Ausgangsprodukt für die Aluschmelze – erzeugt wurde, fiel damit ein wichtiger Kunde weg. Gleichzeitig war durch das Aus für Inota die Produktkette vom Bauxit zum Rohaluminium unterbrochen, was insgesamt den Standort Ungarn für die Aluminiumindustrie weniger attraktiv machte.

In der Zeit der Finanzkrise ab 2009 spitzte sich die Lage noch weiter zu. Damals fiel der Rohstoff-Preis für Aluminium rapide am Weltmarkt. Der US-Konzern Alcoa reagierte darauf in seinen zwei ungarischen Verarbeitungsbetrieben mit einer Entlassungswelle.

Als einziger Großbetrieb blieb mit rund 3.000 Mitarbeitern die MAL übrig. Und sie hatte nun zwei gehörige Probleme: Sie musste den Großteil des Bauxits aus dem Ausland importieren und dann wiederum das Aluminiumoxid – gegen die Konkurrenz der neuen Alu-Giganten Brasilien und China – am Weltmarkt verkaufen. Allein der Rotschlamm blieb da.

Und hier spitzte sich die Situation ebenfalls zu. Die bestehenden Becken waren randvoll. Es war zudem nicht mehr möglich, die Dämme noch weiter hochzufahren. Mitarbeiter hatten bereits von bedrohlichen Rissen im Beton berichtet. Es war höchste Zeit, neue Becken zu bauen. Doch dafür fehlte wiederum das Geld.

Es war kein Geheimnis, dass immer wieder Schleusen geöffnet und nachts Rotschlamm in den Bach abgelassen wurde. Niemand wunderte sich deshalb groß darüber, dass nach der Katastrophe kein Fischsterben beobachtet wurde. Die Erklärung ist so banal wie schockierend: Im Bach hatten schon jahrelang keine Fische mehr gelebt. Die Umweltbehörden sahen weg.

Stattdessen versuchten Politiker und Vertreter der MAL, den »ungewöhnlich starken Regenfällen« in den Tagen vor dem Dammbruch die Schuld zu geben. Dreist wurde behauptet, es handle sich um eine Naturkatastrophe. Dahinter steckte der unverblümte Versuch, den EU-Katastrophenfonds anzuschnorren. Es stimmt, es hatte geregnet. Doch weder außergewöhnlich stark noch außergewöhnlich lange.

In den Tagen nach dem Unglück versuchten sowohl die Betriebsleitung als auch die Behörden, das Ausmaß der Katastrophe herunterzuspielen und möglichst zu vertuschen. Innenminister Sándor Pintér sagte gleich nach dem Dammbruch, die unmittelbare Gefahr sei nun vorbei, so, als ob die Gefahr nur darin bestanden hätte, in den Schlammfluten zu ertrinken. Originell fand ich in diesem Zusammenhang, dass Innenminster auf ungarisch »Belügyminiszter« heißt.

Der Geschäftsführer der MAL, Zoltan Bakonyi, setzte dem noch eins drauf und erklärte gegenüber den internationalen Medien: »Vor dem roten Schlamm braucht sich niemand zu fürchten, der ist völlig ungefährlich.«[9]

Das ging aber sogar Belügyminiszter Pintér zu weit und er empfahl Bakonyi postwendend, »er könne in der Brühe ja mal baden gehen, wenn er dieser Meinung ist.«[10]

Doch auch manche Wissenschaftler stellten sich unverblümt auf die Seite der Alu-Firma und gaben großflächig Entwarnung. Bei unseren Filmarbeiten erklärte uns beispielsweise ein belgisches Duo allen Ernstes, dass es sich beim Rotschlamm eben um rote Erde handle, so wie sie auch in großen Teilen Afrikas ganz normal sei. Bereits im nächsten Jahr, sagten die beiden, könne auf dem vom Schlamm gefluteten Ackerland wieder plangemäß Getreide angebaut werden.

Woraus der Rotschlamm eigentlich bestand, erfuhr die Bevölkerung nur schleppend. Für Aufklärung sorgten erst unabhängige Organisationen wie Greenpeace. Noch eine Woche nach der Katastrophe waren die Gewässer kaminrot gefärbt. Messungen zeigten einen alarmierend hohen Anteil von Natronlauge, der den ph-Wert in Höhen von mehr als 12 katapultierte und allfälligem Restleben in den Bächen nun endgültig den Garaus bescherte.

Die Konzentration von Arsen, einem der stärksten Umweltgifte war um das 25-Fache erhöht. Und sogar weit flussabwärts vor der Einmündung in die Donau maßen die slowakischen Behörden Spitzenwerte für toxisches Aluminium.

Insgesamt hatte sich beim Unglück rund eine Million Tonnen Rotschlamm über eine Fläche von 50 Quadratkilometern entlang des Tolda-Flusses verteilt. Die Folgen für die Umwelt sind noch auf Jahre hin vollständig unabsehbar.

Doch schon ein Jahr später, als wir Nachschau hielten, was sich verändert hatte, wurde tatsächlich, wie die Belgier prophezeit hatten, in den einst überschwemmten Gebieten bereits wieder Mais angebaut. Für die Ernährung der Menschen sei dieser Mais natürlich nicht zugelassen, erklärte uns Tamas Toldi, der Bürgermeister von Devecser. Wofür er dann verwendet würde, ließ Toldi jedoch offen.

Als ich Istvan Benkö persönlich kennenlerne, den Kameramann, dessen Bilder um die Welt gegangen waren, lebt er nicht mehr in Devecser, sondern mit seiner Frau in einer kleinen Wohnung in einem Plattenbau in der Aluminiumstadt Ajka. Zwar erhielt das Ehepaar eine Entschädigung für den Verlust ihres Hauses, doch das reichte bei weitem nicht aus, um sich eines der am Stadtrand neu gebauten Reihenhäuser zu kaufen. Ab und zu fährt Benkö noch zur kleinen TV-Station nach Devecser. Aus alter Gewohnheit und um ein wenig seinen Rat beizusteuern.

Bei unserem Besuch zeigt er uns die Gegend, wo er einst gewohnt hat. Es ist eine sehr berührende Szene. Wie der schlanke gebrechliche Mann durch das Viertel geht, das einst sein Zuhause war. Vor ein paar Monaten kamen die Bagger, sagt er. Und bisher hat er noch nicht den Mut gefunden zurückzukehren. Es ist das erste Mal, dass er durch seine alte Heimat geht, die er kaum wieder erkennt. Alles ist nun Wüste, eine riesige planierte, ausgeräumte Baustelle, in der gerademal hier und da ein Baum überlebte. Der Bach ist noch da – und die Brücke, von der einst die Männer gerufen haben:»Der Damm ist gebrochen.« Benkö findet die Stelle nicht, wo einst sein Haus stand. Er ärgert sich, geht einen Weg entlang des Baches, versucht sich zu orientieren. Schließlich sieht er einen Draht, der um einen Baum gewickelt ist, greift ihn an und betrachtet ihn genauer. »Hier stand mein Haus«, sagt er schließlich. »Das war der Draht, mit dem ich einst mein Garagentor eingehängt habe, damit es nicht zufällt.« Es sind oft die seltsamsten Dinge, welche die Zeiten überstehen.

Dazu gehört auch Aluminium. Wieder sind wir mit den Kollegen von Greenpeace unterwegs und dokumentieren, wie sie Wasserproben nehmen. Die Gewässer sind nun wieder halbwegs sauber. Zumindest die Rotfärbung ist vollständig verschwunden. Einige Tage später erfahren wir im Umweltbundesamt in Wien die Resultate: Die Werte von Arsen und Quecksilber haben sich normalisiert. Erschreckend ist hingegen noch immer der Wert an Aluminium. »Mit 0,6 Milligramm pro Liter«, sagt der Greenpeace-Chemiker Herwig Schuster, »liegt das immer noch um das Dreifache über der Dosis, die ausreicht, um Fische zu töten.«

Nach Einschätzung von Kennern der ungarischen Aluminium-Industrie sollen übrigens noch mindestens 55 Millionen Tonnen Rotschlamm verstreut in mehreren Becken Ungarns lagern. Und die meisten Dämme sind in ähnlichem Zustand wie jene der Aluminium-Fabrik von Ajka.

Jamaica – Bauxit und die Folgen

Begonnen hat es mit der Klage des Gutsherren Alfred D'Costa aus der Provinz St. Ann in Jamaica. Der Patriarch war verärgert über die schlechten Erträge auf seinen Plantagen. Im Jahr 1942 schickte er einen Eimer der roten Erde an ein neu geschaffenes Institut in der Hauptstadt Kingston, das Landbesitzern Düngeberatung anbot. Die Analyse der Erde ergab, dass es sich bei seinem Boden um hochwertiges Bauxit handelte. Ein Rohstoff, der heiß begehrt war. Die Regierung erklärte daraufhin gleich vorsorglich alle Bauxit-Vorkommen auf der Insel zum Eigentum der Krone von England und benützte dafür Kriegsrecht-Regulative. Die Aluminium-Produktion war ja insgesamt ein »Kind des Krieges«, die Flugzeug-Produktion lief auf Hochtouren und Aluminium war das wichtigste Ausgangs-Material. Europa sowie die USA, wo es kaum Bauxit-Vorkommen gibt, hatten einen enormen Bedarf. Die Aluminium-Industrie erlebte einen ersten großen Höhenflug.

Bis es in den schwer zugänglichen Hügellandschaften Jamaicas gelang, tatsächlich in größerem Umfang Bauxit abzubauen, vergingen zehn Jahre. Erst 1952 verließ der erste Bauxit-Frachter den Hafen von Port Rhoades in der Discovery Bay. Hier war vor mehr als 500 Jahren Christoph Kolumbus auf Jamaica gelandet. Nun fahren aus der einst idyllischen Bucht gigantische Bauxit-Frachter nach Nordamerika und Europa.

Nachdem der Anfang gemacht war, entstand jedoch ein regelrechter Bauxit-Boom. Die internationalen Alu-Riesen, allen voran der kanadische Konzern Alcan und die US-amerikanische Alcoa, handelten sich mit den Regierungsstellen die Abbau-Rechte aus und bald lieferten die frisch gebauten Eisenbahnen regelmäßig voll beladene Waggons zu den Frachthäfen. Auf etwa 1.000 Quadratmeilen Zentral- und Westjamaicas erstreckte sich der Bauxitgürtel. Die Gesamtmenge wurde auf zwei Milliarden Tonnen geschätzt, wovon die Hälfte relativ leicht zugänglich war. Analysen des Gesteins ergaben, dass es nicht so reich an Aluminiumoxid ist wie jenes, das im südamerikanischen Guyana entlang des Demerara-Flusses abgebaut wurde. Während dort vier Tonnen Bauxit genügten, um eine Tonne Aluminium herzustellen, brauchte es vom Jamaica-Bauxit sechs Tonnen. Dafür waren die Transportwege nach Nordamerika um mehr als 1.000 Seemeilen kürzer. Zudem lagen die Bauxit-Flöze unmittelbar an der Oberfläche und hatten eine Mächtigkeit von bis zu 50 Metern. Dadurch waren sie leicht zugänglich und billig abzubauen.

Binnen fünf Jahren wurde Jamaica zum weltgrößten Exporteur des roten Erzes. Doch dieser Exportboom brachte dem Land gewaltige Umweltprobleme. Tagbau von Bauxit zerstört die Landschaft meist unwiderruflich. Große Teile der Waldfläche sind durch jahrzehntelangen Abbau schwer beeinträchtigt, die Niederschlagsmenge ist allein im letzten Jahrzehnt um 20 Prozent zurückgegangen, die Durchschnitts-Temperatur dafür um ein Grad angestiegen. Auch in Jamaica ist viel von Rekultivierung die Rede und diese ist mittlerweile für alle Konzerne vorgeschrieben. Wie überall fällt es jedoch schwer, auf der roten Wüste wieder etwas zum Wachsen zu bringen. Auch wenn wieder Humus aufgebracht wird, kann der Erdboden das Wasser meist nicht halten. Die frische Erde wird weggeschwemmt, Erosion zerstört die Neubildung eines fruchtbaren Bodens. Anstatt landwirtschaftlicher Produkte wachsen darauf dürre Bäumchen oder Gras. Und das in einem der von Natur und Klima am meisten bevorzugten Länder der Welt, wo die Erde so fruchtbar ist, dass eine in den Boden gesteckte Bananenstaude binnen weniger Monate die Dimensionen eines Baums erreicht, von dem die Bananen in dichten Bündeln herabhängen.

Reich wurde das Land durch die Funde ebenfalls nicht. Anfangs zahlten die Multis magere 2 US-Dollar pro Tonne Bauxit, ein Preis, der bis 1966 gerade mal auf 3,08 US-Dollar stieg. Die geförderte Menge kletterte bis Anfang der 70er Jahre auf 12 Millionen Tonnen. Über die Masse brachte das Devisen ins Land. Der Bevölkerung kam das jedoch kaum zugute. Zum einen sind Arbeitsplätze relativ rar in einer Produktion, die von gigantischen Maschinen und Industrieanlagen bestimmt wird. Obwohl die Alu-Konzerne mehr als ein Zehntel der gesamten Landfläche Jamaicas kontrollieren, waren nie mehr als 10.000 Menschen in dieser Industrie tätig. Zur Zeit sind es nicht einmal halb so viele.

Zum anderen fehlten die Alu-Schmelzen, um die Wertschöpfung im Inland deutlicher zu erhöhen. Zwar bauten Alcoa und Alcan, die beiden nordamerikanischen Konzerne, rasch Industrie-Anlagen, in denen das Bauxit nach dem Bayer-Verfahren gemahlen, erhitzt und über den Einsatz ätzender Natronlauge zu Aluminiumoxid verarbeitet werden konnte. Das brachte gegenüber dem Export des Erzes eine deutliche Steigerung der Wertschöpfung. Der Nachteil war jedoch, dass auch die Rückstände der Produktion damit im Land blieben.

Über Jahrzehnte gab es in der Bevölkerung immer wieder wütende Ausbrüche von Zorn und Ohnmacht, spontane Demonstrationen, Straßensperren und angezündete Baumaschinen. In einem Dokumentarfilm,[11] der 2005 gedreht wurde, schimpft eine etwa 50 Jahre alte Frau über die mehrere Kilometer entfernte Aluminiumoxid-Fabrik des Konzerns Windalco (West Indies Alumina Company). »Der Staub ist überall«, sagt sie. »Er ist scharf wie Säure und bringt alles um. Es wachsen keine Pflanzen mehr und wenn man sich bei der Firma beschwert, heißt es, sie sind nicht verantwortlich.« Eine Nachbarin pflichtet bei: »Zeitweise verfärbt sich das Wasser. Wenn der Wind von der Fabrik rüberweht, sieht man Wolken von weißem Staub. Das Zeug ist überall, sogar das Zink auf unserem Dach löst sich auf.« Und eine weitere Frau bringt ihren Sohn, zeigt dessen hellen Ausschlag, der sich von den Wangen bis zur Stirn ausbreitet. »Das kommt von diesem Wasser, es ist ätzend. Wir trinken es schon lange nicht mehr. Und sogar wenn wir es zum Waschen verwenden, haben wir Angst. Meine Tochter ist ständig krank. Sie hustet fürchterlich und leidet an allen möglichen Problemen.« Der Reporter fragt, wie weit die Fabrik weg ist. »Nicht weit, nur einen Spaziergang. Gleich da hinten ist der Schlammsee.«

Ein Mann wirft einen Stein in den See. Er geht kaum unter, der dicke Schlamm spritzt rundum. An den Rändern ist der Schlamm ausgetrocknet, bildet Risse. »An manchen Tagen können wir gar nicht bei der Tür rausgehen, weil ein so abscheulicher Gestank in der Luft ist, dass man Angst hat, man stirbt.«

Überall in Jamaica finden sich riesige Deponien dieses problematischen Rotschlamms. Jedes weitere Jahr wachsen sie wieder um etwa eine Million Tonnen an. Im Bauxit findet sich das halbe Periodensystem, darunter problematische Substanzen wie Chrom, Arsen, Quecksilber und eben der hohe Anteil an Aluminium. Der fein gemahlene Staub wird leicht verweht, wenn der Schlamm austrocknet. Nach unten hin versickert die stark alkalische Natronlauge, mit der der Rotschlamm getränkt ist, langsam ins Grundwasser. Nur die wenigsten der älteren Rotschlamm-Becken sind professionell abgedichtet, zudem mahlt an den Betondämmen, welche die Schlamm-Massen in den Seen zurückhalten, der Zahn der Zeit. Eine Katastrophe wie in Ungarn kann jederzeit auftreten und es ist eher ein Wunder – bei rund einer Milliarde Tonnen von Rotschlamm, die weltweit rund um die Alu-Werke deponiert wurden –, dass bisher relativ wenig passiert ist. Doch die alltägliche Vergiftung über das Grundwasser sowie die Verbreitung über den Wind sind für die Welt unsichtbar. Sie laufen schleichend und dauerhaft ab und so etwas macht keine Schlagzeilen.

Zahlreiche Ideen wurden geboren, was man mit dem Rotschlamm machen könnte. Theoretisch wäre es möglich, einige der Chemikalien wieder aus dem Industrie-Abfall herauszufiltern und somit wertvolle Rohstoffe zu gewinnen. Doch diese Prozesse sind teuer und aufwändig. Dafür hat sich still und heimlich eine andere Nutzung eingebürgert. Jamaica hat eine der weltweit höchsten Kriminalitätsraten. Das Land gilt als wichtiger Umschlagplatz für Drogen, die von Südamerika in die USA gehen. Immer wieder kommt es zu Bandenkriegen unter den Gangs von Jamaica. Und weil dabei regelmäßig Opfer anfallen, hat es sich offenbar eingebürgert, diese in den Rotschlamm-Seen zu entsorgen. »Wir können nicht mal nach ihnen suchen«, beschreibt ein Polizist das Dilemma, »weil wir keine Ausrüstung haben, welche diesen Chemikalien standhält.« Doch immer wieder treiben ausgebleichte Knochen an die Oberfläche welche eindeutig menschlichen Ursprungs sind.

Die Wirtschaft Jamaicas ist bis heute schwach. Neben der Bauxit-Förderung ist der Tourismus die zweite Stütze. Danach kommt lange nichts. Und deshalb gibt es auch kaum Beschränkungen beim Abbau des Erzes.

Wieder sind es ausländische Multis, die Regie führen. Windalco gehört zum russischen Alu-Giganten Rusal, der das wirtschaftliche Kernstück im Firmen-Konglomerat des Oligarchen Oleg Deripaska bildet.

Schon lange engagiert ist auch das US-Unternehmen Kaiser Aluminum. Es wurde vom Industriellen Henry J. Kaiser gegründet, der 1946 von der US-Regierung drei Aluminium-Werke leaste und das Unternehmen gewaltig ausbaute. In Jamaica errichtete der Konzern sogar einen eigenen Handelshafen namens Port Kaiser, von dem aus die Bauxitfrachter das Roh-Bauxit zur weiteren Verarbeitung in die USA liefern.

Der größte Betrieb ist Alpart (»Alumina Partners of Jamaica«), ein Joint Venture von Rusal mit dem norwegischen Alu-Giganten Hydro.

Wie verlässlich die Verbundenheit dieser internationalen Konzerne zu Jamaica ist, erlebten deren Mitarbeiter während der Finanzkrise von 2009, die unter anderem zu einem Absturz der Marktpreise bei Bauxit geführt hat. Während die Arbeitsplätze in den Kernbereichen dieser Unternehmen weitgehend hielten, kam es an der Peripherie sofort zum Kahlschlag. Binnen weniger Monate entließ ein Unternehmen nach dem anderen die Mitarbeiter in Jamaica. Einige Standorte wurden zur Gänze stillgelegt. Die Bauxit-Förderung kam für ein Jahr nahezu zum Erliegen und lief erst 2011 – als die Preise für Aluminium ebenso stark anstiegen, wie sie zuvor gefallen waren – wieder mit voller Kraft an.

Unübersehbar sind die Investitionen aus China. So wie bei den Einkaufstouren in Afrika suchen die asiatischen Geschäftsleute zunächst den Kontakt mit der Politik und bieten beispielsweise Finanzhilfe beim Bau von öffentlichen Gebäuden. Diese netten Gesten bilden dann die Eintrittskarte für die eigentlichen Interessen. Derzeit ist an der Südküste das Montego Bay Convention Centre in Bau, das als Landebasis für Chinas Aktivitäten gilt. Ich bin kürzlich daran vorbeigefahren und staunte über eine gigantische, hoch moderne China-Town, welche auf einer Länge von etwa einer Meile hochgezogen wurde. »Erstaunlich, wie rasch hier gearbeitet wird,« sagte eine jamaicanische Freundin. »Normalerweise dauert so etwas bei uns Jahre.«

Weiters sind zwei Multifunktions-Stadien in Bau, welche von China vorfinanziert werden. Und für Investitionen in das katastrophale Straßennetz auf der Insel vergab China kürzlich einen Kredit über weitere 400 Millionen US-Dollar. Solche Projekte machen guten Wind, sowohl bei Politikern als auch in der Öffentlichkeit. Und nun wird immer intensiver über die Bauxit-Schätze Jamaicas verhandelt, die ganz oben auf Chinas Einkaufs-Liste stehen. Seit 2010 versuchen chinesische Unternehmen die staatlichen Anteile Jamaicas an der Aluminiumproduktion zu kaufen.

Wo fast alle anderen Player im Geschäft satte Gewinne schrieben, machte der jamaicanische Staat nämlich Verluste. Schuld daran seien langfristige Fix-Preise, die von seinen Amtsvorgängern vertraglich zugesichert worden waren, klagte Jamaicas Premierminister Bruce Golding gegenüber der Nachrichtenagentur Reuters.[12] Bloß habe man dabei vergessen, dass man den Bau weiterer Rotschlamm-Becken und sonstige notwendige Investitionen in die Infrastruktur ebenfalls bezahlen müsse. Und weil bei den niedrigen Fix-Preisen dafür kein Spielraum mehr blieb, mussten hohe Kredite aufgenommen werden. Der Wert der jamaicanischen Beteiligung am Bauxit-Abbau im eigenen Land wird nun nur noch auf bescheidene 50 Millionen US-Dollar geschätzt.

Doch nicht einmal beim Verkauf dieser Anteile ist Jamaica vollständig frei. Der Staat hält an seiner Aluminium Company »Jamalco« nämlich nur 45 Prozent, die restlichen 55 Prozent gehören der US-amerikanischen Alcoa, die deshalb in den Verhandlungen ein Mitsprache-Recht hat. Nachdem sich der Aluminium-Markt nach der Finanzkrise von 2008/09 inzwischen wieder gut erholt hat, stehen neben den Geschäftsleuten aus China weitere Abgesandte von Alu-Konzernen in den Regierungsbüros in Kingston und unterbreiten ihre Angebote. Wer die staatlichen Anteile übernimmt, ist derzeit noch nicht geklärt. Zweifellos ist der Rückzug Jamaicas aus der landeseigenen Bauxit-Produktion aber ein weiterer Schritt in Richtung des endgültigen Ausverkaufs der eigenen Insel.

Weißes Pulver am Rio Pará

Nur wenige Länder verfügen bei der Herstellung von Aluminium über eine integrierte Produktionskette vom Bauxit bis zum Endprodukt. Manche Länder haben keine oder nur ungenügende Bauxit-Lagerstätten. Dazu gehören die meisten Länder Europas – inklusive Russland – sowie Nordamerika. Aber auch der aufstrebende Alu-Gigant China ist bei Bauxit auf Importe angewiesen. Andere Länder verfügen über zu wenig billige Energie, um die aufwändige Alu-Schmelze durchführen zu können. Das gilt für die bauxitreichen Länder Westafrikas ebenso wie für den Bauxit-Großexporteur Jamaica.

Alles in einem Land findet sich hingegen in Australien, das in der Alu-Sparte lange Marktführer war, sowie beim ehrgeizigen Aufsteiger Brasilien. Die Industrie konzentriert sich auf den Norden, den Bundesstaat Pará, wo rund um den Äquator und das Geflecht des Amazonas und seiner Nebenflüsse die weltgrößten Regenwald-Gebiete bestehen. Amazonien verbindet alles, was die Alu-Konzerne erfreut: große Wasser-Reserven und – unter dem Regenwald – nahezu unbeschränkte Lagerstätten von Bauxit. Für die Erzeugung der nötigen Wärmeenergie zum Brennen von Aluminiumoxid steht nebenher noch ausreichend Steinkohle zur Verfügung.

Einige der wichtigsten Alu-Giganten haben ihr Standbein in Brasilien. Alcoa ebenso wie Rio Tinto/Alcan. Auf der Überholspur ist der norwegische Hydro-Konzern. Im Zuge der Privatisierung des brasilianischen Bergbaukonzerns Vale hat Hydro dessen Aluminium-Agenden übernommen und wurde damit zum wahren Riesen des Regenwaldes. Neben den Bauxitminen in Porto Trombetas sowie Paragominas ist Hydro seit 2011 nun auch Mehrheitseigner in der Alu-Raffinerie in Barcarena, der weltgrößten Industrieanlage zur Herstellung von Aluminiumoxid, dem Ausgangsmaterial für die Schmelze von Rohaluminium, bzw. der Herstellung von Aluminiumoxid-Keramik. Die Jahresproduktion wurde seit 2005 mehr als verdoppelt und liegt derzeit bei rund sechs Millionen Tonnen. Dazu kommen noch 500.000 Tonnen Aluminiumhydroxid.

Im Juni 2012 besuche ich mit meinem Kamerateam die Alumi-nium-Raffinerie in Barcarena. Hier wird der Großteil des Bauxits von Porto Trombetas verarbeitet. Die Frachter fahren dafür den Rio Trombetas und später den Rio Pará rund 600 Kilometer flussab-wärts und legen etwa hundert Kilometer vor der Einmündung in den Atlantik am Hafen von Barcarena an. Ein Frachter fasst etwa 3.000 LKW-Fuhren Bauxit. Drei bis vier dieser 60.000 Tonnen Fuhren werden pro Monat hier ausgeladen. Allein damit ist die Raffinerie allerdings nicht ausgelastet. Als zweite Versorgungsader haben sich die brasilianischen Ingenieure eine besondere Monstrosität ausgedacht. Sie schlugen von Barcare-na aus eine schnurgerade, mehr als 250 Kilometer lange Schneise in den Regenwald bis zur Bauxit-Mine in Paragominas und verlegten ein Rohr von etwa einem Meter Durchmesser. Hier wird mit gigan-tischen Pumpsystemen in Wasser gelöster Bauxitschlamm durchge-spült, der an der Endstation in Barcarena in Trocknungsöfen wie-der rückgewonnen wird.

Bei unserem Besuch ist allerdings gerade Stillstand im System. Die Rohrleitung aus Paragominas ist irgendwo verstopft, erklärt uns Leif, ein aus allen Poren schwitzender Techniker, der eigens aus Norwegen angereist ist, um das Problem zu lösen. Den ganzen Tag hat er heute damit verbracht, die Schneise abzufahren und mit sei-nen Messgeräten die Stelle zu suchen, wo sich der Bauxitbrei zu einem unlöslichen Pfropfen verfestigt hat.

Zwei Tage lang erhielten wir Zugang zur Raffinerie und an diese Dreharbeiten werde ich mich wohl mein ganzes Leben erinnern. Bei drückender Tropenhitze kletterten wir auf 30 Meter hohen Si-los, die prall mit dem sogenannten »pregnant liquor« gefüllt waren. Der Liquor bestand aus der ätzenden Natronlauge und »schwan-ger« ging die Flüssigkeit mit dem Vorläufer des späteren Leichtme-talls. »Steig nicht in die Pfütze«, hörten wir immer wieder mal von unseren Guides, »denn sonst löst sich dein Schuh auf.«

Wir mussten, so wie die Arbeiter, unsere Haut am ganzen Kör-per bedecken, weil bei Berührungen Verätzungen die Folge gewesen wären. Alle schwitzten erbärmlich in den Schutzanzügen. Dazu kamen Brillen, Sturzhelm mit Plastikschirm, Handschuhe und Staubmaske.

Die Bereiche in diesem gigantischen Industriedickicht teilten sich in die rote und die weiße Welt. Rot vom Bauxitstaub war der eine Teil des Hafens, wo die Frachter anlegten und das fein gemahlene Gestein gleich noch feiner gemahlen wurde. Vis-à-vis am Hafen hatte man den Eindruck einer verschneiten Winterlandschaft. Dick lagen die Schichten des weißen Aluminiumoxid-Pulvers überall. Die heftigen Winde verteilten den Staub auf die umliegenden Küsten, wie wir bei unseren Besuchen in den nächsten Tagen sehen sollten.

Eindrucksvoll waren die Hallen, in denen meterhoch das Aluminiumhydroxid gelagert war, die Frucht der »pregnant liquid«, die in den Silos ausgefällt und getrocknet wurde. Hier luden die Bagger LKWs mit der Chemikalie voll und wenn nicht alle rundum pitschnass vom Schweiß gewesen wären, hätte dieselbe Szene optisch auch vom Einsatz einer Räumtruppe nach einem Lawinenabgang in den Alpen stammen können.

Mit Material, das laut Lebensmittel-Grenzwert der EU einen tolerierbaren wöchentlichen Höchstwert von einem Milligramm pro Kilogramm Körpergewicht nicht übersteigen darf, wurde hier hantiert, als wäre es Schnee.

In der Kalzinierungsanlage wird dem Aluminiumhydroxid bei rund 1.300 Grad das Wasser entzogen und daraus entsteht das Oxidpulver, das auf Förderbändern ausgekühlt und in die Tanks zum Hafen befördert wird.

Ein Teil wird gleich nebenan in der Elektrolyse von Albras verarbeitet. Der Großteil geht jedoch nach China, Nordamerika und in die aufstrebenden Aluschmelzen im arabischen Raum, nach Bahrain und Dubai.

Was in Brasilien bleibt, sind der Rotschlamm, der Staub und die Abwässer. Trotz aller Beteuerungen des Konzerns, dass alles sicher, gut abgedichtet und genauestens überwacht werde, sind die Menschen in der Umgebung überzeugt, dass die beiden großen Alu-Betriebe ihr Leben massiv gefährden. Die Fischer erzählen, dass sie kaum noch genügend fangen, um die eigene Familie zu ernähren. »Die Fische sind abgezogen oder gestorben, seit das Wasser hier so seltsam ist«, erzählt uns ein alter Mann. Die Jüngeren beklagen sich, dass sie als Tagelöhner auf Baustellen arbeiten müssen, weil sie nichts mehr fangen. Jene, die es dennoch weiter versuchen, spannen dafür ihre Kinder ein. Mehrfach haben wir acht- bis zwölfjährige Buben gesehen, die jeden Tag viele Stunden mit ihren verdrossenen Vätern im Boot sitzen müssen, um dann den spärlichen Fang aus den Netzen zu zupfen. »Früher hatte ich zwei Angestellte und die Boote waren manchmal zum Bersten voll«, sagt einer dieser Männer. Nachdenklich fügt er hinzu: »Es ist ein Fehler, was ich hier mache. Er sollte eigentlich in die Schule gehen. Denn sonst geht es ihm wie mir. Wenn er eine Ausbildung hat, so kann er vielleicht einmal in der Aluminiumfabrik arbeiten.«

Einige der Dörfer, die wir rundum besuchen, haben keine Trinkwasser-Versorgung. Hier holen sich die Indios das Wasser mit Plastik-Kanistern aus kleinen Flüssen wie dem Rio Murucupi, so wie ihre Vorfahren das getan haben. Fische gedeihen hier jedoch nicht mehr und die kleinen Kinder bekommen vom Wasser Hautausschläge. Eine Mutter zeigt uns ein Kind, das von Narben über den ganzen Körper gezeichnet ist. »Es hat einmal im Wasser gebadet, als gerade der Rotschlamm übergelaufen ist«, sagt sie. »Auch jetzt ist das Wasser nicht in Ordnung. Es brennt wie Chili auf der Haut und auch ganz kleine Wunden heilen sehr schlecht zu.« Um Trinkwasser im Supermarkt zu kaufen, fehlt ihr das Geld. »Sie sind aus Geldgier gekommen«, sagt sie resigniert und deutet in Richtung der Alufabriken. »Und sie haben unser Leben zerstört.«

Wir nehmen eine Probe des Wassers aus dem Rio Murucupi mit und lassen es in Wien beim Umweltbundesamt analysieren. Als die Resultate einlangen, liegt der pH-Wert mit 6,0 im leicht sauren Bereich, der Aluminiumgehalt bei 0,93 Milligramm pro Liter.

Das ist nahezu das Fünffache des Grenzwertes für Trinkwasser in der EU. Und ebenso das Fünffache jener Werte, bei denen in Chris Exleys Experimenten zum »Sauren Regen« die jungen Lachse starben.

Der Konzern Hydro teilte in seiner Stellungnahme zu den Vorwürfen mit, dass sich der schwerste Zwischenfall im April 2009 ereignet hat, als das Rotschlammbecken auf Grund schwerer tropischer Niederschläge übergelaufen ist. Seither wurden von Anrainern insgesamt 15 gerichtliche Klagen eingebracht, von denen außer den ersten beiden alle gewonnen wurden. Hydro kontrolliere das Grundwasser rund um die gesamte Deponie sehr genau und bislang seien keine Kontaminationen durch Lecks aus der Deponie festgestellt worden.

Auf Nachfrage zur schlechten Wasserqualität des Rio Murucupi erklärte Hydro: »Die Verschmutzung des Rio Murucupi stammt daher, dass es in der gesamten Region kein effektives Müllentsorgungs-System gibt.«

Schüsse auf die Präsidenten

Montag, der 18. Juli 2011, Guinea, Westafrika. Um drei Uhr nachts stürmte eine Gruppe von Soldaten die Villa des ersten demokratisch gewählten Präsident Guineas Alpha Condé in Conakry. Es kam zu einem wilden Feuergefecht, das bis fünf Uhr morgens andauerte. Dabei wurde das halbe Gebäude zerstört, die meisten der Angreifer und zumindest ein Mann aus Alpha Condés Leibgarde erschossen.

Der 73-jährige Präsident selbst wurde vom Attentat in seinem Bett überrascht. Er überlebte unverletzt. Als endlich die herbeigerufene Anti-Terror-Einheit der Armee anrückte, gaben die Angreifer auf und die Überlebenden wurden festgenommen. Der Präsident gab daraufhin Order, die möglichen Hintermänner ebenfalls zu inhaftieren, und er ließ von seinen Sicherheitskräften die üblichen Verdächtigen festnehmen. Diesmal waren es etwas mehr als sonst. Einige Dutzend Oppositionelle und Angehörige der früheren Militärregierung wurden abgeholt. Die meisten hatten keine Ahnung, was die Ursache war. Kurz darauf trat Condé im nationalen Fernsehen auf, berichtete, was geschehen war, lobte seine Leibwächter, die zwei Stunden lang erbitterten Widerstand geleistet hatten, und schloss seine Rede mit der Botschaft: »Wenn du dein Leben in die Hand Gottes legst, kann dir nichts geschehen.« Derartige Coolness ist wahrscheinlich Grund-Voraussetzung für die Übernahme eines solchen Amtes in einem der unsichersten und ärmsten Länder der Welt. Als Beweggründe für den Anschlag kursierten in der Hauptstadt Conakry, einem wild wuchernden Moloch mit 1,8 Millionen Einwohnern, zwei Versionen. Die eine sprach von einem Haufen frustrierter Militärs, deren korrupter Lebensstil durch die Reformen des Präsidenten gefährdet wurde. Das ist die offizielle Version. Die inoffizielle ging davon aus, dass der französische Geheimdienst seine Finger im Spiel hatte. Angeblich sei Präsident Condé den einstigen Kolonialherren in Wirtschafts-Angelegenheiten zu eigenwillig unterwegs, und das spielte gewissen Interessen entgegen. Genannt wurden hier speziell die in Guinea ansässigen Bergbau-Konzerne Rio Tinto und Rusal, die in dem bauxitreichsten Land der Erde seit Langem ihre Claims abgesteckt haben. Speziell der russische Alu-Riese Rusal sei »sehr unglücklich mit dem Präsidenten«, berichtet der australische Rohstoff-Experte John Helmer,[13] der als längstdienender Wirtschafts-Korrespondent in Moskau als graue Eminenz der Metall-Branche gilt.

Kürzlich wurden dem Konzern im Besitz des Oligarchen Oleg Deripaska Steuer-Nachzahlungen, Strafzölle und fällige Raten für die Bergbau-Konzession in Höhe von zusammen mehr als zwei Milliarden US-Dollar angedroht. Andernfalls verliere Rusal die Konzession für die Schürfrechte im Gebiet von Dian-Dian, wo rund eine Milliarde Tonnen Bauxit lagern. »Das Verschwinden des Präsidenten«, so Helmer, »hätte Rusal viel Geld gespart.«

Rusal betreibt drei Bauxitminen nördlich von Conakry. Dazu noch eine Fabrik zur Herstellung von Aluminiumoxid. Eine eigene Bauxit-Bahnlinie bringt die Fracht über 100 Kilometer zu den Verladehäfen. Ob die Züge Bauxit oder Aluminiumoxid geladen haben, merkt man am Staub, der aus den Waggons entweicht: schneeweiß oder eisenrot. Die Arbeiter in den Betrieben verdienen pro Monat zwischen 70 und 100 Euro. Meist teilen sich mehrere Familien ein Haus. Die Arbeitsbedingungen sind hart. Viele der Männer leiden an einer Staublunge, speziell jene, die mit Aluminiumoxid arbeiten. Die medizinisch korrekte Diagnose lautet hier Aluminose. Die Aluminiumoxid-Partikel lagern sich dabei an die Zellen des Lungengewebes und wachsen regelrecht ein. Dies führt zum schrittweisen Gewebeumbau der Lunge, die im Lauf von ein bis zwei Jahrzehnten schrumpft. Zu den Spätfolgen zählt auch ein erhöhtes Lungenkrebsrisiko. In Europa gilt die Aluminose als entschädigungspflichtige Berufskrankheit.»Rusal weigert sich hingegen, die Kosten zu übernehmen, wenn ein Spitalsaufenthalt nötig wird«, berichtet Markus M. Haefliger, Afrika-Korrespondent der Neuen Züricher Zeitung.[14]

Unter der Bevölkerung wuchs seit Längerem die Unzufriedenheit über die Alu-Manager aus Russland. Trotz gültiger Vereinbarungen hat sich der Konzern bisher nicht an der Elektrifizierung der Region Mimbya beteiligt, in der die Bauxitminen liegen. Auch eine lokale Unternehmens-Steuer, mit der ein Schulgebäude finanziert werden sollte, ist nicht am Zielort angekommen. Niemand weiß, ob die Russen nicht bezahlt haben oder ob das Geld in der korrupten Vetternwirtschaft der Regierungsclique versickert ist.

Doch wenn sich die Arbeiter einmal organisierten und für bessere Rechte eintraten, rief ein Rusal-Manager bei den Freunden in Conakry an. Und dann rührte sich sofort etwas. Im Jahr 2008 rückte die Armee an und schoss scharf in eine Kundgebung der Belegschaft. Etwa ein Dutzend Arbeiter erlitten Verletzungen, zwei der Kumpel starben.

In Guinea lagern mehr als ein Drittel der weltweiten Vorräte an Bauxit. Guineisches Alu-Erz gilt zudem als das qualitativ beste der Welt. Genutzt wird derzeit nur ein kleiner Teil der Abbaugebiete. Das eröffnet viel Spielraum. Zumal Guinea bislang an der Wertschöpfung kaum beteiligt war. In dem dreistufigen Prozess von Bauxit zum Aluminium halbiert sich jeweils das Gewicht des Ausgangsmaterials, während sich dessen Wert gleichzeitig verfünffacht. Doch bloß 14 Prozent des guineischen Bauxits werden zu Aluminiumoxid und gar nichts zu Aluminium verarbeitet. Das Geschäft machen Multis, die sich ihre Abbau-Verträge in diesem von über 50 Jahren Diktatur und Bürgerkrieg geschwächten und extrem korrupten Land nach Bedarf bei den Politikern erkaufen.

In den letzten Monaten vor dem Attentats-Versuch hatten zahlreiche Besuche ausländischer Wirtschafts-Magnaten in den Fachmedien der Rohstoff-Industrie für Aufsehen gesorgt. Im März 2011 trat der US-amerikanische Finanzmogul George Soros gemeinsam mit Alpha Condé an die Öffentlichkeit und versprach seine Hilfe bei der Neuorganisation der Wirtschaft. Im Juni war eine hochrangige Delegation aus Peking zu Gast. Es hieß, dass der chinesische Aluminium-Riese Chinalco sogar in Aussicht gestellt habe, eine eigene Aluschmelze in Guinea zu bauen. Immerhin gilt das Ursprungsland des gigantischen Niger-Flusses als das Wasserschloss Afrikas. Staudamm-Pläne werden gewälzt. Und viele träumen davon, dass Guinea über eine florierende Aluminiumindustrie zu einem der reichsten Länder Afrikas werden könnte.

Derzeit herrscht enormer Schacher um die Bauxit-Ressourcen. Oleg Deripaskas Konzern Rusal, der über viele Jahre die Vorherrschaft in diesem afrikanischen Markt innehatte, schienen zuletzt die Felle davonzuschwimmen. Es heißt, dass sich die Russen in der Zeit ihres Quasi-Monopols zu viele Feinde gemacht oder die falschen Berater geschmiert hatten. Präsident Alpha Condé tendiert angeblich nun zu neuen Verträgen mit den USA und China.

Rusal stieg kurz nach der Jahrtausendwende in Guinea ein. Unter dem Regime des damaligen Präsidenten Lansana Conté genoss Deripaska Narrenfreiheit, heißt es. Die staatliche Tonerde-Fabrik in Driguia erwarb Rusal für 22 Millionen Dollar, laut einem Gutachten war das Unternehmen das Zehnfache wert.

Nach dem Tod Lansana Contés im Dezember 2008 putschte sich der Armee-Hauptmann Moussa Dadis Camara an die Macht. Doch nun änderte sich das Zusammenspiel. Camara, der vier Jahre in Deutschland gelebt hatte und an der Bundeswehr-Offiziersschule Dresden ausgebildet worden war, trat stets in Militäruniform auf, mit dem gut sichtbaren Barett-Abzeichen der deutschen Fallschirmjägertruppe. Da Camara bei der Organisation des Putsches mit seinen Vertrauen deutsch sprach und Widersacher, wie er selbst protzte, »mit deutscher Gründlichkeit« entfernen ließ, wurde seine Machtübernahme als »le putsch allemand« (deutscher Putsch) bezeichnet.

Die Clique um Camara verlautbarte öffentlich, dass es nun der Korruption im Land sowie dem organisierten Drogenhandel gnadenlos an den Kragen geht. Nach dem Vorbild von Venezuelas Staatschef Hugo Chávez reservierte sich Camara im staatlichen Fernsehen eigene Sendungen und zerrte in »Dadis' Show«, wie das Spektakel genannt wurde, mutmaßliche Ausbeuter vor die Kamera. Dort mussten sie zugeben, dass sie sich widerrechtlich bereichert und Volksvermögen von Guinea gestohlen hatten. Zur besonderen Zielscheibe wurde dabei die Bauxit-Industrie. Im April kaperten Camaras Helfer den ranghöchsten Rusal-Vertreter in Guinea, Anatoli Patchenko. Als »Stargast« in Dadis' Show musste er sich als Dieb beschimpfen lassen. Nach seinem Auftritt flüchtete Patchenko sofort aus dem Land. Er flog nach Moskau und berichtete Oleg Deripaska über die unerfreulichen Zustände in Guinea.

Als Camara auch noch den Kauf der russischen Tonerde-Fabrik annullierte, um damit von den Russen Geld für seinen persönlichen »Spezialfonds« zu erpressen, dürfte er den Bogen endgültig überspannt haben. Rusal ließ die komplette Produktion in Guinea einstellen. Als Camara davon erfuhr, erhielten die Hafenbehörden Anweisung, den russischen Bauxit-Frachtern die Ausfahrt zu verweigern. Das Verhältnis war am absoluten Tiefpunkt angelangt.

Nun war es Zeit für ein Gipfeltreffen. Oleg Deripaska himself landete mit einem sehr wehrhaft wirkenden Begleitschutz in Conakry und besuchte den eigenwilligen Junta-Chef Moussa Dadi Camara. Über den Inhalt der Gespräche wurde nichts bekannt. Sehr viel hatten sich die Streitparteien jedoch scheinbar nicht zu sagen, denn so rasch, wie er gekommen war, reiste der Oligarch wieder ab.

Zunächst lief daraufhin alles wieder wie am Schnürchen. Rusal nahm die Produktion auf und es schien alles wie zuvor. Zwar wusste noch immer niemand, wohin die Einnahmen aus dem Bergbau verschwanden, doch immerhin fuhren die Bauxit- und Alumini-

umoxid-Frachter wieder regelmäßig zu den Aluschmelzen ab.
Weniger gut erging es Moussa Dadi Camara selbst. Einige Wochen nach der Unterredung mit Oleg Deripaska, Anfang Dezember
2009, wurde er von»Toumba«, dem Chef seiner eigenen Leibgarde,
in den Kopf geschossen. Camara konnte mit Hilfe einiger seiner
Getreuen schwer verletzt nach Marokko fliehen, wo er sofort operiert wurde. Camara überlebte knapp und blieb bis heute im Exil.
Die Motive für Toumbas Mordversuch sind niemals restlos auf-
geklärt worden. Die offizielle Version lautet, Toumba sei während
eines Gespräches mit Camara in Streit geraten, habe spontan seine Pistole gezogen und geschossen. Vertreter der ehemaligen Mili-
tärjunta beschuldigten hingegen offen den französischen Geheimdienst, Toumba angestiftet zu haben, und verwiesen auf dessen
enge Verbindungen zur Bauxit-Lobby. Tatsächlich hatte Camara
kurz vor dem Attentat öffentlich angekündigt, zu den Präsiden-
tenwahlen für 2010 – entgegen seiner bisherigen Aussagen – doch
selbst anzutreten. Eines seiner wichtigsten Wahlversprechen lautete, er werde alle Verträge zum Abbau von Bauxit für ungültig erklären und mit den Förderkonzernen über günstigere Bedingungen
für Guinea neu verhandeln.

Ein Vorhaben, das nun auch Alpha Condé, der erste frei gewähl-
te Präsident Guineas und Nachfolger Camaras, in Angriff nimmt.
Möglicherweise, wie der Anschlag vom Juli 2011 zeigte, mit ähn-
lichen Folgen.

Das Energie-Massaker

Kaum ein Wirtschaftssegment ist so globalisiert wie die Herstellung
von Aluminium. Aluminium wird heute in Mengen gefördert, die
jedes Jahr die Rekorde des Vorjahres übertreffen. Als Leichtmetall-
Werkstoff und vielfältig genutzte Chemikalie trat es einen beispiel-
losen Siegeszug an. Bis Mitte 2008 stieg der Rohstoffpreis ständig
an bis auf einen Spitzenwert von 3.300 US-Dollar für eine Tonne.

Dann erfolgte wegen Wirtschaftskrise und Überproduktion ein rasanter Absturz, der im Frühjahr 2009 bei rund 1.300 US-Dollar seinen Tiefpunkt erreichte. Ein bitterer Einschnitt, denn bei einer Marke von 2.000 US-Dollar, heißt es in der Branche, liegt die Grenze zur Wirtschaftlichkeit. Alles, was darunterliegt, bereitet den Unternehmen Verluste. Der Kurs erholte sich jedoch rasch und trat auch bald wieder in die Gewinnzone. Mit Jahresmitte 2011 erreichte der Weltmarkt-Preis für eine Tonne Roh-Aluminium einen Höchststand von 2.800 US-Dollar. Seither begab er sich wieder auf Talfahrt und zur Jahresmitte 2012 schrammte der Preis wieder an der Gewinngrenze. Als Ursachen gelten Spekulation, enorme Lagerhaltung und Überproduktion.

Die Aluminium-Industrie zählt mittlerweile zu einem der umsatzstärksten Segmente der Weltwirtschaft. Fünf Konzerne teilen sich den Weltmarkt und erzeugen mehr als 80 Prozent der weltweiten Aluminium-Produktion. Die größten sind Rusal (Russland), Rio Tinto Alcan (Australien – England – Kanada) sowie Alcoa (USA). Der größte europäische Konzern ist Hydro (Norwegen). Die mit Abstand stärksten Zuwachsraten verzeichnete der chinesische Staatskonzern Chinalco.

Die weltweiten Bauxitreserven befinden sich vorwiegend in tropischen Entwicklungsländern. Und während in den Industrieländern die verfügbaren Wasserkraftreserven weitgehend erschöpft sind, finden sich in den aufstrebenden Schwellenländern auch diesbezüglich noch Freiräume. Gigantische Flüsse im Niemandsland der Regenwälder Brasiliens könnten aufgestaut, verschiedene Ströme zusammengelegt und riesige Flächen unter Wasser gesetzt werden.

All dies ist scheinbar notwendige Begleiterscheinung, wenn man sich auf den energieintensiven Verhüttungsprozess bei Aluminium einlassen möchte. Wo gigantische Gewinnspannen und ewiges Wirtschaftswachstum winken, da zählt der Widerstand der Einheimischen, deren Land unter den Fluten versinkt, wenig.

China hat von allen Staaten die ehrgeizigsten Ausbaupläne in der globalen Aluminium-Industrie. Und wenn man sich die Liste der leistungsstärksten Wasserkraftwerke der Erde ansieht, so findet man unter den Top vier allein drei chinesische Projekte. Allen voran steht der 2006 in Betrieb genommene Drei-Schluchten-Damm am Jangtse, für den unfassbare 1,3 Millionen Menschen umgesiedelt wurden. Seine 32 Turbinen bringen eine Nennleistung von 18.200 Megawatt (MW). 2005 wurde mit dem Bau der Xiluodu-Talsperre begonnen, welche einen Zufluss des Jangtse aufstaut. Die Fertigstellung des zugehörigen Kraftwerks ist für 2015 geplant und wird dann weltweit den dritten Rang einnehmen. Durch den Stausee werden einige der spektakulärsten Canyons und Schluchten der Erde überflutet. Am Oberlauf des Jangtse sind noch drei weitere gigantische Wasserkraftwerke in Planung.

Im letzten Jahrzehnt ist es China gelungen, seine Aluminiumproduktion zu verzehnfachen. Mit diesen Investitionen in langfristig gesicherten Energie-Nachschub ist China die Position als weltgrößter Erzeuger von Aluminium wohl nicht mehr streitig zu machen.

Nicht weniger ehrgeizig ist Brasilien. Hier steht in Itaipú an der Grenze zu Paraguay das zweitgrößte Kraftwerk der Erde und gewinnt aus den aufgestauten Fluten des Rio Paraná eine Nennleistung von 14.000 MW. Besonders ehrgeizig sind die Ausbaupläne Brasiliens im Amazanos-Gebiet. Das Monsterprojekt des Belo Monte wird nahezu ausschließlich für die geplanten Standorte künftiger Aluschmelzen errichtet. Und es steht erst am Anfang einer ganzen Reihe von Kraftwerksprojekten, welche in den Regenwald-Gebieten geplant sind. Brasilien sieht hier eine Ressource, die es gnadenlos ausbeuten möchte – allen Umweltinitiativen zum Trotz. Denn die Wiederwahl der Regierung gelingt über Wirtschaftswachstum und steigenden Wohlstand der Bevölkerung, nicht aber über Umweltschutz.

Ohne Strom gibt es kein Aluminium. Und das gilt rund um die Uhr. Wenn die Elektrolysezellen erst einmal in Betrieb sind, werden sie nur noch im äußersten Notfall abgeschaltet. Denn wenn die Elektrolysezellen erkalten, erstarrt die flüssige Schmelze zu Salz.

Kristall um Kristall formt sich aus. Das legt die Zellen lahm und macht den Schaden groß. »Stromausfall ist der Albtraum jedes Aluminiumfabrikanten«, erklärt die Aluminium-Expertin Luitgart Marschall.[15] Dieses Prinzip gilt sonntags wie feiertags, 365 Tage im Jahr. Drei bis vier Stunden Ausfall wären gerade noch erträglich. Doch ab diesem Zeitpunkt »frieren die Elektrolysezellen ein«, wie es im Fachjargon heißt.

Aluminium ist nicht löslich in den üblichen chemischen Substanzen und sein Siedepunkt ist erst bei über 2.000°C erreicht. Diese Eigenschaften machen es schwierig, Aluminiumoxid mit konventionellen Mitteln in reines Aluminium umzuwandeln. Daher wird das Aluminiumoxid zuerst mit Fluor-Verbindungen, beispielsweise mit synthetischem Kryolith, versetzt, was den Siedepunkt auf ca. 950°C reduziert. Die Gewinnung des reinen Aluminiums erfolgt dann mittels Schmelzflusselektrolyse, dem sogenannten Hall-Heroult-Prozess. In einem Hüttenwerk wird das Aluminiumoxid zuerst in flüssigem Kryolith bei etwa 950°C chemisch gelöst. In einer Elektrolysezelle, einer mit Kohlenstoffsteinen ausgekleideten Wanne, wird dann mittels einer in die Lösung getauchten Kohleanode und der als Kathode fungierenden Zellenwand ein elektrischer Gleichstrom von geringer Spannung (etwa 4 Volt) und hoher Stromstärke (etwa 180.000 Ampere) durch die Kryolithlösung geleitet, der das Aluminiumoxid elektrochemisch trennt: Die Sauerstoff-Ionen wandern zur Anode, die Aluminium-Ionen dagegen zur Kathode. Das Aluminium scheidet sich in diesem Prozess flüssig auf dem Zellenboden ab und wird von dort periodisch abgesaugt, der Sauerstoff wird an der Anode abgeschieden und verbindet sich dort zu Kohlendioxid.

Die Graphitblöcke, welche die Anode bilden, brennen langsam ab und werden von Zeit zu Zeit ersetzt. Die Kathode (Gefäßboden) ist gegenüber dem Aluminium inert. Das sich am Boden sammelnde flüssige Aluminium wird mit einem Saugrohr abgesaugt. Der Prozess ist aufgrund der hohen Bindungsenergie des Aluminiums und seiner Dreiwertigkeit sehr energieaufwändig, zumal Elektroenergie erforderlich ist.

Die Ökobilanz ist verheerend: So benötigt beispielsweise die Elektrolyse eines Kilogramms Roh-Aluminium für eine Autofelge so viel Strom wie der Betrieb eines 24-Zoll-LCD-Bildschirms in einem Monat, wenn er täglich 8 Stunden eingeschaltet ist. Die Herstellung einer Tonne Aluminium verbraucht so viel Energie wie ein durchschnittlicher Haushalt in vier Jahren. (Basis: 3.500 kWh im Jahr.) Im Vergleich zu Eisen/Stahl benötigt die Produktion von Aluminium zehn Mal mehr Energie. (Deutlich günstiger ist die Bilanz dann allerdings beim Recycling von Altstoffen: Hier liegt der Bedarf von Aluminium nur noch bei 70 Prozent der Energie, welche für das Recycling von Eisen nötig ist.)

Die Aluminiumindustrie zählt heute zu den größten Energieverbrauchern der Erde, sie konsumiert etwa ein Prozent der gesamten weltweit erzeugten elektrischen Energie und sieben Prozent der weltweit in industriellen Prozessen konsumierten elektrischen Energie.

Die Stromkosten machen 30 bis 45 Prozent der Herstellungskosten von Aluminium aus. Langfristig niedrige Stromversorgung ist deshalb das wirtschaftlich höchste Gut in der Aluminium-Industrie. Und deshalb zieht es die Konzerne immer mehr in jene Länder, wo diese Voraussetzungen geboten werden.

Die Alu-Schmelze von Talco in der »Aluminiumstadt« Tursunzade in Tadschikistan verbraucht beispielsweise die Hälfte der Energie des gesamten Landes. Während die Menschen im Winter frieren und ständig der Strom abgeschaltet wird, ist schon das nächste Mega-Kraftwerk in Planung, um den ständig steigenden Bedarf des einzigen wesentlichen Exportgutes des Landes zu decken. Der Gewinn fließt ins Ausland und in korrupte Regierungskreise.

Eine besondere Rolle bei der Produktion der benötigten elektrischen Energie für die Elektrolyse spielte von Anfang an die Wasserkraft. Große Staudammprojekte werden oft in Verbindung mit neuen Aluhütten geplant. Ein großer Teil der Elektrizität aus den weltweit größten Wasserkraftwerken geht in die Aluminiumproduktion. Die Wasserkraft galt dabei jahrzehntelang sowohl als preiswerte als auch ökologisch vorteilhafte Energie ohne die Emissionen, die bei der Verbrennung von fossilen Energieträgern entstehen. Die Staudämme, die zur Generierung von Elektrizität, aber auch für Bewässerungsprojekte in den letzten Jahrzehnten gebaut wurde, haben aber in vielen Fällen zu enormen ökologischen Effekten geführt. Dazu zählen Sedimentierung des Gewässers, Versalzung und Entwaldung besonders im flussaufwärts gerichteten Bereich sowie deutliche Rückgänge der Fischbestände, Abnahme von Feuchtflächen und geringere Nährstofffracht im flussabwärts gerichteten Bereich. Die Rechte und Ansprüche der lokalen Bevölkerung wurden dabei vielerorts missachtet.

Die Prognosen versprechen, dass sich die Nachfrage nach Aluminium in den nächsten 20 Jahren noch verdoppeln wird. Wenn das zutrifft, ergeben sich daraus anhaltend stabile Rohstoff-Preise. Und deshalb versuchen die Konzerne, sich international so breit wie möglich zu platzieren. Der US-Konzern Alcoa hat beispielsweise mehr als 200 Niederlassungen in 31 Ländern der Erde. Damit ist es der Zentrale möglich, auf die Unregelmäßigkeiten des Weltmarktes mit seinen wechselnden wirtschaftlichen und politischen Bedingungen flexibel zu reagieren und damit in jedem einzelnen Verarbeitungsbereich die Gewinnspanne zu optimieren. Wenn Wärmeenergie in einem Land billiger wird, so kann dort die Aluminiumoxid-Produktion forciert werden. Wenn es gelingt, mit Politikern langfristig günstige Strompreise auszuverhandeln, so fahren die Elektrolyse-Anlagen mit der Erzeugung von Roh-Aluminium dort auf Hochtouren. Und wenn der Bauxitpreis günstig steht, so wird in den Minen auf Dreischicht-Betrieb rund um die Uhr geschaltet.

Doch wehe eine Gewerkschaft gibt sich stur und droht mit Streiks für bessere Arbeitsbedingungen. Wehe eine Regierung erdreistet sich, marktgerechte Energiepreise oder teure Umweltschutz-Maßnahmen einzufordern. Dann werden sofort die an den westlichen Elite-Universitäten ausgebildeten Puppenspieler in den Zentralen aktiv. Entwicklungsländer konkurrieren mit anderen Entwicklungsländern und über die lokalen Lobbys findet sich immer jemand, der bereit ist, die Konditionen der anderen zu unterbieten. Wenn genug

Geld fließt, finden sich stets korrupte Politiker, die keine Bedenken haben, Volksvermögen zu verscherbeln und ruinöse Langzeitverträge zu unterschreiben. Wer die regionalen Verhältnisse gut kennt, versteht es, mit den Löhnen so knapp über der Elendsgrenze zu bleiben, dass die Armut dennoch genug Arbeiter in die Betriebe treibt. Alles zum Wohl der Konzerne und ihrer Shareholder und natürlich der Manager selbst, welche sich über satte, wohlverdiente Boni freuen.

Am Anfang der Wertschöpfung steht als Ausgangsmaterial Bauxit, in der Mitte steht der Bedarf ungeheurer und möglichst billiger Mengen von Energie. Hier liegt die Rolle der Entwicklungsländer. Am Ende steht die Veredelung des Werkstoffes und die Weitergabe an die Flugzeug-, die Automobil- oder die Verpackungs-Industrie. Hier ist die Wertschöpfung am höchsten. Und hier sind wir längst wieder zurück in den Industrieländern.

Der Akosombo-Damm: Folgen eines Großprojektes

Ghana gilt als eines der reichsten Länder Afrikas und ist demnach für viele andere Staaten Westafrikas ein Vorbild. So auch für Guinea, das Land mit den größten Bauxit-Reserven. Wenn es gelingen würde, die Wasserkraft nach dem Beispiel Ghanas zu nutzen, so die Empfehlungen der Wirtschafts-Experten, könnte auch Guinea genügend Energie erzeugen, um selbst in die Erzeugung von Aluminium einzusteigen. Damit, so die Hoffnung, würde auch in ärmeren Ländern der Wohlstand ausbrechen. Wenn man sich die Geschichte der Aluminium-Industrie des nahe gelegenen Staates Ghana genauer ansieht, ergibt sich jedoch ein ganz anderes Bild, das eher als Warnung denn als Werbung für derartige Projekte dient.

Bauxit wird in Ghana im Westen des Landes in der Region Awaso abgebaut. Über die damit verbundenen Probleme für die Bevölkerung haben wir bereits gehört (S. 46). Die Idee für eine Aluminium-Raffinerie sowie eine eigene Alu-Schmelze entstand im Jahr

1962. Kwame Nkrumah, der erste Präsident Ghanas, traf sich in Washington mit Edgar Kaiser, dem Gründer der »Kaiser Aluminium and Chemical Corporation of the United States of America«. Die amerikanischen Partner besorgten die Kredite zum Bau eines Wasserkraftwerkes, um die nötige Energie aufzubringen. Im Osten des Landes bei Akosombo wurde ein gewaltiger Damm errichtet und der mächtige Volta-Strom aufgestaut. 1966 wurde das Bauwerk mit einer Länge von 640 Metern und einer Höhe von 141 Metern feierlich eröffnet. Das Ergebnis war der größte Stausee der Erde mit einer Fläche von 8.500 Quadratkilometern. Elektrische Energie kam von einem angeschlossenen Wasserkraftwerk mit vier Turbinen, welche bis in die 70er Jahre auf sechs Turbinen aufgestockt wurden. Mit einer Leistung von 912 Megawatt stand damit genug Energie zur Verfügung, um Aluminium selbst zu schmelzen.

Die Volta Aluminium Company (Valco), zu 100 Prozent im Besitz US-amerikanischer Konzerne, errichtete eine Alu-Schmelze in Tema, einem südlich des Akosombo-Damms gelegenen Ort an der Atlantik-Küste. Eine der Bedingungen der US-Firmen für das Investment war die Belieferung mit Strom zu Vorzugsbedingungen. Die Vertreter der Regierung von Ghana unterzeichneten Verträge, in denen sie gleichbleibende Konditionen über einen langen Zeitraum garantierten. Über drei Jahrzehnte bekam die Alu-Schmelze elektrische Energie zu ruinös niedrigen Tarifen fast geschenkt. Weil der Inlandsverbrauch im Lauf der Jahre in Ghana immer mehr anstieg, wurden diese Verträge zur doppelten finanziellen Falle. Denn die Regierung war nun gezwungen, teures Öl für Generatoren und kalorische Kraftwerke aus dem Ausland zu importieren, während die Alu-Schmelze der Amerikaner mit unverschämt billiger inländischer Energie gefüttert werden musste.

Bereits in der Bauphase hat das Großprojekt zur Vertreibung von rund 80.000 Personen geführt. Die staatlichen Umsiedlungsprojekte erwiesen sich dabei als unzureichend, viele Bewohner mussten ihr fruchtbares Land in Flussnähe gegen kleine Parzellen in Umsiedlungsdörfern fern des Volta tauschen. Selbst die Grundversorgung mit Trinkwasser war in diesen Quartieren viele Jahre nicht gesichert.

Ursprünglich war erwartet worden, dass das Staudamm-Projekt zumindest für die verbliebenen Anrainer positive Folgen habe. Machte diesen doch die sogenannte Flussblindheit zu schaffen, eine Krankheit, die über die Simulium-Fliege übertragen wird. Diese Fliege braucht rasch fließendes Wasser für ihre Brut – und man hoffte, dass sie im Stausee nicht überlebensfähig wäre.

Dem war jedoch nicht so. Die Fliegen wichen in die Zuflüsse und Überläufe des Stausees sowie in den Flusslauf dammabwärts aus und vermehrten sich mehr denn je. Eine Untersuchung Ende der 70er Jahre fand rund 100.000 von der Krankheit betroffene Anrainer des Volta-Stausees, von denen zwei Drittel bereits erblindet waren. Massenhaft wurde giftiges DDT versprüht. Dies richtete gegen die Fliegen jedoch wenig aus.

Zusätzlich vermehrte sich nun im stehenden Gewässer die Bilinus-Schnecke rasant. Diese Tiere sind die Überträger der Schistosomiasis (Bilharziose), einer Wurmkrankheit, welche durch die Schnecken als Zwischenwirt verbreitet wird. Krankheitserreger sind die Pärchenegel, etwa ein Zentimeter lange Saugwürmer. Deren von den Schnecken freigesetzte Larven können bei Kontakt durch die Haut des Menschen eindringen. Sie wandern über Lymph- und Blutgefäße in die Leber und verbreiten sich schließlich im ganzen Körper. Besondere Probleme verursachen sie im Bereich der Blase, wo sie sich über Jahrzehnte festsetzen können. Die Symptome reichen von Juckreiz bis zur Bildung von Quaddeln und Granulomen. Immer wieder kann anfallartiges Fieber auftreten, eine Spätfolge ist die Leberzirrhose. Die Krankheit kann in allen Stadien lebensbedrohliche Ausmaße annehmen.

Die Ausbreitung der Schnecken im Stausee geschah so explosionsartig, dass bereits Ende der 60er Jahre nahezu alle Kinder am Ufer des neuen Sees infiziert waren. Zehn Jahre später war bereits die gesamte Volta-Region südlich des Dammes bis hinunter zur Aluminium-Schmelze bei Keta mit den Schnecken verseucht. Sogar im Trinkwasser wurden die Larven der Pärchenegel nachgewiesen.

Auch hier wurde versucht, mit DDT gegen die weitere Ausbreitung der Larven vorzugehen. Die ökologischen und gesundheitlichen Folgen dieses intensiven Gifteinsatzes sind in ihren Auswirkungen bis heute noch nicht vollständig erfasst. Die Schädlinge selbst erwiesen sich jedenfalls als recht robust: Noch Mitte der 90er Jahre wurde bei einer medizinischen Untersuchung an 8.000 Anwohnern des Stausees eine Infektionsrate von 65 Prozent gemessen.

Das riesige Staudamm-Projekt hatte nicht nur auf die Gesundheit der Anwohner, sondern auch auf das regionale Klima gewaltige Auswirkungen. Aus Gründen, die bis heute noch nicht geklärt sind, kam es zu einem starken Rückgang der Niederschläge im Zuflussbereich des Stausees. Damit war der Anbau bestimmter Feldfrüchte nicht mehr möglich, die landwirtschaftliche Produktivität nahm deutlich ab. Die geringere Regenmenge führte über die Jahre zu einem massiven Rückgang des Wasserstandes im Stausee. Dies wiederum resultierte in einer ständigen Verschlechterung der Stromerzeugung.

Extreme Schwankungen in der Leistung führten zu häufigen Stromausfällen in den privaten Haushalten. Tagelang waren weite Gebiete Ghanas gänzlich ohne elektrische Energie. In der Öffentlichkeit geriet die Alu-Schmelze daraufhin immer stärker unter Kritik.

Die Regierung versuchte dem dadurch zu begegnen, dass zwei weitere Kraftwerke im Bereich des Volta-Sees gebaut wurden. Dennoch konnte die Gesamtleistung der Turbinen nur unwesentlich auf rund 1.100 Megawatt gesteigert werden. Bei Vollbetrieb benötigte die Alu-Schmelze mittlerweile aber bis zu 1.400 Megawatt. Also deutlich mehr als die Gesamtleistung des Volta-See-Kraftwerks.

Valco blieb über Jahrzehnte der mit Abstand größte Energieverbraucher des Landes. Zusammen mit dem Aufwand für die Bauxit-Minen verschlang dieser Sektor zwei Drittel des gesamten inländischen Energie-Budgets.[16] Und die wegen des Wasserstandes auf Niedrigtouren laufenden Volta-Kraftwerke konnten dazu nur noch einen Bruchteil beitragen. Daran hat sich aufgrund anhaltender Dürren im Einzugsgebiet des Stausees bis heute wenig geändert.

Als es nach der Jahrtausendwende laufend zu extremen Engpässen kam und die öffentliche Kritik in den Medien immer lauter wurde, zog die Regierung Ghanas 2002 endlich die Konsequenzen und kündigte der Valco die ruinösen Superkonditionen für ihren Strombezug. Elektrische Energie sollte künftig nur noch zu marktüblichen Preisen geliefert werden. Daraufhin legten die US-amerikanischen Eigentümer die Alu-Schmelze im Jahr 2003 einfach still. Ghana war nun gezwungen, die Anteile der Kaiser-Aluminium-Corporation, welche 90 Prozent an Valco hielt, mit Staatsmitteln selbst zu kaufen. 2006 versuchte die Alu-Schmelze einen Neuanfang, der jedoch nur von kurzer Dauer war. Im März 2007 sank das Niveau des Volta-Sees so weit unter das Arbeitsniveau des Wasserkraftwerks, dass die Elektrolysezellen des Hüttenwerkes abermals abgeschaltet werden mussten.

Da verkaufte auch der mit 10 Prozent Anteil verbliebene US-Konzern Alcoa seine Anteile an Ghana und seither ist der westafrikanische Staat Alleinbesitzer von Valco. Glücklich sind die heimischen Politiker damit jedoch nicht und häufig ist zu lesen, dass Verhandlungen mit anderen Multis geführt werden, um wieder einen ausländischen Konzern bei Valco ins Boot zu holen. Doch bislang erwiesen sich alle Erfolgsmeldungen über einen Einstieg solcher Alu-Giganten wie Hydro oder Rusal als falsch.

Im Januar 2011 wurde die Alu-Schmelze von Tema wieder einmal in einem neuen Anlauf eröffnet und fuhr zur Jahresmitte auf einer Kapazität von 20 Prozent. Große Hoffnungen setzen die Betreiber nun auf den Bau eines neuen 1.200-Megawatt-Kohle-Kraftwerks, das in Tema unmittelbar neben der Schmelze errichtet werden soll. Eine weitere Hoffnung liegt im Anlaufen der inländischen Rohöl-Produktion, welche vielleicht auf längere Sicht ausreichende Energiezufuhr bei Niedrigpreisen ermöglichen würde. Bis zur Jahresmitte 2012 war jedoch nach wie vor nur eine von drei Elektrolyse-Anlagen in Betrieb.

Mit der ursprünglich angestrebten integrierten Produktionskette vom Bauxit zum Aluminium wurde es bisher auch nichts, da die mit den US-Investoren vereinbarte Aluminiumoxid-Raffinerie in

Ghana nie gebaut worden ist. Deshalb muss das Roh-Bauxit exportiert werden, um danach das Oxidpulver für die Alu-Schmelze wieder am internationalen Markt einzukaufen.

Insgesamt zeigt dieses Beispiel, wie schwer es selbst einem absoluten Niedriglohn-Land fällt, aus der Aluminium-Produktion nachhaltige Gewinne zu erzielen. Einem Land, das noch dazu mit eigenen Rohstoffen und billiger Wasserkraft gesegnet ist. Hier zeigt sich das volle Dilemma der globalisierten Aluminium-Wirtschaft. Sind es doch die anderen Entwicklungsländer, welche als Konkurrenten auftreten und von den Rohstoff-Börsen sowie den multinationalen Konzernen in einen fortwährenden Preisdumping-Wettbewerb getrieben werden. Die Manager in den Konzernzentralen spielen die Betriebe am Beginn der Produktionskette gnadenlos gegeneinander aus. Wirklichen Zeitdruck gibt es nicht, weil das globalisierte System dazu führte, dass die Lager der Rohstoffhändler zum Bersten mit Aluminiumoxid und Roh-Aluminium gefüllt sind.

Sobald die Preise an den Börsen fallen oder jene für Energie steigen, wird sofort die Notbremse gezogen. Wichtig ist für die Manager meist nur der nächste Vierteljahresbericht – denn wenn hier der erwartete Profit ins Negative kippt, fordern die Shareholder personelle Änderungen. Und dann geht es um ihre eigenen Jobs. Wie sich die Entscheidungen in den Zentralen auf die Lebensbedingungen der Arbeiter in den entlegenen Produktionsstätten sowie auf die dortige Wirtschaft auswirken, ist dann nur noch von marginalem Interesse.

Wirkliche Wertschöpfung findet bei Aluminium so wie in den meisten Veredelungs-Betrieben vorwiegend am Ende der Produktionskette statt. Dort wo das Rohmaterial in alle möglichen Konsumartikel – von der Alufelge zur Alufolie – verarbeitet wird. Und diese Betriebe stehen dann wieder in der »ersten Welt«. Probleme mit Landschaftsverwüstung, Energieverschwendung, der Ausbreitung neuer Krankheiten und der Deponierung von Rotschlamm werden hingegen – so weit weg wie möglich – ausgelagert.

3. Aluminium und Gesundheit

Pillen zum Frühstück

Claire, eine Ärztin aus Detroit, die ich bei Dreharbeiten in den USA kennengelernt habe, erzählte von einem Erlebnis im letzten Sommer, das sie schwer schockiert hatte. Für sie persönlich zählten die Sommercamps mit ihrer Pfadfinder-Gruppe oder später am College zu den Highlights ihrer Jugend. Es waren unbeschwerte Tage, angefüllt mit Sport, Spaß und Teenager-Romanzen. Besonders, sagte Claire, habe sie die Stimmung am frühen Morgen geliebt. Wenn das Lager erwachte, die Freunde rundum aus ihren Betten oder Schlafsäcken kletterten und der Duft nach Kaffee und frisch gebrutzeltem Speck verführerisch zum Pavillon lockte, in dem das Frühstück vorbereitet war. Mit ihrem Geschirr standen sie in der Reihe und warteten scherzend und hungrig, bis sie ihre Portion in Empfang nehmen konnten.

Letzten Sommer bekam Claire nun das Angebot, einen Blick in ihre eigene Jugend zu werfen, wie sie annahm. Und sie sagte freudig zu. Ihre zehnjährige Tochter Emily war bereits seit zwei Wochen auf Sommerlager. Die Eltern konnten einen Tag früher anreisen und gemeinsam den »bunten Abschiedsabend« mit Gesangs- und Schauspiel-Einlagen mitfeiern. Der Abend war schön und lustig, erzählte Claire, doch sie ging rechtzeitig ins Bett. Wollte sie doch auf keinen Fall den »magischen Morgen« im Camp versäumen, der sie noch einmal in ihre eigene Jugend führen sollte.

Das Gelände war malerisch an einem See gelegen. Die Sonne spiegelte sich strahlend und löste die morgendlichen Dunstschwaden mit ihrer zunehmenden Wärme auf. Claire hatte auch schon die fleißigen Köche beim Frühstücksbuffet beobachtet, welche die Milch für die Cornflakes erwärmten und die Eierspeise zubereiteten. Doch die Masse an Kindern, die sie dort erwartet hatte, stand bei einer ganz anderen Hütte Schlange: dem Ärzte-Pavillon. »Die Kinder standen dort in Zweierreihen bis weit auf den Weg hinaus an«, schilderte Claire uns die Szene. »Sie hielten ihre Pillenboxen in der Hand – dieselben, wie sie von chronisch kranken, alten Menschen verwendet werden, damit sie ihre Medikamente nicht verwechseln und zur richtigen Zeit einnehmen.« Der einzige Unterschied, so Claire, war die Indikation: Die Pillen waren nicht gegen hohen Blutdruck oder Cholesterin, sondern gegen Hyperaktivität, Störungen des autistischen Spektrums oder chronische Darmentzündungen. Die Kinder holten sich ihre Cortison-Creme gegen Neurodermitis ab, verlangten eine neue Füllung des Asthma-Sprays oder bekamen die Insulin-Injektionen für ihre juvenile Diabetes.

Für Claire war die morgendliche Szene ein drastischer, brutaler Schock, auch wenn sie als Medizinerin natürlich wusste, dass Krankheiten im Zusammenhang mit Fehlleistungen des Immunsystems in den letzten Jahrzehnten deutlich zugenommen hatten. »Doch in dieser Wucht habe ich bisher noch nie wahrgenommen, was das bedeutet und wie es tatsächlich um die Gesundheit unserer Kinder hier in den USA steht.«

Claire sah uns an und man konnte nachvollziehen, dass an diesem Morgen irgendetwas Wesentliches in ihrem Selbstverständnis als Ärztin eingebrochen war. »Ich bin Anfang vierzig und noch nicht so alt, würde ich meinen: Aber in den paar Jahren seit meinen eigenen Erlebnissen im Sommercamp und heute muss hier in diesem Land etwas ganz entscheidend schiefgelaufen sein«, sagte sie. »Egal, ob es sich um einen unbekannten Umweltfaktor handelt oder ob wir Mediziner selbst etwas falsch machen. Wir müssten schleunigst und ohne Tabus nach den Ursachen dieser grauenhaften Zivilisationskrankheiten suchen.«

Im Mai 2011 erschien in Kooperation mehrerer Universitäten ein umfangreicher Bericht[17] über den Gesundheitszustand der Kinder in den USA. Und das, was Claire in ihrer Szene aus dem Sommercamp als Schock erlebte, wird darin in nicht weniger drastische Zahlen gegossen.

Basis der Untersuchung war eine detaillierte Befragung der Eltern von knapp 100.000 Kindern aus allen US-Bundesstaaten im Alter von 0 bis 17 Jahren. Abgefragt wurde der Gesundheitszustand der Kinder, die Art der Krankenversicherung, die ethnische Herkunft und ähnliche Informationen. Zweck der Studie war es, Unterschiede in der Versorgungsqualität zu erheben – je nachdem, ob die Eltern der Kinder eine private, eine öffentliche oder gar keine Krankenversicherung hatten. Die Unterschiede waren enorm, nicht nur nach Art der Versicherung, sondern auch nach Bundesstaat.

Wer es sich leisten kann, ist in den USA privat versichert. Dies trifft für mehr als die Hälfte der Haushalte zu. Ein Drittel der Familien hat eine staatliche Krankenversicherung, wie sie in Europa üblich sind, und beinahe 10 Prozent sind gar nicht versichert. Fast sieben Millionen Kinder in den USA leben in Familien, wo Arzt oder Krankenhaus-Besuche so bezahlt werden müssen wie ein Einkauf im Supermarkt.

Wenn man sich die Einkommens-Struktur ansieht, so überrascht es, dass tendenziell nicht die unversicherten, sondern die öffentlich versicherten Familien das niedrigste Haushalts-Einkommen haben. Bei diesen leben 45 Prozent unter der Armutsgrenze, bei den unversicherten »nur« 30 Prozent. Mehr als ein Drittel der unversicherten Familien fällt laut Haushaltseinkommen sogar in die Gruppe der Wohlhabenden. Den Arzt gleich mit Bar-Scheck zu bezahlen, gilt in manchen Kreisen scheinbar als Status-Symbol.

Dies nur vorab zum Verständnis der US-amerikanischen Eigenheiten im Gesundheitssystem, welche für Europäer doch recht eigenartig anmuten. Zwei Drittel der Privatversicherten in den USA sind von ihrer ethnischen Herkunft weiß. An den unteren Sprossen der sozialen Leiter findet man vermehrt Menschen afrikanischer, mittel- oder südamerikanischer Abstammung sowie jene Weißen, bei denen sich die Traumkarriere vom Tellerwäscher zum Millionär in der Realität eher als Albtraum entpuppt hat – den sogenannte »White Trash«.

Am markantesten zeigt sich Armut in Fettleibigkeit. Kinder aus armen Familien sind doppelt so häufig schwer übergewichtig als solche aus wohlhabenden Familien. Der Report zeigt auch eindrucksvoll, dass Armut chronische Krankheiten fördert. Kinder aus ärmeren Familien leiden deutlich häufiger an Asthma, an Autismus, an Epilepsie oder an juvenilem Diabetes. Einzig bei den Allergien haben die Kinder aus wohlhabenderen Familien die Triefnase vorn.

Wenn man nun die 20 häufigsten chronischen Krankheiten hernimmt, wie hoch, denken Sie, wäre der Anteil der amerikanischen Kinder, die mindestens eine derartige Diagnose haben? Jedes zehnte Kind? Jedes fünfte Kind? Ein Drittel der Kinder?

Mir lief ein kalter Schauer über den Rücken, als ich die Resultate dieser aktuellen Analyse las: Der Anteil der behandlungsbedürftigen kranken Kinder liegt in den USA derzeit nämlich bei atemberaubenden 43 Prozent. Das sind 31,7 Millionen Kinder, welche regelmäßig Medikamente, Heilbehelfe oder ständige Betreuung für ihre Leiden brauchen. Exakt die Hälfte der Eltern gab an, dass diese Krankheit nicht milde verläuft, sondern mäßig bis massiv belastend für das Leben ihrer Kinder ist. Besonders trifft das für die mehr als 15 Millionen US-amerikanischen Kinder zu, die nicht nur an einer, sondern gleich an zwei oder noch mehr Krankheiten leiden.

Kinder mit Verdacht auf Entwicklungsstörungen sowie solche mit mehr oder weniger schwerem Übergewicht sind in dieser Auflistung noch gar nicht mitgezählt. Tut man dies, so sind die gesunden, normalgewichtigen Kinder mit 45,9 Prozent bereits deutlich in der Minderheit.

Im Lauf der letzten Jahrzehnte hat sich die Situation laufend verschlechtert. Noch in den 60er und 70er Jahren war nur ein Bruchteil der Kinder so krank wie heute.

Claires Eindruck im Sommercamp, dass etwas gewaltig schiefgelaufen sein muss, hat also durchaus reale Hintergründe. Auf die US-amerikanische Gesellschaft – die »Heimat der Mutigen« und »das Land der Freien«, wie es in den patriotischen Hymnen tönt – kommt also eine gewaltige Flut an Belastungen zu. Jugendliche, die gleich mit einer Behinderung ins Berufsleben starten, viele Berufe gar nicht ausüben können und ständiger Pflege bedürfen, werden das ohnehin recht dünn ausgestattete soziale Netz schon bald einer enormen Belastungsprobe unterziehen. Und viele werden die Ersparnisse ihrer Eltern aufbrauchen oder durch die Maschen fallen und gänzlich im Elend landen.

Die ersten Anzeichen lassen sich bereits in den offiziellen Gesundheits-Statistiken ablesen. Während in Deutschland beispielsweise die Säuglings- und Kindersterblichkeit noch immer kontinuierlich abnimmt, gibt es in den USA in manchen Jahren bereits einen gegenläufigen Trend. Dasselbe gilt für das durchschnittliche Lebensalter. Auch hier sind die Jahrzehnte des unaufhörlichen Anstiegs endgültig vorbei. Und wenn man sich dann noch die Jahre ansieht, die bei Gesundheit und guter Lebensqualität verbracht werden, so geht zwischen den USA und Europa eine enorme Schere auf.

In krassem Gegensatz zu dieser tristen Situation präsentiert sich die wirtschaftliche Situation der US-Pharmaindustrie. Wenn nicht gerade wieder Milliarden Dollar an Schadenersatz bezahlt werden müssen, weil sich vor Gericht herausstellt, dass Medikamente wie z. B. das Rheuma- und Schmerzmittel Vioxx nur durch Lug und Trug so lange am Markt bleiben konnten, so jagt eine Rekordbilanz die nächste. Und sogar bei Vioxx rentierte sich die Verzögerungstaktik für den Mutterkonzern Merck & Co. Denn bei einem Jahresumsatz von zuletzt 2,5 Milliarden US-Dollar brachte jedes Monat, in dem noch nichts von der erhöhten Rate an Herzinfarkt und Schlaganfall bekannt wurde, satte Gewinne.

Die US-Multis bestimmen den Weltmarkt und sie geben den Trend der weiteren Entwicklung vor. Von den Gesundheitsbehörden kommen immer weniger Auflagen oder Beschränkungen, seit die Politik auf Drängen der Industrie für die raschere Abwicklung der Prüfverfahren gesorgt hat. Ernsthafte Konflikte können sich die Parteien gar nicht mehr leisten. Längst ist die Pharmaindustrie nämlich – noch vor der Waffen- und der Öl-Industrie – zum wichtigsten Sponsor sowohl der Republikaner als auch der Demokraten aufgestiegen. Alle wichtigen Gremien sind mit Lobbyisten unterwandert, kein wichtiges Gesetz geht durch, ohne dass es vehementen Widerstand gibt, wenn die Interessen der Pharmaindustrie in irgendeiner Form beleidigt werden. Und auch in den angeblich unabhängigen Gesundheitsbehörden FDA (Food and Drug Administration) oder CDC (Centers for Disease Control) zeigen zahlreiche Beispiele, dass die Pharmalobby bei entscheidenden Fragen enormen Einfluss hat.

Kein Land der Welt gibt einen so hohen Anteil seines Bruttoinlandsproduktes für »Gesundheit« aus. Gleichzeitig ist kein Land so krank wie die Bevölkerung der USA. Anstatt hier gegenzusteuern, unterwerfen sich Politik und Behörden aber den profit-gesteuerten Interessen der Industrie.

Der Einfluss der Amerikaner endet aber bei Weitem nicht im eigenen Land. Die WHO gilt seit vielen Jahren als deren Spielball. Bei unbotmäßigem Verhalten drohen pharmanahe US-Politiker unverhohlen, den Geldhahn abzudrehen. Seit Jahren steigt zudem der Anteil der privaten Geldgeber am Budget der WHO und hält derzeit bei mehr als einem Drittel.

Affären wie die Schweinegrippe-Pandemie zeigen dann, wohin der Hase läuft, wenn Milliarden an Steuergeldern unter fadenscheinigen Vorwänden auf die Konten der großen Konzerne umgeleitet werden.

Und dennoch gelten die USA nach wie vor als das El Dorado der Wissenschaft. Beinahe die Hälfte der Nobelpreise für Medizin wird an US-amerikanische Forscher vergeben. Nirgends streifen herausragende Wissenschaftler höhere Gagen ein. Die Berufung an eine angesehene Universität der Ost- oder Westküste gilt nach wie vor als Höhepunkt einer akademischen Karriere. Und so klingt es auch entsprechend selbstbewusst, wenn aus den USA neue Wirkstoffe, neue Krankheiten und gleich auch die dazupassenden neuen Therapien propagiert und weltweit verkauft werden.

Als profitabelstes Segment am Pharmamarkt haben sich hier im letzten Jahrzehnt innovative neue Impfstoffe etabliert. Das war insofern eine große Überraschung, als Impfungen davor eher als Groscherlgeschäft galten und etliche Konzerne bereits offen angekündigt hatten, sich ganz aus diesem wenig lukrativen Markt zurückzuziehen. Dann jedoch gelang es, die erste gentechnisch erzeugte Impfung gegen Hepatitis B zu einem recht ansehnlichen Preis in die allgemeinen Impfpläne zu drücken. In den USA wird diese Impfung bis heute allen Neugeborenen am ersten Lebenstag verabreicht. Nicht ganz unwichtig für die Durchsetzung dieser Empfehlung war es wohl, dass Wissenschaftler des staatlichen US-Gesundheits-Instituts NIH (National Institute of Health) Patente für diesen Impfstoff hielten und das Institut selbst auch ganz gut mitverdiente.

Als Nächstes kam kurz nach der Jahrtausendwende Prevenar, ein Impfstoff gegen Pneumokokken, auf den Markt. Für die Europäer war die Preisgestaltung ein Schock, weil dieser neue Impfstoff so teuer war wie alle anderen traditionellen Baby-Impfungen zusammen. Doch mit einer aggressiven Marketing-Kampagne, begleitet von einer Offensive der Impf-Lobbyisten, gelang es dennoch, dass die Pneumokokken-Impfung in die Impfpläne der meisten Industrieländer aufgenommen wurde.

Angespornt von diesem Meisterwerk der tolldreisten Preisgestaltung unternahm der US-Konzern Merck schließlich das Husarenstück, diese Abzocke mit Gardasil, dem »ersten Impfstoff gegen Krebs«, noch einmal zu toppen. Mit Werbespots im TV wurde die Botschaft vermittelt, dass Eltern, die hier nicht mitziehen und ihre Töchter nicht impfen lassen, selbst schuld sind, wenn diese später elendiglich am Gebärmutterhalskrebs zugrunde gehen. Mit einem Preis von rund 450 Euro für die Basis-Immunisierung gegen einige Sorten der humanen Papillomaviren (HPV) sind Impfungen nunmehr endgültig als Luxusgut etabliert. Noch besser ist es natürlich für den Umsatz, wenn es den Lobbyisten gelingt, dass diese Impfungen aus dem Steuertopf finanziert und gratis angeboten werden.

In Deutschland ist dies der Fall. Gardasil gelang gleich 2007, im Jahr seiner Zulassung, der Sprung an die Spitze der umsatzstärksten Arzneimittel. In Österreich wird die HPV-Impfung (zu Gardasil vom US-Hersteller Merck kam noch Cervarix von GlaxoSmithKline dazu) zwar vom Impfausschuss im Sanitätsrat empfohlen, ist jedoch selbst zu bezahlen. Impf-Lobbyisten schimpfen wütend über eine Zwei-Klassen-Medizin und fordern vehement, dass die Politiker endlich dem Beispiel Deutschlands folgen.

Alle drei Impfungen sind heute Welt-Bestseller und haben ihre Entwicklungskosten um ein Vielfaches hereingespielt. Alle drei Impfungen sind in den meisten Ländern Europas feste Bestandteile des Impfplanes, auch wenn sie wegen ihrer Kosten-Nutzen-Effizienz umstritten sind. Die Impfungen haben aber noch eine Gemeinsamkeit. Alle drei enthalten Aluminium in unterschiedlichen Konzentrationen und Zusammensetzungen.

In keinem Land werden die Kinder – zu ihrer eigenen Sicherheit – mit so vielen aluminiumhaltigen Impfstoffen geimpft wie in den USA. Seit den 60er und 70er Jahren hat sich die Menge an Aluminium, die mit den Impfungen in den Organismus der Babys und Kleinkinder eingebracht wird, vervielfacht. Die Impfquote ist hoch. Sicherlich auch deshalb, weil für Kinder die Maxime »no vaccination – no school« eingeführt wurde. Eltern, die möchten, dass ihre Kinder die Schule besuchen dürfen, müssen die empfohlenen Impfungen durchführen lassen. Ausnahmen gibt es zwar, sie sind allerdings mit einem ziemlichen bürokratischen Aufwand verbunden und betreffen vor allem Angehörige von Religionen, bei denen Impfungen aus Glaubensgründen nicht erlaubt sind.

Eine Eigenart der Nordamerikaner ist das Misstrauen gegen Mehrfach-Impfungen. Die Sechsfach-Impfung, so wie sie in Europa für die Baby-Impfungen hauptsächlich verwendet wird, ist in den USA nicht zugelassen. »Aus Sicherheitsgründen«, wie es heißt. Daraus folgt aber, dass die Kinder deutlich mehr Einzel-Impfungen erhalten. Fünf oder mehr Impfungen bei einem Kinderarzt-Besuch gelten als durchaus normal. Das bedeutet jedoch auch, dass die Babys mit viel mehr Aluminium belastet werden als in Europa, weil eben die meisten dieser Einzelspritzen auch eigene Wirkverstärker enthalten.

Ob die enorme Ausbreitung der chronischen Krankheiten damit in Zusammenhang steht, wird von den Impfbefürwortern heftig bestritten. Tatsächlich fehlen schlüssige Beweise für diesen Zusammenhang. Dies könnte jedoch auch daran liegen, dass niemand Interesse hat, danach zu suchen und die dafür nötigen Studien zu bezahlen. Auf der anderen Seite fehlen allerdings auch Beweise für die Entlastung der aluhaltigen Impfstoffe. Auch hier sind Studien nicht leicht zu organisieren, weil die weitaus meisten Kinder geimpft sind. Und in den typischen Arbeiten werden dann achtfach geimpfte mit zwölffach geimpften verglichen. In derartigen Studien lässt sich meist kein signifikanter Unterschied zwischen den beiden Gruppen beobachten. Und das wird als Indiz genommen, dass Impfungen keinerlei Probleme machen. Denn sonst, lautet die Argumentation mancher Impfexperten, müssten ja die zwölffach geimpften Kinder kränker sein als jene, die nur acht Impfungen erhalten haben.

Derartige Arbeiten haben jedoch einen recht bescheidenen Aussagewert. Zumal Untersuchungen zeigen, dass Eltern, bei deren Kindern Neurodermitis, Asthma oder sonstige chronische Krankheiten auftreten, in der Folge etwas kritischer gegenüber den Impfungen sind und ihre Kinder tendenziell weniger oder gar nicht mehr impfen lassen.

Damit ist aber nun der scheinbar so logische Schluss ad absurdum geführt. Denn wenn es stimmt, dass Eltern nach vermeintlichen Impfschäden zu impfen aufhören, so sagt die Anzahl der Impfungen gar nichts mehr aus.

Ob ein Zusammenhang zwischen den Baby- und Kinderimpfungen mit der enormen Zunahme der chronischen Krankheiten besteht, können wir derzeit nicht mit Sicherheit sagen. Es ist weder auszuschließen noch zu bestätigen. Studien, die hier Klarheit schaffen würden, zahlt niemand. Wenn sich in Ausnahmefällen doch die Gesundheitsbehörden einmal aufraffen, solche Studien zu organisieren, um die Sicherheit der Impfungen objektiv zu prüfen, werden diese vom Design her derartig verpfuscht, dass man denken könnte, Schwachsinnige hätten sie organisiert.

Ein gutes Beispiel für eine derartige Arbeit ist die deutsche Token-Studie, die mit dem ehrgeizigen Anspruch angetreten war, alle ungeklärten Todesfälle bei Kindern im Alter unter zwei Jahren auf einen möglichen Zusammenhang mit vorangegangenen Impfungen zu prüfen. Dummerweise war es – angeblich aus Gründen des Datenschutzes – jedoch nicht möglich, Zeitpunkt oder Art der Impfungen mit den Daten der verstorbenen Kinder zu verknüpfen. (Seite 219 ff.)

In Europa hinken wir den Impfplänen der USA noch etwas hinterher. Doch immer lauter werden die Rufe, dem Beispiel aus Übersee zu folgen. Also beispielsweise auch bei uns die Neugeborenen gleich am ersten Lebenstag gegen Hepatitis B zu impfen oder den Schulbesuch von einem ordnungsgemäß voll gestempelten Impfpass abhängig zu machen.

Und man hat den Eindruck, dass kaum ein Beruf heute so angesehen ist wie jener des Rattenfängers. Denn wenn man im Bereich der Gesundheit heute eines mit Sicherheit sagen kann, dann wohl, dass sich die USA hier schwerlich als Vorbild eignen.

Es werden sicherlich einige Faktoren mehr sein, welche die Gesundheit der Kinder ruinieren. Minderwertiges Essen, wenig Bewegung, soziales Elend gehören sicherlich dazu. Doch bei einem Land, das es auf eine Quote von 43 Prozent chronisch kranker Kinder bringt, ist wohl in allen Bereichen Misstrauen angebracht.

Außer es sehnt sich jemand danach, auch bei uns bald die Kinder im Sommerlager beim Apothekenzelt Schlange stehen zu sehen.

Was es heute braucht, ist eine gehörige Portion Skepsis gegen alle guten Ratschläge und Angebote aus den USA. Wenn schon die Amerikaner nicht in der Lage sind, ihre Gesundheits-Katastrophe selbst ordentlich zu analysieren und vorurteilsfrei nach den Ursachen zu suchen, so wäre es hoch an der Zeit, dass wir uns in Europa dieser Aufgabe stellen. Ansonsten werden auch hier bald die gesunden Kinder eine Minderheit bilden.

Jede Intervention an gesunden Kindern muss untersucht werden. Kein Arzneimittel und kein Inhaltsstoff darf von einer objektiven Risikoanalyse ausgeschlossen bleiben. Auch wenn diese Arzneimittel ein noch so gutes Image haben mögen oder unbestreitbare Verdienste in der Vergangenheit.

Zudem sind es ja nicht nur die Impfstoffe, welche den Organismus der Babys und Kleinkinder mit immer mehr Aluminium belasten. Der britische Alu-Experte Chris Exley hat schon mehrfach Testreihen bei Babynahrung durchgeführt und gezeigt, dass das Milchpulver zum Teil weit über die Grenzwerte belastet ist. Manche Sonnenschutzmittel enthalten so viel Aluminium, dass man den Kindern an einem durchschnittlichen Tag am Strand ein Gramm des toxischen Metalls auf die Haut schmiert. Und es ist bislang vollständig ungeklärt, was für die Kinder das größere Risiko darstellt: ein Sonnenbrand oder eine Hochdosis der aggressiven Aluminium-Ionen.

Doch auch Erwachsene sind gefährdet. Jeder von uns hat Aluminium im Körper. Es reichert sich in den Organen an, gefährdet unser Nervensystem und gilt, wie wir sehen werden, als Risikofaktor für Alzheimer oder Parkinson. »Unser Organismus kann lange Zeit den schädlichen Einfluss des Aluminiums unterdrücken«, erklärt Exley. »Unter immer stärkerem Aufwand versucht er, einen normalen Ablauf des Stoffwechsels zu garantieren. Doch irgendwann kann die Belastung zu groß werden. Jeder Mensch hat eine individuelle Grenze und niemand weiß, wann diese überschritten ist.«

Ebenso unbekannt wie der Zeitpunkt ist die Art und Weise, in welcher sich der Schaden materialisiert, durchbricht und sichtbar wird. Er beschränkt sich nicht auf ein bestimmtes Organ und ein paar Leitsymptome. Wie wir sehen werden, ist nahezu alles möglich. Aluminium greift in unzählige biologische Abläufe im Körper ein.

Aluminium und Alzheimer: Die verdrängte Gefahr

In den meisten aktuellen Publikationen zu Demenzkrankheiten beim Menschen und der Alzheimer Krankheit im Besonderen herrscht eine eigenartige Berührungsangst, wenn es um die Einschätzung der Rolle von Aluminium geht. Im bereits erwähnten Buch der deutschen Autorin Luitgard Marschall zur Geschichte von Aluminium wird dessen Einfluss auf die Gesundheit auf 285 Seiten in einem einzigen Satz abgehandelt. Und zwar auf Seite 17 mit der Blanko-Feststellung:»Es gilt als gesundheitlich unbedenklich.« Dies ist schon alleine wegen der erwiesenen Rolle von Aluminium als Auslöser von Dialyse-Enzephalopathie, Anämie, Osteomalazie (Knochenerweichung) sowie Aluminose eine glatte Fehlinformation. Ehrlicher wäre es gewesen, wenn die Autorin eingestanden hätte:»Damit kenne ich mich nicht aus, damit will ich mich nicht befassen und deshalb schreibe ich nichts darüber.«

Konsequente Ignoranz zeichnet auch das Buch »Demenz – Was wir darüber wissen, wie wir damit leben« aus,[18] in dem 20 prominente deutsche Wissenschafts-Autoren alle nur möglichen Aspekte dieser neuen Volkskrankheit abhandeln. Vom Einfluss des Lebensstils, dem Rauchen oder der Ernährung ist da viel die Rede, ebenso von der Hoffnung in die Wirkstoffe des Ginko-biloba-Baumes bis zur Alzheimer-Impfung, bloß von der Rolle des Aluminiums wollen die Autoren nichts wissen, das Wort Aluminium ist im Sachregister radikal ausgespart.

Auf der Webseite der Internationalen Alzheimer Gesellschaft findet sich auf der Seite mit den Risiko-Faktoren[19] ein mit einem dicken violetten Strich hervorgehobener Absatz mit dem Titel »Aluminium kein Auslöser«.

Das sei ein bloßer Mythos, heißt es in einem kurzen Absatz. Die Wissenschaft habe sich längst anderen Themen zugewandt.

Und wohl auch erfolgreich. Denn ganz am Anfang der Seite heißt es:»Wissenschaftler haben jene Faktoren identifiziert, welche das Risiko von Alzheimer erhöhen.« Und gleich geht es los mit der Liste der Erkenntnisse:»Der größte bekannte Risikofaktor für Alzheimer ist fortgeschrittenes Alter.«

Als Nächstes folgt die Familiengeschichte. Wenn ein Elternteil, ein Bruder, eine Schwester oder ein eigenes Kind an Alzheimer erkrankt, erfahren wir, sind wir auch selbst gefährdet. Das liege, hören wir erstaunt, entweder in der Genetik begründet oder in einem Umwelteinfluss. Möglicherweise auch in beidem.

Bei solch rasanten Erkenntnissen wundert es nicht, dass auf fast jeder Seite die Möglichkeit geboten wird, für weitere Forschung auf diesem Gebiet Geld zu spenden, damit die Internationale Alzheimer Organisation die führenden Wissenschaftler der Welt mit ausreichenden Mitteln fördern kann.

Keine übertriebenen Sorgen um Aluminium macht sich auch die Deutsche Alzheimer Gesellschaft. Wenn man in die Volltextsuche von deren Webseiten den Begriff »Aluminium« eingibt, kommt das Feedback: »KEINE Ergebnisse gefunden.« Dafür findet sich ein aufwändig gemachter Werbespot auf der Seite, in der sich Roberto Blanco für einen Auftritt bereit macht, dann hurtig auf die Bühne stürmt und sein Lied zu trällern beginnt: »Ein bisschen Spaß muss sein.« Leider entdeckt er dann, dass im Publikum lauter langhaarige, schwer tätowierte Rocker sitzen. Ein Sprecher kommentiert diese Szene mit ernster, eindringlicher Stimme: »Den Ort verwechselt? – Für 1,2 Millionen Menschen in Deutschland ist das Alltag.«

So wird auf lustige und doch seriöse Art für »Awareness«, also für Aufmerksamkeit, gesorgt. Und mit solchen Awareness-Kampagnen lassen sich die Herzen und die Brieftaschen der Menschen am besten öffnen.

Wofür aber werden diese gesammelten Gelder eingesetzt?

Damit werden, nachdem der Verwaltungsaufwand abgezogen wurde, von einer mit hervorragenden Alzheimer-Forschern besetzten Jury gut dotierte Forschungsaufträge vergeben. Die Ergebnisse werden dann auf den zentralen Konferenzen vorgestellt und zur Diskussion gestellt.

Kommen wir also wieder zurück zur Wissenschaft. Im Juli 2011 fand die »Internationale Konferenz der Alzheimer Gesellschaft zur Alzheimer Krankheit«, wie das Treffen sinnigerweise heißt, in Paris statt. Mehrere tausend Wissenschaftler fanden sich ein. Rund um die Plenar-Säle versammelte sich ein riesiger Tross von Pharma-Vertretern, die in möglichst auffälligen Messe-Ständen ihre neuesten Errungenschaften präsentierten. Allen voran die »Gold-Sponsoren« der Konferenz, die Konzerne Pfizer, Novartis oder Lilly. Der Konzern Janssen präsentierte sein »Alzheimer's Immunotherapy Programm«, der Konzern Ever seine »Neuro Pharma« und auch GE Healthcare, der Gesundheitsableger von General Electric, der mit seinen Medizin-Diagnostik- und Patienten-Monitoring-Systemen 17 Milliarden US-Dollar Jahresumsatz macht, war selbstverständlich bei den Gold-Sponsoren vertreten. Der US-Konzern Merck ließ sich diesmal nur bei den Silver-Sponsoren eintragen. Scheinbar gab es keine Alzheimer-Pillen in der aktuellen Produkte-Pipeline, die beworben werden mussten.

Im Plenarsaal drinnen bei der Eröffnungs-Sitzung wurde erklärt, dass der weltweite Notfall längst ausgebrochen sei. »604 Milliarden US-Dollar betragen die Kosten, die weltweit durch Demenz verursacht werden«, sagte der leitende Wissenschaftler der Alzheimer Gesellschaft, William Thies. Alzheimer sei die einzige Todesursache unter den Top 10 der USA, die weder verhindert noch geheilt und nicht einmal abgebremst werden könne. 35,6 Millionen Menschen leiden derzeit weltweit daran.

Nach den drastischen Zahlen zur tristen Situation wurden die herausragendsten Forschungsergebnisse des letzten Jahres vorgestellt. Die Erwartungshaltung des Publikums war nach den einleitenden Worten von Thies schon recht bescheiden. Denn was sollte man mit einer Krankheit anstellen, die weder verhindert noch geheilt noch abgebremst werden kann? Immerhin, man konnte drumherum forschen.

Es gab also im wissenschaftlichen Programm der Konferenz wieder zahlreiche Einblicke in die Laboratorien der Genetiker, deren immer recht ähnlich lautenden Resultate und Beschreibungen neuer Alzheimer-Verdachtsgene zunehmend das Gesamtbild einer sündteuren Beschäftigungstherapie hochspezialisierter Nerds ergeben – zumeist ohne jegliche Chance auf irgendeine praktische Relevanz.

In der Beliebtheit knapp dahinter liegt die Lebensstil-Forschung. Sie geht von der Grundthese aus, dass die Patienten aus den verschiedensten Gründen selbst schuld an ihrer Erkrankung sind. Diese Art von Studien ist in der Presse sehr beliebt, beschäftigt sie sich doch mit leicht verständlichen Phänomenen wie übermäßigem TV-Konsum, Bewegungsmangel oder Fettsucht. Das wiederum lässt den Redakteuren der Gesundheitsressorts in Boulevard-Medien Raum,

mit ironischen Untertönen und sanftem Zynismus ihre Predigersee-
le auszuleben, ohne sich mit komplizierten Fremdwörtern und ab-
schreckender Methodik abgeben zu müssen. Dazu noch ein schönes
Sujet von einem fetten Teenager, der mit Pommes vor der Spielkon-
sole sitzt – und fertig ist die warnende Botschaft: So sehen die künftigen Alzheimer-Freaks aus.

Das Schöne an dieser Art von Forschung ist: Jeder nickt zustim-
mend und niemand fühlt sich angesprochen.

Genau in diese Richtung ging denn auch der Hauptvortrag des
Eröffnungstages, der mit der Schlagzeile vorgestellt wurde, dass drei
Millionen Alzheimer-Fälle weltweit verhindert werden könnten,
wenn die Menschen in den Industriestaaten bloß ein bisschen ge-
sünder und gescheiter wären. Überbringerin dieser Botschaft war
Deborah Barnes, Professorin für Psychiatrie an der University of
California in San Francisco.[20] Sie hat mit ihrem Team sieben Faktoren ausgerechnet, die wesentlich an der Entstehung von Alzheimer beteiligt sind.

Der wichtigste dieser Einflussfaktoren heißt »geringe Bildung«
und verursacht gleich mal 19 Prozent der Alzheimer-Fälle. Das
schädliche »Rauchen« darf natürlich auch nicht fehlen und hat 14
Prozent auf dem Gewissen. Auch Bewegung hilft in einem ähn-
lichen Ausmaß (13 Prozent) gegen den Untergang der Gehirnzellen.
Und wenn auch noch der Depression der Garaus gemacht würde,
blieben weitere 11 Prozent bei klarem Verstand. Relativ wenig Einfluss haben Bluthochdruck (5 Prozent) und schweres Übergewicht
(2 Prozent) und das auch nur dann, wenn sie bereits im mittleren
Lebensalter auftreten. Als ähnlich bedeutungslos (2 Prozent) erwies
sich die Vermeidung von Diabetes. Aber immerhin, zwei Prozent
sind zwei Prozent, und wer Diabetes vermeidet, hat ja – abgesehen
von Alzheimer – auch sonst was davon.

Natürlich tauchte in der kritischen Zuhörerschaft auch die Frage
auf, woher die kalifornische Spezialistin für geriatrische Neuropsy-
chiatrie ihre Einsichten hat, wo doch derzeit angeblich gar niemand
weiß, wie die Alzheimer-Krankheit ursächlich entsteht.

Aber das sei doch ganz einfach, erklärte Barnes: Sie habe mit ihrem Team alle verfügbaren Untersuchungen ausgewertet, in denen biografische Daten von Alzheimer-Patienten gesammelt worden waren. Dort, wo sich die Alzheimer-Patienten von der Normalbevölkerung unterscheiden, so ihre These, müsse auch die Wurzel des Übels zu finden sein.

Man müsse also bloß die geringe Bildung, das Rauchen und die Depressionen abschaffen, dann hätte man schon fast die Hälfte der Bevölkerung von Alzheimer saniert?

Einige kleinere Unreinheiten hat ihre These noch. So fand sie, dass Alzheimer auf unterschiedlichen Kontinenten unterschiedliche Ursachen haben muss. In den USA hat die »geringe Bildung« nämlich nur 7 Prozent der Alzheimer-Fälle auf dem Kerbholz, in der Restwelt sind es hingegen gleich dreimal so viel. Woran könnte das wohl liegen? Sind Amerikaner generell ungebildeter, so dass sich die ungebildeten Alzheimerianer nicht so stark vom Schnitt abheben? Oder verursachen fehlende Schulabschlüsse dort ein signifikant kleineres Defizit im Großhirn?

Von solchen rätselhaften Details ließ sich Deborah Barnes in ihrer Forschungs-Euphorie nicht dämpfen. Unter dem Applaus der Zuhörer verkündete sie ihre abschließende Botschaft: »Relativ einfache Lebensstil-Änderungen wie mehr Bewegung oder Nichtrauchen könnten einen dramatischen Einfluss auf die Zahl der künftigen Alzheimer-Fälle haben«, sagte Barnes und ließ noch einmal ihre mathematischen Fähigkeiten aufblitzen: »Wenn es gelänge, die Lebensstil-Risiken nur um 25 Prozent zu reduzieren, könnten wir jährlich 3 Millionen Menschen Alzheimer ersparen.«

In der anschließenden Diskussion wurde kritisch angemerkt, dass es sich hier um ein theoretisches Rechenmodell handle, dessen Übertragbarkeit auf die »real world« sich erst zeigen müsse. Doch immerhin, die Botschaft war eine positive und das braucht ja auch ein ansonsten nur an harten Fakten orientierter Alzheimer-Forscher ab und zu in diesem trostlosen Job.

Schutz- und Riskofaktoren im Trinkwasser

Im Internet-Lexikon Wikipedia wird Aluminium im recht umfangreichen Beitrag zur Alzheimer-Krankheit immerhin zweimal kurz erwähnt. Zum einen wird eine französische Arbeit[21] zitiert: »In einer Studie aus dem Jahr 2000 wurde ein möglicher Zusammenhang zwischen Aluminium-Einlagerungen durch belastetes Trinkwasser und der Wahrscheinlichkeit, an Alzheimer zu erkranken, hergestellt.«

Gleich darauf kommt die Entwarnung: »Laut einer gesundheitlichen Bewertung des Bundesinstitutes für Risikobewertung (BfR) im Jahre 2005 besteht kein Zusammenhang zwischen der Aluminiumaufnahme aus Lebensmittelbedarfsgegenständen und der Alzheimer-Krankheit.«

Anschließend wird in einer etwa doppelt so langen Passage darüber spekuliert, ob ein Inhaltsstoff des Grünen Tees die Bildung der Alzheimer-Plaques verhindern bzw. sogar auflösen kann.

Bei der auf Wikipedia zitierten Arbeit zum Einfluss des Trinkwassers auf Alzheimer handelt es sich um eine Beobachtungsstudie mit einer Gruppe von 3.777 Personen im Alter von über 65 Jahren aus 75 Verwaltungsbezirken Südwest-Frankreichs. Im Zeitraum von acht Jahren erkrankten 253 Personen an Demenz, 182 davon an Alzheimer. Diese Daten wurden nun verglichen mit den amtlichen Analysen des öffentlichen Trinkwassers in den jeweiligen Bezirken. Hier besteht ein enormer Unterschied im Aluminium-Gehalt, je nachdem ob das Wasser aus Grundwasser-Brunnen oder aus Oberflächenwasser-Reservoirs stammt. Der Grund dafür liegt in der Aufbereitung des Oberflächenwassers, das meist einen höheren Verschmutzungsgrad aufweist. Für die Reinigung wird in den Wasserwerken traditionell Aluminiumsulfat eingesetzt.

Das muss man sich mal auf der Zunge zergehen lassen. Ein allseits bekanntes Neurotoxin, das in der Lage ist, Fische bereits in geringsten Konzentrationen zu töten, wird zur Aufbereitung von Trinkwasser eingesetzt!

Chemisch wird Aluminiumsulfat durch die Reaktion von Aluminium mit Schwefelsäure hergestellt. Die daraus entstehende Verbindung muss nach der Gefahrenstoffkennzeichnung mit schwarzem Kreuz auf orangem Hintergrund sowie dem Hinweis, dass es bei Hautkontakt ätzend wirkt, bezeichnet werden. Neben seinem Einsatz in der Trinkwasser-Aufbereitung dient Aluminiumsulfat als Hilfsstoff in der Papierindustrie sowie als Beizmittel in der Färberei oder bei Saatgut. Wir haben es also mit einer Chemikalie zu tun, bei der allein die Anwendung schon zeigt, dass sie eher das Gegenteil von gesund ist.

In der Wasser-Aufbereitung wird die Eigenschaft von Aluminiumsulfat genützt, sich an alle möglichen Schwebstoffe im Wasser zu binden, egal ob organischer oder anorganischer Natur. Die Schmutzpartikel werden durch die Bindung an Aluminium größer und schwerer. Sie flocken aus und sinken langsam zu Boden. Im Swimmingpool wird der Schmutz mit Wasser-Staubsaugern entfernt. Im Wasserwerk bleibt der Schmutz in den Filtern hängen. Bei dieser Technik lässt es sich allerdings nicht vermeiden, dass Rückstände von Aluminium im Trinkwasser zurückbleiben. Der zulässige obere Grenzwert für Aluminium liegt in der Europäischen Union bei 0,2 Milligramm Aluminium pro Liter (mg/l) Wasser.

In der französischen Studie war der Unterschied beträchtlich: Während unbehandeltes Wasser eine mittlere Konzentration von 0,006 mg/l aufwies, kam das »gesäuberte« Wasser auf einen Durchschnittswert von 0,023 mg/l, hatte also eine rund viermal so hohe Aluminium-Belastung. In manchen Bezirken wurden sogar Spitzenwerte von bis zu 0,46 mg/l – also das mehr als Doppelte des Grenzwertes – gemessen.

Die Wissenschaftler entschieden, bei 0,1 mg/l eine Grenze zu setzen, und bildeten in der Studie zwei Gruppen von Teilnehmern: jene mit mehr und jene mit weniger Aluminium-Belastung in ihrem Trinkwasser.

In der Auswertung verglichen sie dann die Alzheimer-Häufigkeit nach Wohnbezirken. Und sie fanden, dass in den Bezirken mit dem stärker belasteten Trinkwasser das Risiko, an Alzheimer zu erkranken, mehr als doppelt so hoch ist wie in Bezirken mit wenig oder gar keinem Aluminium im Trinkwasser.

In derselben Studie wurde auch untersucht, ob es stimmt, dass höhere Silizium-Werte im Trinkwasser einen Schutzfaktor vor Alzheimer darstellen könnten. Silizium gilt ja als traditioneller Bündnispartner von Aluminium. Der Großteil des Aluminiums in der Erdkruste liegt als Aluminiumsilikat in fester Bindung mit Silizium vor. Sowohl in Lehm als auch in Gneis, Granit und vielen anderen wohlbekannten Mineralien ist die Verbindung dieser zwei Elemente ein wichtiger Bestandteil. Und diese Bindung ist so stark, dass es bis heute technisch extrem schwierig und wirtschaftlich völlig unrentabel wäre, diese Verbindung zu trennen und beispielsweise Aluminium aus Granitbrocken gewinnen zu wollen.

In biologisch aktiver Form ist Silizium in verschiedenen Verbindungen mit Sauerstoff enthalten, welche als Kieselsäure bezeichnet werden. Kieselsäure kommt in mehr oder weniger großen Konzentrationen in allen Gewässern, auch im Trinkwasser, vor. Und auch vom biochemischen Verhalten gleicht Silizium dem Wasser. Als weitgehend neutrales Medium durchläuft Kieselsäure den Stoffwechsel – ohne sich groß irgendwo einzubringen oder für irgendetwas zuständig zu sein. Außer eben für die Entsorgung von Aluminium. Sobald diese biologisch aktiven Silizium-Sauerstoff-Verbindungen auf Aluminium-Ionen treffen, gehen sie feste chemische Verbindungen ein. Sie binden das problematische Aluminium, ziehen es mitunter sogar aus bestehenden Verbindungen ab. Die derart gebändigten aggressiven Metallionen werden in der Folge über Stuhl oder Harn ausgeschieden.

Und das schien auch den Senioren in der französischen Trinkwasser-Studie gutzutun: Bei Silizium setzten sie den Grenzwert, der die beiden Gruppen teilte, auf 11,25 mg/l und diesmal hatten jene den Vorteil, deren Trinkwasser über diesem Grenzwert lag. Bei ihnen war das Risiko, an Alzheimer zu erkranken, um signifikante 26 Prozent reduziert.

Alles, was ich hier beschrieben habe, verbirgt sich bei Wikipedia[22] in folgender dürren Ein-Satz-Mitteilung:»In einer Studie aus dem

Jahr 2000 wurde ein möglicher Zusammenhang zwischen Aluminium-Einlagerungen durch belastetes Trinkwasser und der Wahrscheinlichkeit, an Alzheimer zu erkranken, hergestellt.«

Es erscheint natürlich reichlich willkürlich, eine einzige Studie von vielen auszuwählen, um den Einfluss von Aluminium an diesem Krankheitsbild darzustellen. Dieses Problem findet sich auf Wikipedia jedoch recht häufig. In diesem Fall haben die Autoren der Alzheimer-Seite zudem noch vergessen, ihre Hinweise aus dem Jahr 2000 zu aktualisieren. Dasselbe französische Forscherteam hat nämlich die alte Arbeit in jüngerer Vergangenheit noch einmal aktualisiert[23] und konnte nun die Ergebnisse in einem erweiterten Beobachtungs-Zeitraum von 15 Jahren noch einmal überprüfen.

Nunmehr waren die Teilnehmer im Schnitt bereits älter als 82 Jahre und deutlich mehr als in der ersten Veröffentlichung, nämlich 364 Personen, waren mittlerweile an Alzheimer erkrankt. Ansonsten änderte sich in den Trends jedoch gar nichts: Nach wie vor war das Risiko, an Alzheimer zu erkranken, doppelt so hoch, wenn der Aluminium-Anteil im Trinkwasser über dem festgesetzten Grenzwert von 0,1 mg/l lag. Dass die in der EU erlaubte Obergrenze für Trinkwasser beim doppelten Wert, nämlich bei 0,2 mg/l, liegt, sei hier noch einmal in Erinnerung gerufen.

Ebenso stabil wie in der ersten Arbeit war wieder der schützende Einfluss von Silizium. In der Analyse zeigte sich, dass Trinkwasser mit hohen Silizium-Anteilen meist eine besonders niedrige Aluminium-Belastung aufwies.

Der Kampf der Lobbyisten

Etwa 35 Millionen Menschen leiden weltweit an Alzheimer, einer Krankheit, die vor allem bei älteren Menschen auftritt und für etwa die Hälfte der schweren Demenzen verantwortlich ist. In den für Alzheimer charakteristischen »senilen Plaques«, die sich dabei im Gehirn bilden und es schrittweise zerstören, finden sich hohe Konzentrationen von Aluminium.

Die vorherrschende Meinung in der Wissenschaft ist jedoch, dass Aluminium im Gehirn nicht die Ursache, sondern die Folge von Alzheimer ist. Demnach wäre es nicht so, dass Aluminium die Nerven zerstört, sondern sich erst später, nachdem die Schäden eingetreten sind, in diesen Regionen vermehrt festsetzt. Wesentlich wahrscheinlicher, so die These, sei eine kombinierte Ursache aus genetischer Veranlagung, bestimmten Begleitkrankheiten und Umweltfaktoren. Worum es sich dabei konkret handle, sei unbekannt.

In den letzten Jahren werden aber immer mehr Arbeiten publiziert, die für die konkrete Täterrolle von Aluminium sprechen. Dabei zeigte sich auch, wie schwierig es ist, den Einfluss des Leichtmetalls nach konventionellen wissenschaftlichen Kriterien zu bemessen. Eine simple lineare Beziehung zwischen Dosis und Wirkung lässt sich nämlich nicht beobachten. Tatsächlich spielt die individuelle Veranlagung eines Menschen eine enorme Rolle, wie stark Aluminium aufgenommen wird und in welchem Ausmaß es die Blut-Hirn-Schranke überwindet. Es kommt weiters darauf an, in welcher chemischen Konstellation Aluminium aufgenommen wird. Manche Verbindungen erweisen sich als wesentlich aggressiver als andere. Zudem spielt es eine wichtige Rolle, über welche Nahrungsmittel oder Getränke Aluminium konsumiert wird. Wenn beispielsweise Zitronensaft-Konzentrat in Wasser aufgelöst wird, so verstärkt die Fruchtsäure die Bio-Verfügbarkeit des im Wasser enthaltenen Aluminiums um das mehr als Zehnfache. In Tee, der oft mit hohen Aluminium-Dosen belastet ist, findet sich hingegen eine starke Bindung der Aluminium-Ionen an dessen polyphenole Moleküle, wodurch die Aufnahme von Aluminium unterbunden wird. Wieder andere Effekte ergeben sich, wenn Aluminium über die Haut (Kosmetikprodukte) oder Medikamente (z. B. Antazida) in den Organismus gelangt.

Aktuelle Studien an Ratten, die mit üblichen, in der menschlichen Nahrung enthaltenen Mengen an Aluminium gefüttert wurden, zeigen den Schaden, den Aluminium im Gehirn auslöst. Auch hier gibt es individuelle Unterschiede zwischen den Ratten. Doch bei den empfänglichen Tieren sind die Schäden eindeutig auf Aluminium zurückzuführen. Judie Walton, Professorin für neurodegenerative Erkrankungen an der Universität Sidney und langjährige Präsidentin der internationalen Gesellschaft für Zellbiologie hat dies – in zahlreichen Arbeiten – zuletzt in einer Publikation von 2012[24] eindrucksvoll dokumentiert. Judie Walton erklärt den Zusammenhang so: »Die gegenwärtige Evidenz zeigt, dass Aluminium sich im Gehirn empfänglicher Subjekte akkumuliert und im Zeitverlauf sich immer mehr mit Aluminium angereicherte Zellen in dysfunktionale Klumpen umwandeln. Dadurch wird die Verschaltung der Gehirnareale zunehmend gestört, was die Wahrscheinlichkeit des Fortschreitens klinisch relevanter Demenz erhöht. Dieser Mechanismus erklärt die Entstehung der Alzheimer-Krankheit.«

Besonders leicht bindet Aluminium an Nervenzellen, überwindet dabei die Blut-Hirn-Schranke und dringt ins Gehirn ein. Dass Aluminium an der Entstehung von Alzheimer beteiligt ist und möglicherweise eine bedeutsame Rolle spielt, entdeckten mehrere Forscher-Gruppen bereits in den 70er und 80er Jahren.

Der prominenteste dieser Wissenschaftler ist Daniel Perl, langjähriger Professor für Neuropathologie an der Mount Sinai School of Medicine in New York. »Wir kannten die Ergebnisse von Kollegen, die im Tierversuch bei Hasen Alzheimer ausgelöst hatten, indem sie deren Gehirn mit Aluminium in Kontakt brachten«, sagt Perl. Er wollte nun sehen, ob dies für Menschen auch gilt.

Perl entwickelte eigene bildgebende Verfahren, um das Aluminium in den Alzheimer-Plaques sichtbar zu machen. Er verglich die Gehirne von Menschen, die an Alzheimer gestorben waren, und der Zusammenhang war frappierend. »Aluminium hatte sich zwar ungleichmäßig im Gehirn verteilt«, sagt Perl, »aber genau dort, wo wir die höchste Konzentration fanden, waren auch die Zerstörungen am massivsten.« In den beschädigten Regionen lag der Aluminiumanteil beim zwei- bis dreifachen Gehalt dessen, den man bei Gesunden findet.

Seine Ergebnisse wurden in erstklassigen Journalen wie etwa »Science« veröffentlicht. Hochrangige Wissenschaftler wie der Nobelpreisträger Carleton Gajdusek arbeiteten an Nachfolgestudien mit, welche die Ergebnisse bestätigten. Und dennoch heißt es heute »offiziell«, dass Aluminium keinerlei Einfluss auf die Entstehung von Alzheimer hat.

Perl beschreibt, wie eine kleine Gruppe recht bekannter und im Wissenschafts-Betrieb sehr angesehener Kollegen auf Kongressen und in den Medien ständig lautstark gegen diese These auftrat. »Diese Wissenschaftler vertraten vehement den Standpunkt, es handle sich bei dem Aluminium, das wir fanden, wohl um Labor-Verunreinigungen oder sonstige schlampige Arbeit.« – Nach und nach wirkte diese Art der Darstellung, zumal die Gruppe auch stets ausreichend finanzielle Mittel für Übersichts-Artikel zur Sicherheit von Aluminium hatte. Und in diesen voluminösen Arbeiten, welche ebenfalls in hochrangigen Journalen erschienen, wurde Aluminium von jeglichem negativen Einfluss beim Untergang der Gehirnzellen freigesprochen. »Jeder Forschungsdollar, der weiterhin in diese Richtung investiert wird, ist ein verlorener Dollar«, erklärte etwa der angesehene New Yorker Alzheimer-Experte Henry Wisniewski. Und diese Sichtweise setzte sich nach und nach weltweit durch. Das Thema Aluminium und Alzheimer geriet in Vergessenheit.

»Wir vermuteten schon damals, dass diese Gruppe von der Aluminium-Industrie finanziert wurde«, erzählte mir Dan Perl. »Später tauchten nach und nach die Beweise auf, dass hier massive Geldmittel geflossen sind und bis heute weiter fließen.«

In diesem Ausschnitt aus einem von der Aluminium-Industrie herausgegebenen Buch[25] heißt es: »Im Jahr 1955 beauftragte der Aluminium-Verband Wissenschaftler am Kettering Laboratorium der Universität von Cincinnati mit einer Übersichtsarbeit zu Aluminium und Gesundheit. Ihre Schlussfolgerung war, dass es keinen Grund für gesundheitliche Bedenken gegenüber einer Exposition von Aluminium gab. Dieselben Schlussfolgerungen veröffentlichten sie noch einmal in den Jahren 1974 und 1979. Diese beruhigenden Ergebnisse gaben der Industrie ein falsches Gefühl der Sicherheit, und so kam es zu einer verspäteten Reaktion auf die Anschuldigung, dass Aluminium die Ursache der Alzheimer-Erkrankung sei. Im Jahr 1980 wurde das Kettering-Team beauftragt, kontinuierlich Übersichtsarbeiten zu Aluminium und Gesundheit zu verfassen, was sie auch bis 1988 taten. Seit dieser Zeit wurden die Übersichtsarbeiten vom New York State Institute für Grundlagenforschung bei Entwicklungsstörungen unter der Direktion von Dr. Henry Wisniewski vorgenommen. Der Aluminium-Verband hat außerdem viele Monographien veröffentlicht und war in den Jahren 1989, 1992 und 1994 Sponsor von internationalen Gesundheits-Konferenzen.«

Henry Wisniewski stand also mitsamt seinem Institut auf der Gehaltsliste der Aluminium-Industrie. Dasselbe gilt für Nicholas Priest, einen britischen Alzheimer-Experten, der Herausgeber und Autor mehrerer von der Industrie finanzierter Arbeiten ist und heute als Toxikologe im Auftrag der kanadischen Regierung arbeitet. Als ich Professor Priest im August 2012 in London für ein Interview getroffen habe, schlug er als Treffpunkt die Räume des Internationalen Aluminium Instituts, der Lobbying-Organisation der Industrie am noblen Haymarket im Zentrum von London, vor. Wir durften jedoch nichts drehen, wodurch dies erkennbar gewesen wäre. »Ich möchte nicht, dass in der Öffentlichkeit der Eindruck entsteht, ich könnte nicht unabhängig sein.«

Im Interview erzählte mir Priest dann seine Sicht der Dinge, welche einem Freispruch von Aluminium in allen Punkten gleichkam. Zwar sei Aluminium neurotoxisch und es stimme schon, dass im Tierversuch alzheimerähnliche Symptome ausgelöst werden können, auf den Menschen sei das jedoch alles keinesfalls übertragbar. »Es wird höchste Zeit, dass wir hier endlich das Prinzip der Vorsicht verlassen«, erklärte Priest. »Es wurde in hunderten Arbeiten gezeigt, dass von Aluminium keine Gefahr ausgeht – und deshalb brauchen wir hier auch nicht länger vorsichtig zu sein. Dieses Thema ist vollkommen tot.«

Um derartige Botschaften zu verbreiten, gründete bereits Henry Wisniewski – im selben Jahr der Übergabe des Industrie-Auftrags – die AAICAD, die jährlich stattfindende »Internationale Konferenz der Alzheimer-Assoziation zur Alzheimer Krankheit«, von der vorhin die Rede war. Seit seinem Tod im Jahr 1999 vergibt die AAICAD jährlich einen »Henry Wisniewski Preis« für das Lebenswerk im Bereich der Alzheimer-Forschung.

Auf der Seite der US-amerikanischen Alzheimer-Gesellschaft als größter und bedeutendster Lobbying-Gruppe zur Erforschung der Ursachen der Krankheit scheint der Geist der engen Verbindung zur Aluminium-Industrie noch immer weiterzuleben. So findet sich auf deren Website[26] eine Aufzählung von Mythen, welche fortan prompt widerlegt werden.

Eine dieser »Mythen«, die im dummen Volk angeblichen im Umlauf sind, lautet: »Die Alzheimer-Krankheit ist nicht tödlich.«

Ich habe zwar noch nie jemanden getroffen, der dieser Meinung war, aber das gibt den Autoren der Alzheimer-Gesellschaft zumindest Gelegenheit, diesen »Mythos« gründlich zu widerlegen: »Bei der Alzheimer-Krankheit gibt es keine Überlebenden«, klärt die Alzheimer-Gesellschaft auf. »Sie zerstört die Gehirnzellen und verursacht Gedächtnis-Veränderungen, fehlerhaftes Verhalten und den Verlust der Körperfunktionen. Langsam und schmerzhaft verschwindet die Persönlichkeit eines Menschen, seine Fähigkeit, sich mit anderen zu verbinden, zu denken, zu essen, zu sprechen, zu gehen oder den Weg nach Hause zu finden.«

Nach dieser eindringlichen Schilderung der Realität der Alzheimer-Krankheit folgt der Aluminium-Mythos. Man merkt allein an dieser Reihenfolge die Absicht, den Aluminium-Mythos als ebenso absurd hinzustellen wie die Ansicht, dass man kurz mal Alzheimer hat und sich dann wieder erholt, so wie von einem bösen Schnupfen.

Der dumme »Mythos« aus dem Volk lautet also: »Wenn man aus Aluminiumdosen trinkt oder in Alutöpfen und -pfannen kocht, so kann dies die Alzheimer-Krankheit verursachen.«

Dem wird folgende nüchterne »Realität« gegenübergestellt: »Während der 1960er und 1970er Jahre tauchte Aluminium als möglicher Verdächtiger bei Alzheimer auf. Dieser Verdacht führte zu Sorgen bezüglich des Umgangs mit Aluminium in allen möglichen Alltags-Gegenständen wie Töpfen, Pfannen, Getränkedosen, Medikamenten gegen Sodbrennen und Deodorants. Seit dieser Zeit ist es in Studien nicht gelungen, irgendeine Rolle von Aluminium bei der Verursachung der Alzheimer-Krankheit zu bestätigen. Experten haben sich anderen Bereichen der Forschung zugewandt und nur wenige glauben nach wie vor, dass Aluminium aus Alltagsprodukten irgendein Risiko darstellt.«

Außer ein paar Spinnern und Außenseitern, soll das wohl suggerieren, glaubt niemand mehr an diesen Schmarren.

Wie es um diese »Realität« der internationalen Alzheimer-Gesellschaft tatsächlich bestellt ist, wollen wir uns im nächsten Kapitel etwas genauer ansehen.

Die Rolle von Aluminium bei Alzheimer

In diesem Kapitel bringe ich einen kurzen Abriss jener Mechanismen, die bislang über die Auswirkungen von Aluminium auf den Organismus und im Speziellen auf die Nervenzellen bekannt sind. Ich habe die Quellen dieser Belege jeweils als Fußnoten angeführt, so dass diese jederzeit in den Orginal-Arbeiten der Medizin-Literatur nachgeprüft werden können. Hier wende ich mich vor allem an jene Leser, die an den wissenschaftlichen Fakten und Hintergründen der Krankheit interessiert sind.

Eine mögliche Verbindung von Aluminium zur Entstehung der Alzheimer-Krankheit wird seit mehreren Jahrzehnten diskutiert.[27 28 29] Die Alzheimer-Krankheit ist eine ernsthafte Form der Demenz, die erstmals im Jahr 1906 auf einer »Versammlung südwestdeutscher Irrenärzte« vom deutschen Psychiater Alois Alzheimer beschrieben wurde.[30]

Die Besonderheit dieser Krankheit ist die Ablagerung sogenannter Plaques. Diese bestehen aus kleinen Eiweiß-Stücken, den Beta-Amyloid-Molekülen. Sie lagern sich außerhalb der Nervenzelle aneinander und bilden so die für Alzheimer typischen Strukturen. Schon kleinere Klumpen können die Gedächtnisleistung beeinträchtigen. Im Umfeld der Plaques laufen entzündliche Prozesse ab, welche den Fortgang der zerstörerischen Abläufe fördern.

Eine weitere wichtige Rolle spielen sogenannte Tau-Proteine. Sie befinden sich in den langen Ausläufern der Nervenzellen und stabilisieren dort bei gesunden Zellen die Transportbahnen. Im Krankheitsfall werden die Tau-Proteine von Phosphat-Gruppen überlagert, lösen sich ab und verfilzen zu Knäueln. Die Transportwege in der Zelle brechen zusammen. Die Tau-Knäuel scheinen die Bildung von Zellgiften auszulösen, die »Tentakel« der Nervenzellen reißen ab, schließlich stirbt die ganze Zelle.

Zwischen den Beta-Amyloid-Plaques außerhalb der Zelle und der krankhaften Ansammlung der Tau-Proteine innerhalb der Zelle besteht ein Zusammenhang, der bisher noch nicht geklärt werden konnte.

In den 60er Jahren entstand auf der Basis zahlreicher Beobachtungen aus den Bereichen der Neurotoxikologie und der Epidemiologie die Hypothese, dass es einen Umweltfaktor geben müsse, der zur Entstehung der Krankheit beiträgt. Als dieser Faktor wurde nach intensiver Forschungsarbeit Aluminium identifiziert und die »Aluminium-Hypothese« auf Kongressen und in Publikationen vorgestellt.[31][32][33] Ein wesentlicher Mitbegründer dieser These war übrigens der junge Henry Wisniewski. Dies gab ihm später, als er die »Aluminium-These« öffentlich verdammte, eine besondere Glaubwürdigkeit, weil er damit argumentieren konnte, dass er alle Bereiche der Alzheimer-Forschung kennt.

Die »Aluminium-These« kam in den folgenden Jahrzehnten heftig unter Beschuss. Während dieser Periode wurden große Fortschritte bei der Aufklärung der näheren Mechanismen der Alzheimer-Entstehung erzielt. Ein neuer Erklärungsversuch, der in zahlreichen Arbeiten unterstützt wurde, baute auf der sogenannten »Amyloid-Kaskaden-Hypothese« auf.[34][35] Im Zentrum stand hier die Ansicht, dass die zerstörerische Wirkung auf die Nervenzellen von den neurotoxischen Beta-Amyloid-Plaques ausgeht.

Aluminium-Ionen binden jedoch an zahlreiche metallbindende Proteine, sie beeinflussen die Anordnung der Beta-Amyloide und finden sich bei der Untersuchung der Gehirne verstorbener Patienten im Zentrum der zerstörten Areale. In der jüngsten Vergangenheit sind umfangreiche Arbeiten erschienen, in denen auf Basis neuester Erkenntnisse eine aktualisierte Aluminium-Hypothese vorgestellt wird, die nun auch mit den Erkenntnissen der Amyloid-Kaskaden-Hypothese vereinbar scheint.[36][37][38]

Belege zur Neurotoxizidät (Giftigkeit für das Nervensystem) gibt es seit Langem. Ein Zusammenhang zwischen Aluminiumvergiftung und Gedächtnisstörung wurde erstmals 1921 berichtet.[39] Später wurde gezeigt, dass die Verabreichung von Aluminium in das Gehirn von Affen chronische Epilepsie auslöste.[40] Als ein Bestandteil der Dialyse-Flüssigkeit oder aluminiumhaltiger pharmakologischer Mittel verursacht Aluminium verschiedene Störungen, darunter Knochenerweichung, Blutarmut, Amyloidose (Anreicherung abnorm veränderter Proteine zwischen den Zellen)[41] sowie Dialyse-Enzephalopathie (krankhafte Veränderungen des Gehirns) bei Dialyse-Patienten.[42]

Aluminium wird wegen seiner Reaktionsfreudigkeit auch als Flockungsmittel zur Säuberung von Trinkwasser verwendet. Aluminium bindet dabei an die organischen und anorganischen Schwebteile im Wasser und sinkt samt Schmutz zu Boden, wo es anschließend abgesaugt wird.

Im Juli 1988 ereignete sich im englischen Bezirk Cornwall in den Wasserwerken von Camelford ein verhängnisvoller Zwischenfall. Durch den Irrtum eines Hilfsarbeiters wurde das mit Aluminium versetzte Wasser ins Leitungssystem gepumpt und an die Bevölkerung ausgeliefert.

Für kurze Zeit hatte das Trinkwasser den 500-fachen Gehalt des zulässigen. In der Folge klagten hunderte Einwohner über schwere Symptome von Hautausschlägen, Nierenschäden bis zu Gedächtnisverlust. Doug Cross und seine Frau Carole waren ebenfalls von dem Zwischenfall betroffen. »Wir haben damals vermieden, das Wasser zu trinken, weil es sonderbar schmeckte«, erinnert sich Doug Cross. Doch ganz konnten sie den Kontakt nicht vermeiden. »Ich erinnere mich, dass meine Frau einen Riesen-Schreck bekam, als sich das

Wasser in der Badewanne nach dem Haarewaschen blau verfärbte.«

Zehn Jahre nach dem Vorfall zeigte eine Studie, dass die Bezieher dieses belasteten Wassers unter verschiedenen Symptome von Gehirnschädigung, darunter Verlust von Konzentrationsfähigkeit und Kurzzeitgedächtnis, litten.[43]

Carole Cross hatte lange Zeit keine auffälligen Symptome, bis sich das im Jahr 2003 radikal änderte und bei ihr ein ungewöhnlich heftiger psychischer Verfall einsetzte. Sie starb ein Jahr später im Alter von 59 an einer »unbekannten neurologischen Störung«, wie es hieß. Doug Cross wollte sich damit nicht abfinden. »Die Ärzte sagten mir, dass meine Frau eben einen besonders rasanten Verlauf von Alzheimer hatte«, erzählte mir Cross. »Aber das passiert normalerweise nur bei sehr alten Menschen.«

Cross fand zwei Wissenschaftler, die sich der Sache annahmen. Bei der Analyse des Gehirns von Carol stellte die Pathologin absonderliche Veränderungen fest. Sie ähnelten einer fortgeschrittenen Alzheimer-Erkrankung, jedoch betrafen sie nicht das gesamte Gehirn, sondern fanden sich nur entlang der Blutgefäße. Die Pathologin wandte sich an den Aluminium-Experten Chris Exley, um zu untersuchen, was sich hier gebildet hatte. »In den zerstörten Gehirnarealen fanden wir einen etwa 20-fach erhöhten Gehalt an Aluminium«, berichtet Exley. »Höher selbst als bei Alzheimer-Patienten, vergleichbar eher dem Gehalt, der bei Dialyse-Demenz gemessen wird, einer Aluminiumvergiftung, die über Medikamente ausgelöst wird.«

Doug Cross erzählt, dass die Bürger von Camelford höchst beunruhigt über diese Ergebnisse sind, weil viele noch immer an Symptomen leiden, viele in der Vergangenheit auch gestorben sind. »Ich persönlich kenne einige Todesfälle in meiner Umgebung, die absolut unerklärlich sind.«

Dazu kommt noch eine Reihe von Personen, die an neurologischen Beschwerden sowie beginnender Demenz leiden. »Viele fürchten, dass auch bei ihnen nun Alzheimer ausbricht.«

Mehrere Studien belegten, dass auch ohne ein tragisches Versehen wie in Camelford der Aluminium-Gehalt im Trinkwasser fatale Folgen für die Bevölkerung haben kann. Die älteste derartige Arbeit erschien im Jahr 1989 und fand eine höhere Rate von Alzheimer-Erkrankungen in jenen Bezirken von England und Wales, wo mehr Aluminium im Trinkwasser war.[44] Weitere Belege für diese These folgten,[45] sowohl in Kanada[46][47] als auch in Frankreich[48] (siehe Seite 103 ff.). Eine norwegische Arbeit fand denselben Effekt, bezogen auf die allgemeine Sterblichkeit an Demenz-Krankheiten.[49] Alle diese Studien unterstützen die Aussage, dass Aluminium ungünstige Nebenwirkungen auf das Gedächtnis hat und Demenz fördert, wenn es in das Gehirn eindringt.

»Es ist bekannt, dass Aluminium mehr als 200 biologisch wichtige Abläufe im Organismus beeinflusst und zahlreiche unerwünschte Wirkungen im zentralen Nervensystem von Säugetieren auslösen kann«, schreiben Masahiro Kawahara und Midori Kato-Negishi vom Department für Analytische Chemie der Kyushu Universität für Gesundheit und Sozialwesen im japanischen Miyazaki in ihrer Übersichtsarbeit zur möglichen Rolle von Aluminium bei Alzheimer. Dazu zählt die ungünstige Beeinflussung fundamentaler Mechanismen der Gehirnentwicklung wie Nervenleitung, Neurotransmitter-Synthese, Synapsen-Übermittlung und Gen-Aktivierung sowie die Phosphorylierung von Proteinen und die Manipulation der Reaktionsmuster auf Entzündungen.

Aluminium bildet nur eine einzige Oxidationsstufe, welche dann für biochemische Reaktionen zur Verfügung steht. Dabei handelt es sich stets um Al^{3+}, dreifach positiv geladene Aluminium-Ionen. Al^{3+} hat eine Vorliebe für negativ geladene, Sauerstoff abgebende Bündnispartner. Anorganische und organische Phosphate, Carbonsäuren und Hydroxylgruppen bilden mit Al^{3+} dauerhafte starke Beziehungen. Gemäß diesem chemischen Charakter bindet Al^{3+} ebenfalls an die Phosphatgruppen von DNS und RNS. Dadurch wird die räumliche Struktur dieser Träger der Erbinformation verändert und die Expression zahlreicher Gene – also die Biosynthese von Proteinen aus der genetischen Information – beeinflusst. Darunter befinden sich auch wichtige Gene für Gehirnfunktionen.

Walter J. Lukiw, Professor für Neurowissenschaften an der Louisiana State University in New Orleans wies in Studien nach, dass bereits Al^{3+} Konzentrationen im Nanomol-Bereich (nano=Milliardstel) genügten, um die Expression neuronaler Gene zu verändern.[50] Kürzlich präsentierte Lukiw sogar eine Arbeit, in der er erstmals eine biologische Rolle für Aluminium vorstellte.[51] Zwar stehe nach wie vor die Problematik im Vordergrund, dass Aluminium in zahlreiche krankhafte Prozesse verwickelt sei. Doch möglicherweise, so Lukiw, könnte Aluminium im Organismus bewusst dazu eingesetzt werden, die Umsetzung unerwünschter genetischer Information zu verhindern. So als eine Art internes genetisches Rattengift.

Eines der ernsthaftesten Probleme in der Partnerwahl von Aluminium ist die Bindungsfreudigkeit von Al^{3+} an ATP (Adenosintriphosophat). Diese Substanz wurde 1929 vom deutschen Biochemiker Karl Lohmann entdeckt und ist so etwas wie die universelle Energie-Einheit des Lebens. Fast alle Nährstoffe werden zu Glukose (Blutzucker) oder Fettsäuren aufgespalten und diese schlussendlich in ATP umgewandelt und in dieser Form an die Zellen geliefert. Die Bindungen der drei Phosphate (Triphosphat) sind sehr energiereich. Und diese Energie benötigen die Zellen – für ihren Stoffwechsel ebenso wie für ihre chemische und mechanische Arbeit. ATP wird in der Natur universal für alle grundlegenden energieverbrauchenden Prozesse der Lebewesen genutzt. Wenn nun allerdings Aluminium mit ATP eine feste Bindung eingeht, so ist die Energieerzeugung der Zellen gefährdet. Aus diesem Mechanismus ergibt sich ein möglicher ursächlicher Einfluss auf das »Chronische Müdigkeits-Syndrom« und andere Krankheiten, die mit Energiemangel zu tun haben.

Gleichzeitig fungiert ATP im Organismus auch noch als Signalmolekül zwischen den Zellen. Diese lebenswichtige Funktion kann ATP jedoch nur dann ausfüllen, wenn es einen metallischen Helfer hat. Das ist normalerweise Magnesium. Erst wenn ATP an Magnesium gebunden ist, ist es vollständig und einsatzbereit.

Wenn nun allerdings Aluminium-Ionen auftauchen, entwickelt ATP eine regelrecht »außerirdische« Vorliebe zu diesem Konkurrenz-Metall. Es löst sich von Magnesium und bindet stattdessen an Aluminium. Studien zeigen, dass ATP sich sogar bei einer tausendfach höheren Magnesium-Konzentration die paar vorhandenen Aluminium-Ionen auswählt und sich mit ihnen verbindet.[32] Die Folgen sind gravierend. ATP verhält sich in dieser Konstellation nämlich vollständig anders als mit seinem natürlichen Partner. Als Signalmolekül wird es hyperaktiv und lässt sich nicht mehr abschalten. Es erhöht die energetische Aufladung der Zellen, mit denen es in Kontakt ist, und vermindert damit gleichzeitig deren Lebenszeit. Dieser bislang erst in den Anfängen erforschte Mechanismus könnte zum Massensterben der Nervenzellen bei Alzheimer beitragen.

Al^{3+} geht im Vergleich mit anderen Metallen eine sehr stabile Verbindung mit seinen Partnern ein. Die Wechselrate von Magnesium in Form von Mg^{2+} ist beispielsweise um das 100.000-Fache schneller. Al^{3+} behindert also seine Molekül-Partner in ihrer Reaktionsfähigkeit. Al^{3+} unterbindet ebenfalls biologische Prozesse, die durch einen raschen Calciumionen-Wechsel (Ca^{2+}) charakterisiert sind. Hier gefriert die High-Speed-Wechselrate sogar um den Faktor 10^8 zur biochemischen Super-Zeitlupe ein. Derartige Eigenschaften machen Aluminium unbrauchbar für enzymatische Reaktionen und verlängern gleichzeitig seine Halbwertszeit im menschlichen Körper enorm.

Metallionen sind in der Regel positiv geladen, so auch Al^{3+}. Allerdings ist die positive Ladung der Aluminium-Ionen vergleichsweise extrem stark. Mit metallbindenden Aminosäuren gehen sie deshalb feste Bindungen ein. Ich erwähne diese chemischen Eigenschaften deshalb, weil sich daraus die besondere Eignung von Aluminium als Vernetzer biologischen Gewebes herleitet. Das ist auch der Grund, warum es traditionell beim Gerben von Leder eingesetzt wird.

In lebenden Organismen ist sein Einfluss weniger günstig. Denn Al^{3+} verursacht den Tod von Nerven- und Gliazellen im Gehirn. Chronische Einlagerung von Aluminium behindert eine Form der synaptischen Informationsspeicherung, welche für den Ablauf der Gedächtnis-Leistung essentiell notwendig ist. Ähnliche problematische Zusammenhänge gibt es zuhauf. »Aluminium verursacht Probleme im räumlichen Denken, beeinflusst die emotionale Reaktivität und schädigt verschiedenste Hirnfunktionen, die für Lernen und Gedächtnis zuständig sind«, schließen die beiden japanischen Wissenschaftler Masahiro Kawahara und Midori Kato-Negishi ihre »Einführung in die Neurotoxizität von Aluminium« ab.

Aktuelle Alzheimerforschung

Zum Abschluss meiner Recherche zum Thema Alzheimer mache ich noch ein Experiment. Ich möchte ein halbwegs objektives und aktuelles Stimmungsbild jener Wissenschaftler einholen, die sich derzeit mit der Materie beschäftigen und dazu auch publiziert haben. Mich interessiert die Frage, ob sich bei den Forschern die Ansicht durchgesetzt hat, dass Aluminium in Bezug auf Alzheimer harmlos sei, so wie dies in den von der Alu-Lobby gesponserten Übersichtsarbeiten – und in den Populärmedien – verbreitet wird, oder ob dem nicht so ist.

Dazu mache ich in der internationalen Medizin-Datenbank Pub-Med eine einfache Such-Abfrage. Ich verknüpfe die Suchbegriffe »Aluminium« und »Alzheimer's«, sortiere nach Aktualität und erhalte mehr als 600 Treffer.[53]

Die erste Studie stammt von einem Forscherteam des Departments für Biochemie, Mikrobiologie und Immunologie der Universität von Ottawa in Kanada.[54] Gleich zur Einleitung heißt es: »Aluminium ist ein Metalltoxin, das mit der Entstehung von zahlreichen Krankheiten verbunden wurde, darunter die Alzheimer- und die Parkinson-Krankheit, krankhafte Hirnveränderungen bei Dialyse und Knochenerweichung.« Die genauen molekularen Angriffspunkte der Toxizität von Aluminium seien bisher jedoch schwer fassbar gewesen. Die Wissenschaftler beschreiben daraufhin minutiös die Auswirkungen von Aluminium auf menschliche Zellkulturen. »Die zentrale toxische Aktion des Aluminium läuft über den Stoffwechsel der Mitochondrien.« Diese zentralen Kraftwerke jeder Zelle des Menschen würden massiv geschädigt. Bis ins kleinste Detail beschreiben die Forscher in ihrer Übersichtsarbeit, welche Serie an biochemischen Attentaten Aluminium in diesen Basis-Einheiten des Lebens verursacht.

Die nächste Arbeit stammt von ägyptischen Medizinern der Universität von Assiut.[55] Sie erprobten den Wirkstoff Memantin, dessen Schutzwirkung vor verschiedenen Nervengiften in einigen Studien gezeigt wurde. Memantin wird als Medikament in der Alzheimer-Therapie erwogen, seine Eignung jedoch kontrovers diskutiert. In der vorliegenden Studie verfütterten die Wissenschaftler Aluminium, »ein gut bekanntes Nervengift«, wie sie schreiben, in Form von Aluminiumchlorid an die Ratten. Daraufhin zeigten die Tiere in verschiedenen Tests einen radikalen Einbruch ihrer Gedächtnis-Leistung. »Bei niedriger Dosierung zeigte Memantin keine Wirkung gegen das aluminiuminduzierte Erinnerungs-Defizit«, heißt es im Forschungsbericht. Erst in der Höchstdosierung konnten sie eine Besserung feststellen und sehen deshalb weitere Studien zur entgiftenden Wirkung von Memantin als vielversprechend.

Der dritte Eintrag im Wissenschafts-Register ist eine im US-Bundesstaat Florida durchgeführte Umfrage zum Wissensstand verschiedener ethnischer Minderheiten in den USA zur Alzheimer-Krankheit.[56] Die Teilnehmer erhielten einen Katalog von Fragen – auch zu ihrem persönlichen Gesundheitszustand. 40 Prozent gaben an, dass sie selbst schon einmal Gedächtnisstörungen erlebt haben. Die meisten Fragen bezogen sich jedoch auf die Ursachen und Auswirkungen der Alzheimer-Krankheit.

Als »Problemkinder« erwiesen sich nach Ansicht der Autoren Amerikaner mit afro-karibischen Wurzeln. Bei dieser ethnischen Gruppe konstatierten die Studienautoren das größte Wissens-Defizit. Gleich an erster Stelle nannten sie die Fehlannahme, dass diese »Ignoranten« mehrheitlich der Ansicht waren, dass Aluminium ein wichtiger Risikofaktor für Alzheimer sei. »Kampagnen, um die Öffentlichkeit über Alzheimer aufzuklären«, schließen die Autoren messerscharf, »müssen deshalb speziell auf die Bildungslücken der Minderheiten abzielen.«

Vielleicht sollten sich die Wissenschaftler der Florida-Atlantic-University aber zunächst selbst einmal über ihren Forschungs-Ge-

genstand informieren, bevor sie vorschnell naseweise Tipps abgeben.

Gut geeignet wäre dazu beispielsweise die nächste Studie, die sich gleich unter ihrem eigenen Eintrag im Wissenschafts-Archiv von PubMed findet. Es handelt sich um eine Arbeit von Forschern der indischen Panjab Universität.[57] »Aluminium ist ein Nervengift sowohl in Tieren als auch bei Menschen«, leiten die Inder ihre Studie ein. Es schädige die Herstellung biologischer Enzyme, die für Schlüssel-Mechanismen des Stoffwechsels benötigt werden. Und wieder verweisen sie auf die daraus hervorgehende Fehlfunktion der Mitochondrien: »Dieser Mechanismus ist beteiligt an der Entstehung neurodegenerativer Krankheiten. Aluminium-Toxizität ist sehr eng verwandt mit der Alzheimer-Krankheit.«

Und in dieser Art geht es weiter. Die nächste Studie stammt aus Spanien[58] und beginnt mit der Feststellung, dass Aluminium in den neuritischen Plaques und den typischen Verknotungen bei Patienten mit Alzheimer identifiziert wurde. In ihrem Experiment behandelten die spanischen Wissenschaftler zwei von vier Gruppen von Mäusen mit Aluminium. Diese zeigten daraufhin eine im Vergleich zu den alufreien Mäusen deutlich verminderte Aktivität.

Eine chinesische Arbeit von Phamakologen der Jinan Universität[59] stellt schließlich eine Möglichkeit vor, wie man bei Mäusen die Alzheimer-Krankheit auslösen kann. Dazu braucht es angeblich D-gal, eine Zuckerverbindung, und eben Aluminium. Nach zehnwöchiger »Therapie« der Mäuse begannen die Lern- und Gedächtnis-Schwierigkeiten. In ihrem Gehirn fanden sich auch die typischen senilen Plaques und zahlreiche andere der typischen Kennzeichen. In ihren Schlussfolgerungen freuen sich die chinesischen Wissenschaftler: »Die kombinierte Gabe von D-gal und Aluminium ist ein effektiver Weg, um ein Tiermodell der Alzheimer-Krankheit zu etablieren, das gut zu gebrauchen ist für Studien der Krankheits-Entstehung und die Erprobung von Therapien.«

Zum Abschluss dieser kurzen Literatursuche zitiere ich noch eine Arbeit,[60] die am Department für Neurologie des Thomayer Krankenhauses in Prag entstanden ist. Das Forscherteam wollte die Frage klären, ob Schadstoffe wie Quecksilber und Aluminium im Gehirn von Alzheimer-Patienten häufiger vorkommen. Dazu verglichen sie 29 Gehirne von Verstorbenen mit pathologisch bestätigter Alzheimer-Krankheit mit einer Kontrollgruppe gleichaltriger Verstorbener ohne Alzheimer-Diagnose. Sie verwendeten dafür die sogenannte Atom-Absorptions-Spektrophotometrie, deren Resultate sie mit einer neuartigen mathematischen Methode auswerteten. Dabei fanden sie in der Konzentration von Quecksilber keine signifikanten Unterschiede zwischen den Gruppen. Bei der Analyse des Aluminium-Gehaltes hatten die Alzheimer-Gehirne hingegen die vierfache Belastung. Die Prager Wissenschaftler schlagen vor, ihre Methode künftig standardmäßig zu verwenden, weil bisherige Messmethoden bei Mikroelementen häufig versagen oder falsche Ergebnisse liefern.

Soweit also mein Streifzug in die aktuelle Wissenschaft zu den sieben derzeit aktuellsten Arbeiten zum Zusammenhang von Aluminium und Alzheimer. Diese Liste ließe sich noch mit Dutzenden weiteren Studien fortsetzen. Auch wenn, wie Chris Exley sagt, Studien zu Aluminium nur in den seltensten Fällen öffentlich finanziert oder gefördert werden, lässt sich der Drang nach Wahrheit in der Wissenschaft schlussendlich doch nicht aufhalten. Zu offensichtlich sind die Hinweise. Und so wird nach wie vor überall auf der Welt zum Zusammenhang zwischen Aluminium und Alzheimer geforscht. Manche Forschergruppen gehen, wie wir gesehen haben, sogar schon einen Schritt weiter und versuchen Methoden zu finden, um Aluminium aus dem Hirnstoffwechsel wieder herauszubekommen und damit die Basis für künftige pharmazeutische Verkaufsschlager zu schaffen.

Wie das aktuelle Stimmungsbild zeigt, gehen weitaus die meisten Wissenschaftler davon aus, dass Aluminium eine wichtige Rolle bei der Entstehung dieser Krankheit spielt. Jeder kann diese Literatur-Suche wiederholen und sich selbst ein Bild machen: Dazu müssen Sie bloß auf *www.pubmed.org* gehen und in der Suchmaske die zwei Begriffe eingeben.

Umso erstaunlicher ist der Widerspruch zum Informationsstand in der Öffentlichkeit. Der enorme Gegensatz von dem, was bereits erforscht wurde, zu den beruhigenden Aussagen der Behörden, Alzheimer-Gesellschaften und der von der Aluminium-Industrie finanziell geförderten Wissenschaft könnte kaum größer sein. Hier wird nach wie vor jeglicher Zusammenhang geleugnet oder ignoriert. Genau an dieser Haltung orientiert sich jedoch der sorglose Umgang mit Aluminium in unzähligen Bereichen des täglichen Lebens, sei es in der Lebensmittel-, der Kosmetik- oder der Pharmaindustrie.

Vor Kurzem hat sich in meinem persönlichen Umfeld ein tragischer Fall zugetragen, der diesen sorglosen Umgang mit Aluminium gut darstellt. Davon möchte ich im folgenden Kapitel berichten.

Sodbrennen als Risiko für Alzheimer

Ich habe Rupert vor etwa zwei Jahren zufällig kennengelernt. Er ist der Schwager von Sonja, einer biologisch wirtschaftenden Landwirtin, mit der wir seit Jahren befreundet sind. Bei einem Besuch platzte ich in eine Übersiedlungs-Aktion. Ich hatte Zeit und habe Rupert, seiner Frau Marianne und den beiden Kindern, zwei Mädchen im Teenager-Alter, beim Transport der Möbel in die neue Wohnung geholfen. Schnell gewann ich den Eindruck, dass die Organisation des Umzugs vollkommen in der Hand von Marianne lag. Denn Rupert stand die meiste Zeit im Weg herum.

Rupert ist ein stämmiger Mann. Allerdings sollte er nichts Schweres heben, weil er Probleme mit dem Rücken hatte. Sonja sagte, sie habe dafür Hilfe mitgebracht. Sie deutete auf mich und ich stellte mich bei Rupert vor. »Ich übernehme das gerne«, sagte ich. Er sah mich freundlich an und reichte mir die Hand, wirkte aber dabei seltsam abwesend.

Als wir die Möbel und die vielen Kisten dann aus dem Lieferwagen raushoben, war er völlig desorientiert. Er wusste nicht, in welche Zimmer die Sachen gebracht werden sollten, und machte den Eindruck, als gehöre er gar nicht dazu. Mindestens drei Mal hörte ich, wie Sonja oder Marianne ihn warnten, keine schweren Sachen zu heben. Er sah sich dann zwar folgsam nach leichteren Gegenständen um, doch beim nächsten Mal stand er wieder da und wollte beim Abladen des großen Küchenschranks oder der Gefriertruhe helfen.

Rupert war damals 47 Jahre alt, etwa gleich wie ich. Er mache eine schwere Zeit durch, erzählte mir Sonja, leide an Burn-out und war gerade zwei Wochen im Krankenstand gewesen. Burn-out, diese Vermutung hatte sein Chef im Büro geäußert, weil er an seinem Arbeitsplatz scheinbar ebenso abwesend wirkte wie hier. Sein Hausarzt hat ihn problemlos krankgeschrieben, »damit er die Chance hat, mal gründlich auszuspannen«. Die vorgeschlagenen Antidepressiva lehnte Rupert ab.

Später, als wir alles in die Zimmer der neuen Wohnung verfrachtet hatten und Marianne uns zu essen und trinken anbot, lachten wir über ihre Erzählungen aus dem Urlaub. Sie waren zu viert in Italien gewesen und hatten die halbe Zeit damit verbracht, nach Rupert zu suchen. »Es ist wirklich unglaublich, welch schlechte Orientierung der Mann hat«, sagte Marianne.

Nun ist ihr das Lachen gründlich vergangen. Sonja erzählte mir, dass es mit Rupert in der Zwischenzeit immer schlimmer geworden war. Marianne ist mit ihm in eine Spezial-Abteilung ins Allgemeine Krankenhaus nach Wien gefahren und dort wurde er gründlich durchgetestet. Am Ende stand die Diagnose fest: Rupert litt an der Alzheimer-Krankheit.

Marianne war natürlich verzweifelt. Doch die Ärzte hatten ihr auch etwas Mut gemacht, berichtete Sonja. In Wien war gerade eine Studie zu einer neuartigen Alzheimer-Impfung angelaufen und dafür wurden Teilnehmer gesucht. »Zuerst wollten sie Rupert nicht aufnehmen, weil die Studie erst für Personen ab einem Alter von 50 Jahren geplant war.« Doch scheinbar machten sie nun für ihn eine Ausnahme und er durfte teilnehmen. Auf diese mögliche Therapie setzt Ruperts Familie nun große Hoffnungen.

Im Gegensatz zu Sonja hatte ihre Schwester Marianne nie ein besonderes Faible für gesunde Ernährung oder gar Alternativmedizin gehabt. Sonja betreibt mit ihrem Mann eine kleine biologische Landwirtschaft und befasst sich intensiv mit Heilkräutern. Das Leiden ihres Schwagers, noch dazu in diesem für Alzheimer vergleichsweise jugendlichen Alter, ließ ihr keine Ruhe. Bei einem Besuch fragte sie ihre Schwester, welche Medikamente Rupert vor der Diagnose genommen habe. »Sehr wenig«, antwortete sie. Rupert sei immer eher ein Gegner der »Pulverl« gewesen. »Abgesehen von seinem Sodbrennen.«

Sonja wollte das Medikament gegen Sodbrennen sehen und Marianne holte eine Packung Talcid Kautabletten aus der Küche. »Das ist rezeptfrei und völlig harmlos«, sagte Marianne und reichte Sonja die fröhlich-bunte Schachtel, die von ihrer Aufmachung an Vitaminpillen erinnerte. Sonja öffnete die Packung und las die Patienteninformation. Dabei lief es ihr kalt über den Rücken.

»Harmlos«, wiederholte sie schließlich und schüttelte den Kopf. »Wie lange nimmt er das denn schon?«

»Rupert litt schon unter Sodbrennen, als wir uns kennengelernt haben. Mit diesen Tabletten hat er vor langer Zeit angefangen. Das ist mindestens zehn Jahre her«, antwortete Marianne.

»Damit ist jetzt aber Schluss«, sagte Sonja.

»Wieso?«, fragte Marianne.

»Weil hier steht, dass man das Mittel bei Alzheimer nicht weiter einnehmen darf.«

Talcid ist ein Produkt des Bayer Konzerns. Auf der Firmen-Website[61] wird Talcid als das »meistverkaufte Präparat gegen Sodbrennen« beworben. Es wird unter dem Titel »bewährt« in einer Version mit 500 mg Wirkstoff, »Stark« mit 1.000 mg und »Flüssig« als »Talcid Liquid« zu ebenfalls 1.000 mg Wirkstoff verkauft. Dabei wird der Beutel aufgerissen und die Flüssigkeit direkt in den Mund gedrückt. »Angenehmer Geschmack und angenehme Konsistenz«, lautet einer der angeführten Vorteile von Talcid Liquid. Und ein weiterer: »Wird bereits bei der Einnahme als wohltuend in der Speiseröhre empfunden.«

Der Wirkstoff in Talcid heißt Hydrotalcit. Auf den ersten Blick hat das – zumindest für Laien – gar nichts mit Aluminium zu tun. Auf Wikipedia wird Hydrotalcit als ein »selten vorkommendes Mineral aus der Mineralklasse der Carbonate« beschrieben. Synthetisch hergestellte Hydrotalcite werden als Stabilisatoren in der PVC-Produktion eingesetzt. »Dabei«, heißt es im Text weiter, »reagieren sie mit der bei der Alterung von PVC entstehenden Salzsäure.«[62]

Und das ist wohl auch der Wirkmechanismus, wenn es darum geht, die Magensäure zu neutralisieren. »Hydrotalcit besitzt die Fähigkeit, durch graduelle Abgabe von Aluminiumhydroxid Säuren zu binden, und findet deshalb vielfältigen Einsatz in der Industrie und als Arzneimittel.«

In der Fachinformation zu Talcid wird erklärt, dass durch die Freisetzung von Aluminium-Ionen der pH-Wert im Magen auf 3–5 angehoben und etwa 75 bis 90 Minuten auf diesem Niveau gehalten wird.

Unangenehmer wird es bei den Angaben zur Sicherheit des Produktes. Zunächst heißt es, dass nicht ausreichend untersucht ist, ob der Wirkstoff Krebs auslösen kann: »Untersuchungen auf ein tumorerzeugendes Potential von Aluminium-Magnesiumhydroxid liegen nicht vor.«

Bezüglich einer möglichen Schädigung der Fortpflanzung gibt es zumindest Daten aus Tierversuchen: »Tierexperimentelle Studien mit Aluminiumverbindungen belegen schädliche Auswirkungen auf die Nachkommen«, heißt es dazu in der Talcid-Fachinformation. Zu den Auswirkungen einer Aluminiumexposition zählen »eine erhöhte Totgeburtenrate, erhöhte Sterblichkeit während und nach der Geburt, Wachstumsstörungen und biochemische Veränderungen im Gehirn (Langzeiteffekt). Aluminium passiert die Plazenta und reichert sich in fetalen Geweben, vor allem im Knochen, an.«

Bei den Warnhinweisen ist zu lesen, dass Talcid nicht mit säurehaltigen Getränken wie Wein oder Obstsäften eingenommen werden soll, weil dies zur verstärkten Aufnahme von Aluminiumhydroxid führt. Rupert scheint davon nichts gewusst zu haben. Laut Marianne trinkt er gerne Apfelsaft gemischt mit Soda und ebenso Wein.

Die letzten beiden Warnhinweise haben es schließlich in sich:
»Wegen der Gefahr der Aluminiumüberladung soll eine Dauereinnahme vermieden, beziehungsweise der Aluminiumserumspie-
gel regelmäßig kontrolliert werden. Dieser darf 40 Mikrogramm
pro Liter nicht überschreiten.« Und schließlich folgt die Warnung,
die Sonja als Gipfel des Zynismus empfunden hat. Da heißt es nämlich, dass eine langdauernde Anwendung zu vermeiden sei, »insbesondere bei Morbus Alzheimer oder anderen Formen der Demenz.«

Der Zusammenhang zwischen Aluminium und Alzheimer, so sehr
er von den meisten Alzheimer-Experten negiert wird, scheint demnach zumindest den Herstellern aluminiumhaltiger Arzneimittel
durchaus bekannt zu sein. Auch wenn das nur in den klein gedruck-
ten Informationen der Fachinfo zugegeben wird. Eine besondere
Schweinerei ist es allerdings, die Betroffenen erst dann von der Einnahme von Talcid auszuschließen, wenn sie bereits Alzheimer oder
andere schwere Formen der Demenz entwickelt haben und bereits
irreversibler Schaden eingetreten ist.

In Talcid »bewährt« sind 500 Milligramm des aluminiumhaltigen
Wirkstoffes enthalten, in Talcid »stark« und »liquid« sogar 1.000 mg.
Rupert nahm pro Tag ein bis zwei Tabletten zur Vorbeugung gegen
Sodbrennen. Wenn er akute Beschwerden hatte, konnten es auch
mal mehr werden. Laut Gebrauchsinformation war das kein Problem, denn dort steht zu lesen: »Die tägliche Dosis sollte 12 Kautabletten entsprechend 6.000 mg Hydrotalcit nicht überschreiten.«

Noch einmal zur Erinnerung: Für Lebensmittel haben die Behörden eine wöchentliche Obergrenze von 1 mg Aluminium pro Kilogramm Körpergewicht festgesetzt. Für Trinkwasser gilt in der EU
eine Obergrenze von 0,2 mg Aluminium. Das ist, wie wir uns erinnern, jene Menge, die ausreichen kann, um Fischeier abzutöten
(S. 32 ff.). Und bei Medikamenten herrscht nun plötzlich bei der
Obergrenze vollständige Narrenfreiheit?

Das Schädigungspotenzial ist enorm: In westlichen Ländern leiden 20 bis 40 Prozent der Bevölkerung zumindest gelegentlich an
Sodbrennen (Reflux). Genauere Zahlen lieferte eine Befragung un-

ter 8.000 repräsentativ ausgewählten erwachsenen Franzosen.[63] Sie ergab, dass ein Drittel der Bevölkerung zumindest zeitweilig an Sodbrennen leidet. Knapp acht Prozent haben diese Probleme mindestens einmal pro Woche. Die meisten wenden sich deswegen um Hilfe an ihren Arzt, ein Viertel versorgt sich selbstständig in der Apotheke.

Und hier gibt es ja ein breit gefächertes rezeptfreies Angebot. In den meisten Apotheken ist das Fach mit den Magen-Mitteln prominent platziert. Sodbrennen muss nicht sein – lautet die Botschaft. Es ist behandelbar und dafür braucht es nicht einmal ein Rezept.

Eine weitere Zielgruppe sind schwangere Frauen. Jede zweite leidet an Zwerchfell-Hochstand und dadurch ausgelöstem Sodbrennen. Auch hier greifen viele zu aluminiumhaltigen Medikamenten. Und hier weitet sich das gesundheitliche Risiko auch noch auf die ungeborenen Babys aus.

Wie können die Arzneimittel-Behörden ein derartiges Vorgehen billigen?

Wie ist es überhaupt möglich, dass ein Arzneimittel rezeptfrei abgegeben werden darf, wenn »wegen der Gefahr der Aluminiumüberladung« regelmäßige Blutkontrollen notwendig sind?

Denken die Verantwortlichen, die solche Beipackzettel genehmigen, dass eine kleine Notiz genügt, damit sich die von Sodbrennen Geplagten von selbst um die Bestimmung ihrer Aluminiumserum-Werte kümmern? Dass sie den Hausarzt bitten, eine Blutprobe zu nehmen, sich das nächste Labor raussuchen, das solche Bestimmungen im Programm hat, die Laborwerte abholen und mit ihrem Arzt dann eine Fachdebatte darüber führen, ob eine weitere Einnahme des Mittels gesundheitlich vertretbar ist?

Man weiß aus vielen Untersuchungen, dass nur eine Minderheit der Konsumenten den Beipackzettel überhaupt liest. Also dient der Hinweis auf eine Aluminiumvergiftung mit den möglichen Folgen von Demenz und Alzheimer einzig und allein der juridischen Absicherung der Hersteller-Firma.

Wenn Rupert, beziehungsweise seine Frau Marianne, nun den Hersteller klagen würden, so wäre der Bayer Konzern auf der sicheren Seite. Denn es stand ja alles da. Man hätte es ja theoretisch lesen und befolgen können.

Macht aber kaum jemand – und das ist gut fürs Geschäft. Denn es wäre wohl rasch vorbei mit dem Bestseller-Status von Talcid, wenn vorne auf der bunten Packung stehen würde: »Achtung! Enthält Aluminium! Bei längerfristiger Einnahme kann es zur Aluminiumeinlagerung in das Nervengewebe mit der Gefahr von Alzheimer-Demenz kommen. Regelmäßige Messungen der Serum-Aluminiumspiegel sind unbedingt notwendig!«

Würden Sie so ein Arzneimittel zehn Jahre lang nahezu täglich schlucken? Die meisten Menschen würden sich, derart vorgewarnt, wohl sogar die einmalige Einnahme gut überlegen.

Sicher kommt auch den Apothekern eine Mitschuld zu, welche diese Mittel ständig an dieselben Personen verkaufen und an der »Apothekerspanne« gut verdienen. Sie hätten die Pflicht, ihre Kunden auf derartige, in den Fachinformationen versteckte Gefahren hinzuweisen.

Oder die Hausärzte – von denen häufig die ursprüngliche Empfehlung zu diesen Mitteln ausgeht. Eigentlich sollten sie regelmäßig bei den Kontaktbesuchen nachfragen, welche Arzneimittel eingenommen werden, und ihre Patienten beraten. Doch das entfällt, weil bei den üblichen 3-Minuten-Konsultationen kaum genügend Zeit für den aktuellen Anlass bleibt. Viele Ärzte kennen sich zudem schlecht mit Arzneimitteln aus.

Also hätte eine seriöse, um die Gesundheit der Menschen bemühte Arzneimittelbehörde auf solchen Warnhinweisen bestehen müssen, speziell wenn solch einem riskanten Medikament der Status »rezeptfrei« eingeräumt wird.

In Ruperts Fall wäre überhaupt niemand auf den Zusammenhang draufgekommen, wenn seine Schwägerin nicht nachgefragt und die Fachinformation zu Talcid gelesen hätte. Denn obwohl Rupert mehrfach wegen Burn-out und später wegen der immer krasseren Anzeichen seiner Demenz bei Ärzten war, hat sich niemand im Geringsten für seine Medikamente gegen Sodbrennen interessiert. Und auch in der Neurologie des Wiener AKH und später bei den Aufnahme-Prozeduren als künftiger Teilnehmer der Studie zur Alzheimer-Impfung kam niemals die Rede darauf. Jetzt, wo es wahrscheinlich viel zu spät ist, hat Marianne die restlichen Packungen entsorgt.

Und während Abertausende von Menschen sich weiter mit Hochdosen von Aluminium gefährden, fließen Millionen an Forschungsmitteln in die Alzheimer-Impfung oder die Suche nach schadhaften Genen. Denn nur mit Hilfe solcher High-Tech-Ansätze moderner Wissenschaft, suggeriert die »forschende Arzneimittel-Industrie«, kann eines Tages möglicherweise die Heilung dieser grausamen und vollständig unerklärlichen Massen-Erkrankung gelingen.

Impfungen unter dem Glassturz

Zunächst war es nur ein oberflächliches Erstaunen. Ich wunderte mich über die Tatsache, dass in zwei von drei Impfungen Aluminium enthalten war, mir aber keiner von den Impfexperten wirklich erklären konnte warum. Was macht dieses Aluminium? Wozu braucht es ein Metall in Impfstoffen, von dem man seit Langem weiß, dass es Vergiftungen auslösen kann, dass es speziell auf ein sich entwickelndes Nervensystem toxisch wirkt, dass es auf der anderen Seite aber überhaupt nichts mit der Abwehr von Viren und Bakterien zu schaffen hat: Warum also ist Aluminium in Impfungen?

Ich bin ein relativ sturer Mensch und habe mich intensiv in diese Thematik eingelesen. Und irgendetwas war hier gleich von Anfang an falsch. Zu oft wurden mir von den »Experten« die fast identischen Stehsätze geliefert, dass Aluminium dazu dient, die Antigene festzuhalten und dem Immunsystem zu präsentieren. Würden die Antigene dem Immunsystem davonlaufen, ohne Aluminium?

Und welch eigenartige Sitten herrschten beim wissenschaftlichen Umgang mit Impfungen! Nahezu jede Studie zum Thema fing mit einer eigenartigen Beschwörungsformel an. Dass Impfungen die größte Errungenschaft der Medizin sind. Dass damit Millionen von Menschen gerettet wurden und immer noch werden. Dass es kaum eine medizinische Maßnahme gibt, welche in der Öffentlichkeit ein besseres Image hat. Und dass es fahrlässig und gefährlich wäre, dieses hohe Ansehen zu untergraben.

Viel zu oft fingen Studien, die ich las, mit einem derartigen Glaubensbekenntnis an. Es war ja gut, dass es Impfungen gab, und ich zweifelte nicht an ihren historischen Meriten, doch musste man das immer wieder aufzählen, wie bei einem esoterischen Ritus?

Warum konnte man nicht einfach nüchtern die Fakten aufzählen, so wie in anderen Bereichen der Wissenschaft auch? Warum hatten es abgebrühte, rationale, logisch begabte und hervorragend ausgebildete Wissenschaftler nötig, ihre Artikel und Forschungsberichte jedes Mal mit solchen Floskeln zu beginnen?

Und warum gab es ein so peinlich-ausweichendes, penetrant-abwehrendes Gehabe, wenn es um mögliche negative Folgen von Impfungen ging. Warum sollte eine medizinische Intervention, die zweifellos eine Wirkung hatte, nicht auch eine Nebenwirkung haben dürfen, die man untersuchen und objektiv bewerten kann. Warum sollte eine Maßnahme, deren erstes Ziel die Manipulation des Immunsystems ist, nicht auch ab und zu in dieser Manipulation übers Ziel schießen. Warum war es nicht gestattet, darüber offen zu reden?

Warum griffen hier die Professoren und Impfexperten ungeniert zu den hohlsten Phrasen, behaupteten, dass das Immunsystem ausschließlich und immer profitiere, ja dass ein ungeimpfter Mensch mit einem unterentwickelten Immunsystem leben müsse. Impfexperten erklärten mir, dass ich mir ein kindliches Immunsystem so ähnlich vorstellen solle wie einen Computer. Das kindliche Immunsystem sei die Hardware, die Impfungen die Software. Und es sei problemlos möglich, dem Kind 10.000 und mehr Impfungen zu geben. Das Immunsystem sei nahezu unendlich lernfähig. Dafür brauche es auch das Aluminium. Es sei das wichtigste Hilfsmittel, es würde schon seit vielen Jahrzehnten in Impfungen verwendet und Milliarden Geimpfter hätten bewiesen, dass es vollkommen sicher sei. Und irgendwann, sagte mir etwa der Vorsitzende des österreichischen Impfausschusses, Professor Ingomar Mutz, werden alle Krankheiten, gegen die man impfen kann, ausgestorben sein und die Welt werde in eine krankheitsfreie Phase eintreten.

Ähnliche Argumente hörte ich von Heinz-Josef Schmitt, dem langjährigen Vorsitzenden der Berliner STIKO (Ständige Impfkommission am Robert Koch Institut), und unzähligen anderen Impfexperten. Impfungen seien perfekt – und Aluminium ein perfekter Hilfsstoff.

Wenn man in den Studien selbst nachsah, so zeigte sich die Schattenseite dieser wissenschaftlichen Mondgesichter. Denn tatsächlich stand in fast jeder Studie zum Thema Aluminium zu lesen, dass über viele Jahrzehnte lang niemand wirklich wusste, wie dieses Aluminium wirkt. Sicher war nur, dass zwei Drittel der heute verwendeten Impfstoffe gar nicht oder deutlich schlechter wirken würden, wenn man kein Aluminium reingäbe.

Wie kann so etwas sein? War etwa Aluminium der eigentliche Wirkstoff der Impfungen?

Nein, hieß es stets, das ist nur so eben auch dabei.

Das ist nur ein Wirkverstärker. Ein sogenanntes Adjuvans. Ein vollständig harmloser Hilfsstoff.

Mir waren Hilfsstoffe, von denen man nicht genau wusste, was sie bewirken, immer suspekt. Ich habe publizistisch beispielsweise mitgeholfen, den Hilfsstoff Quecksilber aus den Impfstoffen zu eliminieren. Weil ich es ganz einfach unverantwortlich fand, gesunden Menschen, deren Absicht es ist, durch Impfungen ihre Gesundheit zu erhalten und nicht zu gefährden, ein erwiesenes Gift zu injizieren. Quecksilber wurde vor vielen Jahrzehnten den Impfstoffen zugesetzt, weil man damit die Impfstoffe konservieren konnte. Es gelang durch die giftige Wirkung von Quecksilber, die Impfstoffe freizuhalten von Pilzinvasionen oder bakteriellen Kontaminationen. Quecksilber war so giftig, dass diese Keime keine Chance mehr hatten. Doch sollte ich das meinen Kindern injizieren?

Impfungen seien derartig gesund und wirksam und nützlich,

hieß es, dass man das bisschen Quecksilber wohl in Kauf nehmen könne. Schließlich sei es nur eine geringe Dosis. Die Dosis mache schließlich das Gift. Und hier, bei so geringen Dosen, könne man wohl überhaupt nicht mehr von Gift reden.

US-amerikanische Kinderärzte machten sich schließlich im Auftrag der Gesundheitsbehörden daran, zu messen, wie viel Quecksilber die Babys mittlerweile abbekamen. Schließlich waren ja die Impfkalender im Lauf der Jahrzehnte stets aufgestockt worden. Während lange Jahre die Klassiker Polio, Diphtherie, Tetanus, Keuchhusten und Tuberkulose den Impfplan bestimmten, kamen ständig neue quecksilberhaltige Impfungen dazu. Und schließlich errechnete diese Kinderarzt-Kommission, dass die Grenzwerte längst überschritten waren. Dass manche Kinder, besonders wenn sie ein geringes Geburtsgewicht hatten, die doppelte oder dreifache Dosis abbekamen, die laut Grenzwerten erlaubt war.

Ich habe es immer unerhört beliebig gefunden, wie hier argumentiert wurde. Verschiedene Arten von Quecksilber, die sich biochemisch vollständig anders verhalten, wurden in einen Topf geworfen. Bei den Grenzwerten wurde kein Unterschied gemacht, ob ein Gift oral aufgenommen und dann über den Magen-Darm-Trakt weitergeleitet wird – ein Weg, der sich seit Milliarden von Jahren im Lauf der Evolution darauf eingestellt hat, Vergiftungen zu vermeiden: wo mit Erbrechen oder Durchfall der Organismus rasch reagieren kann, wenn ungeeignete Mittel in den Kreislauf kommen. Doch wie steht es mit Injektionen unter die Haut oder ins Muskelgewebe, wie dies bei Impfungen der Fall ist?

Sogar impfkritische Wissenschaftler, welche heftig dafür eintraten, dass Quecksilber endlich aus Impfstoffen entfernt wurde, machten hier keine Unterschiede. Als Begründung wurden Studien zitiert, in denen Quecksilber an Ratten verfüttert wurde. Wenn nun dieselbe Menge Quecksilber Menschenbabys im Rahmen der Mutter-Kind-Untersuchungen gespritzt wurde, so hielt man das für einen seriösen Sicherheitsbeweis – und dachte sich weiter nichts dabei. Was eine Ratte nicht umbrachte, konnte doch – als Bestandteil der Babyimpfungen – auch einem Kind nicht schaden. So wurde damals – auch von Menschen, die sich für klug und kritisch hielten – ernsthaft argumentiert.

Zur Jahrtausendwende gelang es endlich, die Mehrheit der Experten und Behördenvertreter davon zu überzeugen, dass in Impfstoffen kein Quecksilber mehr zugesetzt werden sollte. Und was geschah? Man kam drauf, dass Quecksilber seit Langem vollständig unnötig gewesen war. Dass es problemlos weggelassen werden konnte, weil in moderner Umgebung, bei Verfügbarkeit von Kühlschränken, bei Verwendung von Einwegspritzen und kurzen Transportwegen überhaupt keine Gefahr mehr bestand, dass sich Schimmel und Bakterien auf die Impfstoffe stürzten. Dass schon viele Jahrzehnte lang Quecksilber vollständig unnötig in den Impfstoffen enthalten war und dessen toxische Nebenwirkungen allein dastanden – ohne jeglichen Nutzen.

Bei Aluminium ist nun jedoch alles anders. Hier wäre es – aus den erwähnten Gründen – nicht möglich, es einfach wegzulassen. Hier bräuchte es bei den meisten Impfstoffen einen anderen Wirkverstärker. Oder man müsste mehr oder verbesserte Antigene in eine Impfung packen. Ohne Aluminium wären die Hersteller gezwungen, viel Hirnschmalz und auch viel Geld zu investieren. Sie müssten andere Adjuvantien entwickeln, die keine negativen Auswirkungen auf das Nervensystem von Babys haben.

Doch dieser Weg wäre mühsam, der Imageschaden für den »Impfgedanken« beträchtlich. Müsste man doch auch einräumen, dass die bisherigen Impfungen nicht perfekt waren. Und so versucht die Pharmaindustrie gemeinsam mit ihren befreundeten »Botschaftern« in Gesundheitspolitik, Medizin und Wissenschaft, alle diese Ansätze zu sabotieren und auf dem Status quo zu beharren.

In Frankreich gibt es gerade eine interessante Debatte diesbezüglich, seit im Frühjahr 2012 eine von der Nationalversammlung eingesetzte Impfkommission die Sicherheit von Aluminiumsalzen als Hilfsstoffe negativ beurteilte. Die unabhängigen Experten forderten die EU-Behörden auf, den Pharmafirmen eine Frist zu setzen, bis zu der sie aluminiumfreie Impfstoffe auf den Markt bringen müssen. So dass die Menschen selbst die Wahl hätten, womit sie ihre Kinder und sich selbst impfen. Zur Verstärkung dieser Maßnahme wurde sogar ein Moratorium empfohlen, Impfungen mit Aluminium zu unterlassen, bis hier Alternativen geboten würden.[64]

Wie es mit diesen Bestrebungen nun weitergeht, wird man sehen. An sich sollten die Chancen besser geworden sein, seit die Regierung Sarkozy abgewählt wurde. Waren doch einige der stärksten Unterstützer der Sicherheitsdebatte bei Impfungen deklarierte Anhänger der damaligen Opposition. Und diese wiederum sind nun in einflussreichen Positionen in der Regierung Hollande, speziell im Gesundheitsministerium.

Freunde aus Frankreich berichten mir, dass mittlerweile aber unzählige Lobbyisten unterwegs sind, um die neu im Amt befindlichen Politiker zu umschwärmen. Dieselbe Botschaft kommt aus den Zentren der EU, wo sich sogar manche Volksvertreter als Lobbyisten betätigen. Wenig ermutigend ist zudem die Struktur, welche die EMA, unsere angeblich unabhängige europäische Arzneimittel-Behörde, dem Einflussbereich des Industrie-Kommissars unterstellt. Das Budget der EMA wird außerdem zu einem großen Teil von der pharmazeutischen Industrie getragen. Und wer zahlt, schafft an, lautet eine alte Wahrheit.

Doch immerhin, es gab einen Anfang. Mit der französischen Offensive ist ein erster Schritt getan und es fällt den diversen Lobbyisten nun nicht mehr so leicht, Sicherheitsbedenken bei aluminiumhaltigen Impfstoffen als »Esoterik« oder als substanzlose Panikmache fanatischer Impfgegner zu verunglimpfen.

Studien aus der Hölle

Die Informationen über das westafrikanische Land Guinea-Bissau klingen nicht gerade einladend:

Die 1,6 Millionen Einwohner leben auf einer Fläche, etwa halb so groß wie Österreich. 40 Prozent der Bevölkerung sind jünger als 14 Jahre.

Gerade ein Viertel der Straßen, insgesamt 965 Kilometer, sind asphaltiert, Eisenbahnen gibt es keine. Das Land ist flach, die höchste Erhebung ein Hügel mit gerade mal 262 Metern über dem Meeresspiegel. In der Dürrezeit ist es extrem heiß, die Sicht wird durch Staub- und Sandstürme beeinträchtigt. In der Regenzeit zwischen Juni und Dezember versinkt das Land im Morast. Malaria, Durchfall und Typhus grassieren. In einer Hütte leben durchschnittlich drei Familien mit insgesamt 15 Personen. Geschlafen wird in Hängematten, wer keine hat, liegt am Boden. Hygiene – im westlichen Sinne – gibt es nicht. 40 Prozent der Bevölkerung hat keinen Zugang zu sauberem Trinkwasser. Am Land leben mehr als 90 Prozent der Menschen ohne Sanitäranlagen, Kanalisation ist weithin unbekannt. Schweine und andere Haustiere leben unmittelbar neben den Hütten, oft auch in den Hütten.

Etwa die Hälfte der Bevölkerung bekennt sich zum Islam, der Rest zu Naturreligionen, eine Minderheit von zehn Prozent sind Christen. Die Menschen gehören etwa 25 verschiedenen Stämmen an, die alle eine eigene Sprache sprechen. Der größte Stamm ist die Volksgruppe der Balante. Obwohl die offizielle Amtssprache Portugiesisch ist, beherrschen sie nur die wenigsten Menschen gut. Viele Kinder können deshalb dem Schulunterricht gar nicht folgen. Die Analphabetenrate liegt bei den Männern bei 42, bei den Frauen bei 73 Prozent. Nur zwei Prozent der Bevölkerung haben Zugang zum Internet.

Im Schnitt bekommt eine Frau in Guinea-Bissau 4,5 Kinder. Die Kindersterblichkeit ist die siebthöchste weltweit. Von tausend Kindern überleben 96 das erste Lebensjahr nicht. Und da sind jene Babys, die gleich nach der Geburt sterben, nicht mitgezählt. Bei der

Lebenserwartung liegt Guinea-Bissau mit knapp über 48 Jahren an 217. Stelle der Weltrangliste. Nur fünf Länder haben noch schlechtere Werte.[65]

Inländische Industriebetriebe gibt es nicht. In den Export gelangen nur Erzeugnisse aus der Land- und Forstwirtschaft. Offiziell stammen 85 Prozent der Exporterlöse aus dem Verkauf von Cashew-Nüssen, inoffiziell hat nach Angaben des US-Geheimdienstes CIA der Export von Drogen nach Europa die landwirtschaftlichen Erträge aber längst überflügelt.

Die Abhängigkeit von importiertem Erdöl beträgt 100 Prozent. Guinea-Bissau zählt zu den ärmsten Ländern der Erde. Ein Bürger erwirtschaftet pro Monat im Schnitt gerade einmal 40 US-Dollar. Jeder zweite lebt unter der Armutsgrenze. Die Einwanderungsrate liegt bei null, wenn nicht gerade Flüchtlinge aus Nachbarstaaten um ihr Leben laufen. Freiwillig wandert hier niemand ein.

Eine Ausnahme bildet der Däne Peter Aaby, der 1978 im Alter von 33 Jahren in das Land kam und bis heute blieb. Damals gründete er in der Hauptstadt Bissau das »Bandim Health Projekt«. Zusammen mit seiner Frau, einer Pathologin, betreibt er – wie er es nennt – eine Doktoranden-Farm. Unablässig ist der Zustrom junger Wissenschaftler aus aller Herren Länder, die hier zu den verschiedensten Fragen forschen und ihre Doktorarbeiten schreiben. Im Schnitt arbeiten etwa zehn ausländische Wissenschaftler in dem kleinen Gebäude, etwas außerhalb der Hauptstadt Bissau, dazu kommen rund 150 einheimische Mitarbeiter: Dabei handelt es sich um Ärzte, Krankenschwestern, Techniker und Forschungs-Assistenten.

Finanziert wird das Bandim Health Projekt in erster Linie über Doktorats- und sonstige Forschungs-Aufträge, denn eine regelmäßige Basis-Finanzierung über staatliche oder private Stellen gibt es nicht. In den mehr als 30 Jahren, seit das Projekt nun besteht, ergab sich aber ein hervorragend eingespieltes Team mit einer Außenstelle in Dänemark, wo die meisten statistischen Auswertungen der Studien gemacht werden.

Es gibt wohl wenige Wissenschaftler weltweit, die so genaue Kenntnisse über die Verhältnisse in einem Hochrisiko-Land wie

Guinea-Bissau haben. Heute betreut das Bandim Health Project ein Gebiet mit mehr als 30.000 Einwohnern. Seit Langem werden Schwangere im Zentrum beraten und alle Neugeborenen von den Mitarbeitern penibel erfasst sowie ihr Gesundheitszustand bei den Besuchen regelmäßig dokumentiert. »Nahezu jedes Kind ist in irgendeiner Untersuchung eingeschlossen«, berichtet Aaby. In der internationalen Medizin-Datenbank PubMed ist Peter Aaby mit knapp 400 Publikationen vertreten. Die meisten davon sind in hoch angesehenen Journalen erschienen. Professor Aaby untersuchte mit seinen Mitarbeitern so unterschiedliche Themen wie Schutzfaktoren gegen Cholera oder HIV, den Einfluss religiöser und mystischer Einstellungen der Mütter auf die Gesundheit ihrer Babys sowie die Ursachen der Kindersterblichkeit unter den verschiedensten äußeren Umständen.

Im Jahr 1978 baute er mit seinen Mitarbeitern die ersten Häuser für das Bandim Health Project. Seither haben sich hier die Akten von mehr als einer Million Menschen angesammelt, welche im Lauf der Jahrzehnte in das wissenschaftliche Archiv aufgenommen wurden. »In Europa würde ein derartiger Datenschatz wohl in feuersicheren Tresoren aufbewahrt werden«, sagt Aaby. »Hier müssen wir, mehr noch als sie vor einem Feuer zu schützen, darauf aufpassen, dass die Ratten unsere Akten nicht fressen.«

Im Projekt arbeiten etwa 150 Mitarbeiter aus Guinea. Aabys Anliegen ist es, diese Menschen so auszubilden, dass der Laden irgendwann, »wenn ich zu alt bin«, aus eigener Kraft und Expertise von Einheimischen betrieben werden kann. Viele der Mitarbeiter sind seit etlichen Jahren dabei und machen Feldarbeit. Romeo fährt täglich mit dem Motorrad aus und besucht seinen Sprengel.

Bissau wirkt nicht wie eine Hauptstadt, sondern sehr ländlich. Überall laufen Schweine oder Hühner herum. Es gibt keine Straßennamen. Doch jedes Haus hat eine Nummer des Bandim Health Projectes gut sichtbar neben der Eingangstür. Hier kennt Romeo die Erwachsenen ebenso beim Namen wie deren Kinder. Überall wird ihm sofort ein Platz angeboten. Er fragt nach dem Befinden der Familie, erkundigt sich, ob die Babys noch gestillt werden, ob in den letzten Wochen neue Impfungen dazugekommen sind, jemand im Krankenhaus war oder gestorben ist. Dies alles wird akribisch in die Akten eingetragen.

Als Aaby nach Guinea-Bissau kam, wusste man zwar über die exorbitant hohe Sterberate in diesem Land. Als Ursache wurde Unterernährung vermutet. »Dies war das erste von vielen Vorurteilen über Afrika, das sich hier ziemlich bald als falsch herausstellte«, erzählt Aaby. Das Land sei, im Gegenteil, extrem fruchtbar, überall wachsen Mangos, sehr viel Reis wird angebaut und fast alles, das in die Erde gesteckt wird, wächst in Rekordzeit heran. Am nahen Hafen landen jeden Morgen gut beladene Boote und die Frauen sammeln sich, um die Fische mitzunehmen und in den Märkten weiterzuverkaufen. In Aabys erster Publikation aus Bissau berichtete er über die wirklichen Todesursachen: die Überfüllung der Wohnhäuser. »Wenn in der Regenzeit die Infektionen kommen, so bilden sich regelrechte Krankheits-Nester, wo sich die Infektionen selbstständig machen.«

Krisenzeiten gab es in Guinea-Bissau jedenfalls mehr als genug. Nach dem Unabhängigkeitskrieg (von 1963 bis 1974) »wurde Korruption zur normalen Regierungsform«, schrieb mir Peter. »Vieles was an funktionierenden Gesundheits-Strukturen vorhanden war, mündete in ein Chaos aus Drogensucht, AIDS und Tuberkulose.« Von 1998 bis 1999 wütete zudem ein Bürgerkrieg im Land. Bis in die jüngste Vergangenheit sind Auftragsmorde und Übergriffe durch Militärs an der Tagesordnung.

Und während all dieser Jahre versuchte das Bandim Health Project unter Aabys Leitung die verschiedenen Prozesse zu dokumentieren, zu verstehen und – wo es möglich war – zum Wohl der Menschen gegenzusteuern. Als eines seiner wichtigsten Werkzeuge im Kampf um die Gesundheit betrachtete er dabei immer die Impfungen.

Und es war ein schönes Gefühl, erinnert er sich, die Auswirkungen der ersten Masern-Impfkampagnen zu sehen, die damals in diesen entlegenen Gebieten Westafrikas durchgeführt wurden. Für jeweils drei Monate zogen sie in die entlegensten Provinzen, bezogen dort Quartier, boten medizinische Hilfe an, registrierten die Kinder, wogen und impften sie. Je schlechter die Lebensumstände waren, desto eindrucksvoller zeigte sich der Effekt der Masern-Impfungen. Während im vergleichsweise wohlhabenden Nachbarland Senegal die Resultate moderat ausfielen, sank bei Kindern, die unter den verheerenden sozialen und hygienischen Verhältnissen Guineas aufwuchsen, das Sterberisiko nahezu auf die Hälfte, wenn sie gegen Masern geimpft wurden. »Dieser Effekt erstaunte uns sehr«, berichtet Aaby, »denn die Masern waren im Vergleich zu den üblichen Tropenkrankheiten eine eher seltene Todesursache. Es war also vollständig unlogisch, diese enorme Reduktion der Sterblichkeit allein mit dem Impfschutz gegen Masern zu erklären.«

Damals entstand jene These, welche über die Jahre immer mehr zum Zentrum der wissenschaftlichen Arbeit Aabys wurde: dass nämlich Impfungen Effekte haben, welche klar über ihren spezifischen Zweck – den Schutz vor einer bestimmten Krankheit – hinausgehen. Dieser »unspezifische Effekt« der Masern-Impfungen wirke sich in einer allgemeinen Stärkung der Abwehrkräfte der Kinder aus, vermutet Aaby.

Durch die Impfung werden sie widerstandsfähiger gegen jene gefährlichen Infekte, auf deren Konto der Großteil der Todesfälle geht: Das sind schwere Durchfall-Erkrankungen, Lungenentzündungen und Malaria.

Die Masernimpfung ist eine Lebend-Impfung. Sie enthält lebende Masernviren, welche durch spezielle Verfahren geschwächt wurden, so dass sie normalerweise nicht mehr in der Lage sind, eine Masernerkrankung auszulösen, weil die Abwehrkräfte den Viren rasch den Garaus machen. Scheinbar erwirbt das Immunsystem der Kinder aber auch bei diesem leichten Gefecht Kenntnisse, welche für dessen allgemeine Entwicklung von großer Bedeutung sind. Die Konfrontation mit den Masernviren bringt dem Immunsystem einen Mehrwert, es geht daraus stärker und fitter hervor. Abgesehen von den Viren enthält die Impfung kaum Zusatzstoffe. Niemals enthielt sie Quecksilber und auch kein Aluminium. Und zwar aus dem ganz einfachen Grund, dass diese giftigen Bestandteile die Lebendviren in der Impfung umgebracht hätten. Lebend-Impfungen enthalten also generell wesentlich weniger Giftstoffe als die sogenannten Tot-Impfungen. Doch dazu später.

Zahlreiche Arbeiten haben mittlerweile die These vom positiven Effekt der Masernimpfung bestätigt: Nicht nur in Guinea-Bissau, sondern weltweit haben Studien in Entwicklungsländern denselben Trend gezeigt: Geimpfte Kinder waren nicht nur gegen Masern geschützt, sondern insgesamt deutlich robuster, weniger anfällig auf Malaria und die sonstigen tropischen Infekte.

Peter Aaby wollte wissen, ob dieser Effekt ebenso bei Kindern auftritt, welche die echten Masern durchgemacht haben. Als im wesentlich wohlhabenderen Nachbarland Senegal in der ländlichen Provinz Niakhar eine Masernwelle auftrat, nützte er die Gelegenheit, dies zu prüfen.[66] Die Krankheit verlief großteils mild. In der von Aabys Team untersuchten Gruppe traten in der Akutphase der Masern keine Todesfälle auf. Insgesamt wurden mehr als 200 Kinder unter sieben Jahren in die Studie aufgenommen. Davon war nur ein Fünftel tatsächlich an Masern erkrankt. Weitere 45 Prozent waren bereits geimpft und damit immun gegen Masern. Sie reagierten auf den neuerlichen Kontakt mit den Viren lediglich mit einem deutlichen Anstieg ihrer Masern-Antikörper. Ein weiteres Drittel der Kinder war weder geimpft noch hatten sie jemals die Masern gehabt, blieben aber – aus welchen Gründen auch immer – von der Infektion dennoch verschont. Weder erkrankten sie noch hatten sie Antikörper im Blut.

Vier Jahre nach der Masernwelle kam Aaby mit seinen Mitarbeitern abermals nach Niakhar und zog zusammen mit ärztlichen Kollegen vor Ort Bilanz. Dabei zeigte sich, dass jene Kinder, welche die Masern damals durchgemacht hatten, auf längere Sicht am meisten profitiert hatten, knapp gefolgt von den Kindern, welche die Masern-Impfung erhalten hatten. Schlecht sah es hingegen für jene aus, die weder geimpft noch erkrankt waren. Im Vergleich hatten sie innerhalb dieser Zeitspanne ein signifikant höheres Sterberisiko.

Als Rat, nicht mehr zu impfen, ließe sich das jedoch keinesfalls interpretieren, erklärte mir Aaby. Denn in Ländern mit schlechteren Lebensumständen als in dieser relativ privilegierten Region in Senegal, fordere die akute Phase der Masern so viele Todesopfer, dass das mit den positiven Effekten für jene Kinder, welche die Krankheit überleben, bei Weitem nicht aufzuwiegen sei. Keine gute Idee sei es auch, dann eben in den wohlhabenderen Ländern mit der Impfung aufzuhören. Denn erstens verlaufen auch hier die Masern nicht immer mild und zum zweiten machen die Masern-Epidemien dann nicht vor den Grenzen der ärmeren Länder halt, sondern verursachen dort eine Tragödie.

Bestätigt hatte sich mit diesen Studien allerdings die These, dass sowohl das Durchmachen der echten Masern als auch die Konfrontation mit den abgeschwächten Lebendviren in der Masern-Impfung für das Immunsystem der Kinder ein Trainingscamp darstellt, woraus sie gestärkt hervorgehen. Generell sprach aus gesundheitlicher Sicht also alles für die Masern-Impfung. Die Studien konzentrierten sich nun darauf, den idealen Impfzeitpunkt herauszufinden sowie den am besten geeigneten Impfstoff.

Dann jedoch kam ein völlig unerwarteter Rückschlag. Bei einer Studie mit einem relativ neuen Masern-Impfstoff stellte sich heraus, dass es scheinbar auch eine dunkle Seite dieser so segensreichen Impfung gab. Betroffen war die sogenannte »Edmonston-Zagreb«-Hoch-Titer-Masern-Impfung. Sie war zu Beginn der 80er Jahre in Afrika eingeführt worden und erwies sich als hochwirksam. Im Jahr 1989 empfahl die WHO diesen Impfstoff für die allgemeine Impfung der Babys.

Im selben Jahr wertete Aabys Team jedoch die Resultate einer Vergleichsstudie aus, in der es eigentlich in erster Linie um den idealen Impfzeitpunkt gehen sollte.[67] Die eine Hälfte der Studiengruppe von insgesamt 384 Kindern war im Alter von vier Monaten mit »Edmonston-Zagreb«, die andere Hälfte im Alter von neun Monaten mit dem bisherigen Standard-Impfstoff »Schwarz« geimpft worden. Bilanz gezogen wurde, als die Kinder drei Jahre alt wurden. Und das fiel für die »Edmonston-Zagreb«-Impfung verheerend aus: Speziell für Mädchen schien diese Art der Masern-Prävention lebensgefährlich zu sein. Im Vergleich zur »Schwarz«-Gruppe hatten die mit dem neuen Impfstoff geimpften Babys ein um 53 Prozent höheres Risiko, dass sie den 3. Geburtstag nicht erlebten. Bei der Auswertung nach Geschlechtern zeigte sich, dass sich das Risiko fast zur Gänze auf die Mädchen bezog. Sie hatten nämlich ein um 95 Prozent höheres Sterberisiko. »Bei uns haben damals wirklich die Alarmglocken geläutet«, erinnert sich Aaby. Seine Publikationen dazu erregten weltweit enormes Aufsehen. »Niemand konnte sich erklären, was hier geschehen war«, sagt Aaby, »denn der Impfstoff war zweifelsfrei genauso wirksam wie die bislang verwendeten, wenn nicht sogar besser.« Als Untersuchungen in Senegal und Haiti die Ergebnisse bestätigten, zog die WHO im Jahr 1992 den Impfstoff vom Markt.

Doch was genau war der Effekt dieser Impfung? Und wieso betraf das Problem gerade die Mädchen?

Dass Impfungen bei den Geschlechtern unterschiedliche Effekte haben, wurde später in verschiedenen Studien bestätigt. Beispielsweise bei einer Untersuchung[68] an 300 israelischen Armee-Angehörigen, die gegen Masern geimpft wurden. Soldatinnen reagierten auf die Impfung mit einer deutlich stärkeren Immunantwort als die Männer. Bei beiden Nachuntersuchungen, nach zwei und nach vier Wochen, hatten die Frauen im Mittel um 50 Prozent höhere Antikörper-Titer. Welche biologischen Mechanismen für diese unterschiedlichen Reaktionen verantwortlich sind, ist bislang nicht im Detail bekannt. Wahrscheinlich handelt es sich um eine hormonell verstärkte Immunantwort mit dem Ziel, so viele Antikörper zu erzeugen, dass später auch noch für die eigenen Babys ein genügend hoher Vorrat übrig bleibt. Diese »Leih-Antikörper« der Mütter bieten den »Nestschutz« der Neugeborenen während der ersten Lebensmonate.

Für Peter Aaby und seine Mitarbeiter am Bandim Health Project waren die Resultate der vergleichenden Studie mit den beiden Masern-Impfstoffen entscheidend für die weitere wissenschaftliche Orientierung. Denn nun war es zweifelsfrei klar, dass die Effekte der Masern-Impfung nicht allein über die von ihr verhinderten

Masern-Fälle definiert werden konnte, sondern dass eine Impfung immer auch eine Zusatzwirkung auf den Organismus hat. Diese unspezifischen Effekte wurden zum zentralen wissenschaftlichen Thema und sorgten unter den Mitarbeitern des Bandim Health Projects für ausdauernde Diskussionen und intensive Debatten. Hier war scheinbar ein ganz neuer Aspekt der Impfungen entdeckt worden, der bislang sträflich vernachlässigt worden war. Und somit wurde die kleine Forschungseinrichtung in Afrika zu jenem Zentrum, das mit Ehrgeiz daran ging, diesen rätselhaften Aspekt der Sicherheit von Impfstoffen wissenschaftlich zu klären.

Lehren aus dem Bürgerkrieg

Das Rätsel um die Edmonston-Zagreb-Impfung ließ Peter Aaby im Verlauf der ganzen 90er Jahre keine Ruhe. Und auch nach der Marktrücknahme führte er die Ermittlungen weiter, zumal einige markante Widersprüche aufgetreten waren. Je später die Impfung nämlich verabreicht worden war, desto geringer schienen die negativen Auswirkungen auf die Mädchen zu werden und schließlich sogar ganz zu verschwinden.

Wie war so etwas erklärbar? Warum sollte eine Impfung im Alter von vier bis fünf Monaten tödlich sein, im Alter von neun Monaten hingegen nicht? Es musste einen Einfluss geben, der bislang übersehen worden war.

Um der Lösung des Rätsels näher zu kommen, wurde eine ganze Reihe neuer Studien gestartet und fleißig Daten erhoben.

Da brach im Jahr 1998 ein Bürgerkrieg in Guinea-Bissau aus, der das Land bis zum Jahr 2000 zusätzlich belastete. Peter Aaby fand es als besondere Herausforderung, die gesundheitlichen Begleitumstände eines Krieges wissenschaftlich zu erforschen. Und so blieben die Mitarbeiter des Bandim Health Projects während des Großteils der Krise im Land, arbeiteten in den Spitäler und Lazaretten mit und versuchten zu helfen, wie es eben möglich war. Nebenher, wenn sich die Chance ergab, führten sie auch ihre Forschungsarbeiten weiter. Zahlreiche Einwohner der Hauptstadt Bissau flohen, das offizielle Gesundheitssystem brach zusammen: Weder waren Medikamente lieferbar noch konnten die Impfkampagnen der Welt Gesundheits Organisation (WHO) so wie geplant durchgeführt werden.

Das Erstaunlichste jedoch war, dass die Sterblichkeit bei den Babys und Kleinkindern nicht anstieg, sondern im Gegenteil: Sie ging dramatisch zurück! »Wir hatten zunächst keine klare Erklärung für diese Beobachtung«, erinnert sich Aaby. Einige tippten auf den Effekt von imprägnierten Moskitonetzen, welche die Mitarbeiter verteilt hatten, andere auf den günstigen Effekt einer weiteren Masern-Impfaktion im Jahr 1999. Doch möglicherweise spielte es auch eine Rolle, dass andere Impfungen wegen der Krise wegfielen?

Und so kam ein Hinweis zum anderen und mündete schließlich in einem konkreten Verdacht: Könnte die Lösung des Problems, das Aaby schon so lange Jahre beschäftigte, möglicherweise in einer anderen Impfung liegen: der Kombinations-Impfung gegen Diphtherie-, Tetanus- und Keuchhusten (Pertussis). Vielleicht, überlegte Aaby, hatte diese Impfung ebenso unspezifische Effekte wie die Masernimpfung, bloß dass sie diesmal das Immunsystem in die Gegenrichtung beeinflusste und der Gesundheit schadete.

Wie sonst sollte es möglich sein, dass mitten im Krieg, genau in der Altersgruppe jener Kinder, die wegen der Versorgungs-Engpässe nicht mit dem aluminiumhaltigen Impfstoff geimpft werden konnten, die Sterblichkeit zurückging?

Aaby und seine Mitarbeiter hatten während der letzten Jahre so viele Daten gesammelt wie nie zuvor. Einige der Studien umfassten mehrere tausend Teilnehmer. Und langsam trafen auch die Resultate der Auswertungen aus Kopenhagen ein, wo die komplexen statistischen Berechnungen durchgeführt wurden. Gleich die erste große Arbeit erregte enormes Aufsehen. Sie erschien im Dezember 2000 im angesehenen *British Medical Journal*.[69] Aabys Gruppe untersuchte darin, wie sich Routine-Impfungen auf die allgemeine Kindersterblichkeit auswirken.

Eine Fragestellung, die nicht besonders originell klingt. Tatsächlich findet sich jedoch in der ganzen Medizin-Literatur kaum eine

Untersuchung darüber. Ob eine Impfung etwas taugt, wurde bislang stets darüber definiert, ob sie gegen eine bestimmte Krankheit schützt. Ob also die Geimpften einen bestimmten Antikörper-Spiegel im Blut erreichten oder ob sie weniger stark an der betreffenden Krankheit erkrankten als Ungeimpfte. Ob Geimpfte hingegen einen generelle Überlebensvorteil gegenüber Ungeimpften haben oder ob sie stattdessen eventuell sogar früher sterben, dieser Ansatz war komplettes Neuland. Und Aabys Ergebnisse schienen als Antwort einfach unerhört und unglaublich.

Die Studie schlug ein wie eine Bombe.

Noch kurz vor Weihnachten wurde Aaby mit seinem Co-Autor Henrik Jensen zum Rapport ins WHO-Hauptquartier in Genf zitiert. Zuvor hatte Peter Folb, Chef des für internationale Impffragen zuständigen *WHO Collaborating Center for Drug Policy*, die Arbeit noch in einer harschen Reaktion öffentlich verdammt: Sie sei schwach, gespickt mit zahlreichen Fehlern und werde keinesfalls zu einer Änderung der bestehenden WHO-Impfpolitik beitragen.

Was hatte Folb so erzürnt?

Aaby, Jensen und die Ärztin Ines Kristensen hatten zwischen 1990 und 1996 mehr als 15.000 Frauen und ihre neugeborenen Kinder in eine Studie aufgenommen und in regelmäßigen Abständen überprüft, wie viele Kinder noch leben. Dies setzten die Forscher in Relation zu den erhaltenen Impfungen:

Dabei zeigten sich zwei extrem widersprüchliche Resultate: Es gab Impfungen mit positiven Effekten und solche mit negativen. Positiv wirkte sich, wie erwartet, wieder die Masern-Impfung aus. Als weitere Impfung mit günstigen Auswirkungen erwies sich eine Impfung gegen Tuberkulose, die sogenannte BCG-Impfung.

Auch hier können die positiven Auswirkungen dieser Impfung nicht mit der Vermeidung von Tuberkulose erklärt werden. Sie spielt nämlich bei der Kindersterblichkeit in Guinea kaum eine Rolle. Obendrein hat die Impfung – wenn überhaupt – eine berüchtigt niedrige Wirkrate. »Mit BCG können Sie möglicherweise vor Lepra schützen«, formuliert es der Wiener Infektions-Experte Wolfgang Graninger, »aber sicher nicht vor Tuberkulose.« Dennoch musste von der »unwirksamen« Tuberkulose-Impfung irgendein günstiger Effekt ausgehen.

Während die Tuberkulose- und Masern-Impfung die Sterblichkeit nahezu halbierten, zeigte die Impfung gegen Diphtherie, Tetanus und Keuchhusten in die genaue Gegenrichtung: Kinder, die diese klassische Dreier-Kombo (DTP) erhalten hatten, waren beim nächsten Kontrollbesuch mit nahezu doppelt so hoher Wahrscheinlichkeit tot.

Von den Experten der WHO kam der Einwand, dass es sich hier möglicherweise um verschiedene Gruppen von Kindern handelte. Vielleicht waren ja die Kinder, die gegen DTP geimpft wurden, in schlechterer Verfassung als die anderen Gruppen.

Dieser Verdacht erwies sich in der statistischen Auswertung als unbegründet. Im Gegenteil: DTP-geimpfte Kinder stammten im Schnitt aus höheren gesellschaftlichen Schichten und waren besser ernährt als die nichtgeimpften. Wurde dieser Unterschied in der statistischen Auswertung auch noch berücksichtigt, so hatten DTP-Geimpfte sogar das zweieinhalbfache Sterberisiko.

Wo liegt nun der Unterschied zwischen den unterschiedlichen Impfungen?

Jene mit den günstigen Effekten sind Lebend-Impfungen. Die eine enthält abgeschwächte, aber lebende Masernviren. Die zweite Impfung mit günstiger Wirkung enthält ebenso abgeschwächte lebende Bakterien. Sie wurde Anfang der 1920er Jahre von den Franzosen Albert Calmette und Camille Guérin aus Rindertuberkelbazillen entwickelt. Die Bezeichnung BCG steht für »Bacille Calmette-Guérin«.

Beide Impfungen enthalten lebende Keime, welche vom Immunsystem problemlos erkannt werden, so wie wenn es sich um eine echte Infektion handeln würde. Die Impfungen lösen deshalb eine hinreichende Immunantwort aus, die auch der natürlichen Immunantwort auf diese Keime entspricht. Ein Wirkverstärker wie Aluminium wird in so einer Impfung nicht gebraucht. Und damit besteht auch nicht das Risiko, dass über das Aluminium die Immunantwort umgepolt wird. In Lebend-Impfungen Aluminium einzusetzen wäre allein deshalb nicht möglich, weil Aluminiumsalze so wie auch die in Impfstoffen verwendeten quecksilberhaltigen Konservierungsmittel die lebenden Viren oder Bakterien umbringen würden. Deshalb können diese toxischen Bestandteile nur in Impfungen eingesetzt werden, wo die verwendeten Viren und Bakterien bereits tot sind.

Bei der DTP-Impfung ist dementsprechend eine Aluminium-Verbindung als Wirkverstärker enthalten. Und während die beiden Lebend-Impfungen das Immunsystem in Richtung einer sogenannten Th1-Reaktion aktivieren, stimuliert Aluminium den Th2-Arm des Immunsystems. Die beiden Reaktionsweisen unterscheiden sich diametral voneinander und haben enorme Auswirkungen, von denen wir bislang nur die wenigsten verstehen: Unterschiedliche Arten von Zytokinen werden freigesetzt, im Speziellen handelt es sich dabei um hochwirksame Interleukine und Interferone. Je nachdem, welche Entwicklungsrichtung die dendritischen Zellen vorgeben, werden vollständig andere Botenstoffe und Hormone gebildet, andere Immunzellen aktiviert und im Netzwerk des Immunsystems mit seinen Lymphbahnen und Zentren, die den ganzen Organismus verbinden, eine vollkommen andere Organisationsstruktur aufgebaut.

Offensichtlich manipulierte Studien

Die wissenschaftliche Besprechung in der Genfer WHO-Zentrale verlief weitgehend respektvoll, aber ohne konkrete Resultate. Aaby teilte mir damals mit: »Einige wenige Forschergruppen haben unsere Resultate ernst genommen. Die meisten versuchen aber – mit finanzieller Förderung der WHO – unsere Beobachtungen zu widerlegen.«

Tatsächlich erschienen in den folgenden Jahren immer wieder solche Studien, die zu genau konträren Resultaten kamen wie Aaby. Die DTP-Impfung hatte in diesen Arbeiten durchwegs positive Folgen, dafür waren aber, wie beispielsweise eine französische Gruppe herausfand, nun plötzlich die positiven Effekte der Masern-Impfung weg.[70] Derartige Arbeiten glichen Retourkutschen, welche wohl in erster Linie den Zweck verfolgten, die Glaubwürdigkeit der Gegenpartei auszuhöhlen. Als gehe es nach dem kindischen Vorsatz: Haust du mir meine Lieblingsimpfung, hau ich dir deine Lieblingsimpfung. Dabei unterliefen den Verteidigern der WHO-Doktrin allerdings selbst zahlreiche, mitunter recht peinliche Fehler.

Aaby schrieb zusammen mit hochrangigen Medizin-Biometrikern des Dänischen Epidemiologie- und Wissenschafts-Zentrums und des »Statens Serum Institut« in Kopenhagen ausführliche Entgegnungen an diese Journale und führte Punkt für Punkt die Probleme und Fehler in diesen Arbeiten auf. Einige davon haben auch mit den speziellen Herausforderungen der Feldforschung in Afrika zu tun. So ist es zwar normalerweise üblich, dass die Mütter die Impfpässe ihrer Kinder gut aufbewahren. Wenn jedoch ein Kind stirbt, so wird dessen Impfpass achtlos weggeworfen oder irgendwo verlegt. Hier ist es für die Forscher meist recht heikel und unangenehm, die Mütter dennoch zu bitten, nach dem fehlenden Dokument zu suchen und sie zur Herausgabe des Impfpasses zu bringen.

Falls dies nicht gelingt, ist es jedenfalls notwendig, das Verschwinden des Impfpasses in der Auswertung zu berücksichtigen. Wenn dies aber unterbleibt, droht der sogenannte »Überlebens-Fehler«: dass nämlich genau die letzten Impfungen, bevor die Kinder gestorben sind, in den Studien-Protokollen nicht mehr erfasst werden. Und damit würden genau jene Impfungen, die möglicherweise den Tod der Kinder verursacht haben, in den Studien zu einer günstigeren Bewertung kommen.

Ebenso häufig passiert es, dass bei Studien die Teilnehmer im Nachhinein rekrutiert werden. Dass also von einem Gesundheitsamt alle Daten der Kinder übernommen werden, die in einem bestimmten Zeitraum geboren sind, unabhängig davon, ob sie noch leben oder nicht. Anschließend wird von den Forschungsmitarbeitern versucht, von allen diesen Kindern die Impfpässe zu bekommen und ebenfalls in das Datenprotokoll der Studie zu übertragen. Bei den bereits verstorbenen Kindern gestaltet sich das schwierig, mit dem Ergebnis, dass diese Kinder häufig als ungeimpft betrachtet werden. Eben deshalb, weil keine Impfpässe mehr aufzutreiben waren. Wenn das Kind jedoch überlebt, so ist meist auch dessen Mutter mit dem Impfpass zur Stelle.

Für diese Periode wurde im wissenschaftlichen Englisch sogar ein eigener Fachausdruck eingeführt. Sie gilt als »immortal persontime« und bezeichnet das paradoxe Phänomen, dass die Studienteilnehmer in der Zeitspanne zwischen der letzten Impfung und dem Besuch der Wissenschaftler auf dem Papier »unsterblich« sind. Denn nur wenn das Kind noch lebt, kann die letzte Impfung ins Protokoll aufgenommen werden. Wenn das Kind verstorben ist, gilt es als ungeimpft.

Damit wird allerdings das Geschehen nicht real dargestellt, sondern ins Gegenteil verkehrt. Dennoch ist dieser »Überlebens-Fehler« sehr häufig und schleicht sich immer wieder ein, wenn die Wissenschaftler diesbezüglich zu wenig Erfahrung haben oder nicht aufpassen. »Das ist einer der zentralen Fehler, den wir in diesen Studien finden«, erklärte mir Aaby.

Es gibt wohl wenige Einrichtungen in Entwicklungsländern, die mit derartigen wissenschaftlichen Herausforderungen mehr Erfahrung haben als das Bandim Health Project. Aaby und seine Mitarbeiter verfassten sogar eigene Publikationen,[71][72] in denen sie vorrechnen, welche Auswirkungen diese Fehler auf die Resultate haben und wie sie am besten zu vermeiden sind. Und ihre Warnung wendet sich konkret an jene Studienautoren, die versucht haben, die Ergebnisse aus Guinea-Bissau als »Ausreißer« darzustellen, und und mit ihren eigenen Arbeiten demonstrieren wollten, dass an der weltweiten Impfpolitik der WHO nicht das Geringste auszusetzen sei. »Solange es nicht gelingt, den Impfstatus auch unter schwierigsten Bedingungen korrekt zu erfassen und beispielsweise der ›Überlebens-Fehler‹ nicht systematisch vermieden wird«, warnte Aaby, »sind die Basisdaten dieser Studien so verfälscht, dass man daraus keine gültige Aussage ableiten kann.«

Zwischen 2001 und 2006 erschienen gleich sechs Studien, welche konkret auf die Arbeiten des Bandim Health Projects Bezug nahmen und dessen alarmierende Ergebnisse zur DTP-Impfung in anderen Ländern Afrikas und Asiens überprüften. Alle kamen zu einem unauffälligen bzw. positiven Ergebnis für die aluminiumhaltigen Impfstoffe. Und überall wurden die Daten retrospektiv erhoben, ohne dass auf den »Überlebens-Fehler« geachtet wurde.

Sehen wir uns eine solche Arbeit einmal an einem Beispiel etwas näher an[73]: eine von Unicef und WHO finanzierte Studie einer französischen Gruppe, in der geprüft werden sollte, ob auch in Burkina Faso die DTP-Impfung ungünstige Effekte für die Kinder hat. »Keineswegs«, lautete das freudige Resultat der Arbeit, »ganz im Gegenteil!« Tatsächlich gab es nun keine Steigerung des Sterberisikos mehr, sondern sogar eine kräftige Reduktion. Die DTP-Impfung schaffte es, die Sterberate im Vergleich zu ungeimpften Kindern um gigantische 76 Prozent zu reduzieren. Das erinnert in seiner Glaubwürdigkeit an Wahlsiege in Bananenrepubliken oder kommunistischen Nachfolge-Staaten.

Die Daten wurden in Burkina Faso in einem Intervall von acht Monaten gesammelt. Die meisten der Impfungen konnten also nur im Nachhinein notiert werden. Wenn nun ein Baby im Alter von zwei Monaten in die Studie aufgenommen und als ungeimpft deklariert wurde und vier Monate danach starb, so wurde es beim Wiederholungsbesuch der Studienautoren auch als »verstorben« in das Protokoll eingetragen. Doch wie sollte nun festgestellt werden, welche Impfungen das Kind in der Zwischenzeit erhalten hatte?

Während das Wissenschafts-Team des Bandim Health Projects streng darauf achtete, dass nur jene Daten von Kindern in die Analyse aufgenommen wurden, wo auch Informationen über den Impfstatus vorlagen, werteten die französischen Forscher die verstorbenen Kinder cool als »ungeimpft«, wenn keine aktuellen Impfpässe mehr aufzutreiben waren. Und wo Aaby und sein Team in den meisten Arbeiten ein gutes Drittel der Teilnehmer nicht in die Analyse aufnehmen können, weil die Dokumentation unvollständig ist, führte die diesbezügliche Ignoranz der WHO-gesponserten Arbeit zu einer massiven Verschiebung zugunsten der Impfungen.

Aus Interesse werteten Aabys Statistiker eine eigene Untersuchung aus Guinea-Bissau bewusst noch einmal nach der falschen Methode aus und siehe da: Dort, wo nach der Original-Berechnung herausgekommen war, dass die DTP-Impfung die Sterblichkeit um 84 Prozent erhöhte, kam nach der Methode der WHO-Doktrin nun plötzlich ein ähnliches Resultat raus wie in Burkina Faso: Auch hier drehte sich der Effekt der DTP-Impfung plötzlich ins Gegenteil um und die Sterblichkeit sank nun um 37 Prozent.

Dieses Beispiel zeigt, wie enorm die Auswirkungen dieses Fehlers in der Praxis sind und wie sehr dadurch die Ergebnisse verfälscht werden. Dennoch trug diese Sichtweise den Sieg davon und bis heute wird nach den Plänen der WHO überall in den Entwicklungsländern weiter mit diesen aluminiumhaltigen Impfstoffen geimpft.

Im Jahr 2001, als gerade die umstrittene Studie im British Medical Journal erschienen war, erklärte mir Aaby, dass er keinesfalls als Impfgegner gesehen werden möchte und auch nie in seiner Geschichte einer war. Mittlerweile habe er jedoch herausgefunden, dass man nicht alles über einen Kamm scheren darf, auch nicht bei den Impfungen: »Es gibt gute, segensreiche Impfungen und solche, die man am besten sofort vom Markt nehmen sollte.« Dazu zählte er die aluminiumhaltigen DTP-Impfungen genauso wie die Hoch-Titer-Masern-Impfung, bei der damals sogar die WHO seine Einschätzung geteilt und die Impfung vom Markt genommen hatte.

Im Falle beider Impfungen waren es speziell die Mädchen, bei denen das Immunsystem verrückt gespielt hatte. Und plötzlich kam Aaby ein Verdacht: Was, wenn es gar nicht an der Masern-Impfung gelegen hatte, dass so viele Mädchen gestorben waren? Was, wenn in Wahrheit auch hier die wirkliche Gefahr von der DTP-Impfung ausging?

Aaby hatte schon länger den Verdacht, dass etwas mit ihren Beobachtungen nicht stimmte. Denn die negativen Effekte der neuen Masern-Impfung waren nicht in allen Gruppen gleich stark aufgetreten. Bei manchen Studien hatte die »Edmonston-Zagreb-Hoch-Titer-Masernimpfung« sogar dieselben positiven Effekte gezeigt wie auch die anderen Masern-Lebendviren-Impfungen. Hatten sie möglicherweise die vollkommen falsche Impfung »abgeschossen«?

Also setzte Aaby seine Mitarbeiter noch einmal auf die Daten an.

Und diesmal gab es eine klare Vorgabe: Alle Basisdaten der Kinder in den Studien sollten genauestens daraufhin untersucht werden, in welchem zeitlichen Zusammenhang zu dieser Masern-Impfung die Kinder ihre aluminiumhaltigen DTP-Impfungen erhalten hatten.

Dabei zeigte sich rasch ein eindeutiges Muster: Wenn die Teilnehmer der Studien die Masern-Impfung nach den DTP-Impfungen erhielten, so gab es keine höhere Sterblichkeit bei den Mädchen. Wenn allerdings die Masern-Impfung relativ früh gegeben wurde und danach noch weitere DTP-Impfungen folgten, so hatten die Mädchen plötzlich ein signifikant höheres Sterberisiko als die geimpften Jungen. Dieser Unterschied war enorm und er war auch noch dosisabhängig: Je mehr DTP-Impftermine auf die Masern-Impfung folgten, desto mehr wurde scheinbar die Abwehrkraft der Mädchen geschwächt. Ihr Sterberisiko betrug das Zwei- bis Vierfache der Jungen.

Die negativen Folgen auf das Immunsystem summierten sich also und hielten noch viele Monate nach den Impfterminen an.

Wenn allerdings die Masern-Impfung kurz nach dem Abschluss der Grund-Immunisierung gegen DTP erfolgte, so wurde damit das Immunsystem scheinbar wieder in eine günstigere Richtung umgepolt und die negativen Effekte der DTP-Impfung waren weniger markant.[74]

Zusätzliche Hinweise kamen aus den historischen Aufzeichnungen, als in den 80er Jahren die ersten Impf-Kampagnen in entlegenen Regionen von Guinea-Bissau gestartet worden waren.[75] Damals gab es noch die Möglichkeit, große Gruppen geimpfter und ungeimpfter Kinder zu vergleichen. Allerdings dachte niemand daran, dass ein negativer Effekt von Impfungen überhaupt möglich wäre, also suchte auch niemand danach.

Nun allerdings zeigte sich bei nochmaliger Durchsicht der alten Datensätze ein ähnliches Bild: Günstige Auswirkungen der Masern- und Tuberkulose-Lebendimpfung, neutrale Auswirkung der Polio-Schluckimpfung (ebenfalls eine Lebendimpfung) und negative Auswirkungen der aluminiumhaltigen Dreierkombo gegen Diphtherie, Tetanus und Keuchhusten. Kinder, welche im Alter von zwei bis acht Monaten ihre Basis-Impfungen gegen DTP erhalten hatten, hatten ein um 92 Prozent höheres Risiko, die nächsten sechs Monate nicht zu überleben. Besonders ausgeprägt war das Sterberisiko nach der zweiten und dritten Impfdosis. Hier betrug der Unterschied zwischen Geimpften und Ungeimpften sogar 436 Prozent, also ein mehr als vierfach höheres Sterberisiko – diesmal bei Jungen und Mädchen zusammengenommen.

Die Rolle von WHO, Gates & Co.

Aaby und seine Mitarbeiter fühlten sich nun hinlänglich sicher in ihrer Einschätzung der Problematik und Peter wandte sich mehrfach an die WHO, um vor einer Weiterführung der bisherigen Impfpolitik zu warnen. Er blitzte regelmäßig ab.

Also forderte Aaby Studien der höchsten Qualitätsklasse, um die umstrittenen Fragen endgültig zu lösen: sogenannte randomisierte kontrollierte Studien. Dabei werden die Teilnehmer per Los in zwei Gruppen zugewiesen. Weder die Impflinge noch die wissenschaftlichen Mitarbeiter wissen, wer welche Impfung bekommt (Doppelt-Blind-Design), und schließlich wird über einen bestimmten Zeitraum durch regelmäßige Kontakte und Untersuchungen geprüft, wie sich die Kinder in den verschiedenen Gruppen entwickeln. Die statistische Begleitung obliegt dabei einem unabhängigen Team von externen Medizin-Biometrikern. Sie wissen zwar nicht, welche Gruppe welche Impfungen bekommt, sie bekommen aber stets die codierten Daten und wissen damit über das Befinden der Kinder in den verschiedenen Studiengruppen Bescheid. Damit bilden sie einen Sicherheits-Anker: Wenn die Zahl der Erkrankungen oder Sterbefälle in einer der Gruppen über einen bestimmten – zuvor festgelegten – Grenzwert steigen würde, so haben sie die Aufgabe, die Studie vorzeitig abzubrechen. Wenn es keine derartigen Vorkommnisse gibt, so würde die Studie bis zum geplanten Ende fortgeführt, ausgewertet und anschließend entblindet. Das heißt, dass erst ganz am Ende bekannt würde, wie sich die verschiedenen Impf-Maßnahmen konkret ausgewirkt haben.

Dieses ausgetüftelte Design wurde über viele Jahrzehnte von hervorragenden Wissenschaftlern der evidenzbasierten Medizin (EBM) entwickelt und gilt für alle Bereiche der Medizin. Nur ein derartiges Studien-Design ist frei von bewussten oder unbewussten Verfälschungen. Und nur so ein Design besitzt tatsächliche Beweiskraft.

Um wirklich Bescheid zu wissen, ob die Kinder in Entwicklungsländern von den umstrittenen aluminiumhaltigen Impfungen profitieren oder ob diese vielmehr die Kinder gefährden, wie Aaby mit vielerlei Indizien untermauert hat, darüber würde so eine Studie endlich Klarheit schaffen.

Die WHO lehnte das allerdings mehrfach ab. Ihre Begründung: Das sei unethisch.[76] Es sei nicht verantwortbar, ein Kind in eine Studiengruppe zu losen, wo es möglicherweise nicht frühzeitig und ausreichend geimpft würde.

Ebenfalls abgelehnt wurde ein weiterer Vorschlag, der darauf hinauslief, die eine Gruppe, so wie es die offizielle WHO-Politik war, im Alter von 6, 10 und 14 Wochen gegen DTP zu impfen und bei einer Vergleichsgruppe die Impftermine in das zweite Lebens-Halbjahr nach hinten zu verlegen, so dass es möglich wäre, kurz nach der Grund-Immunisierung mit der Masern-Impfung wieder einen Ausgleich des Immunsystems herzustellen.

Die Beamten der WHO hatten allerdings nicht mit den hartnäckigen Dänen gerechnet, die mit immer neuen Ansätzen versuchten, ihre Thesen dennoch zu prüfen. Weil die Zufalls-Zuteilungen der Gruppen abgelehnt worden waren, versuchten die Mitarbeiter des Bandim Health Projects nun offensiv, den Schaden der DTP-Impfungen zu reduzieren. Und sie zeigten auch, dass dies möglich war, wenn nach der DTP-Serie mit Masern- oder Tuberkulose-(BCG) Impfung das Immunsystem wieder halbwegs ins Lot gebracht wurde.

Im Sommer 2011 schickte mir Peter Aaby einen Entwurf für eine Publikation, welche allein von ihrem Ausmaß neue Dimensionen eröffnete: Das Papier umfasst 44 Seiten mit zahlreichen Grafiken und mehr als 100 wissenschaftlichen Referenzen. Und es trägt den

Titel: »Entwicklung und Test einer Hypothese: die Diphtherie-Tetanus-Pertussis-Impfung hat negative, unspezifische Effekte auf das Überleben der Kinder in einkommensschwachen Ländern«.

Mittlerweile ist diese Arbeit publiziert und frei zugänglich.[77]

Das Besondere an diesem Opus Magnum, das eine Zusammenfassung aller verlässlichen Daten zum Effekt der Kinderimpfungen bietet, sind zwei »natürliche Experimente«, in welcher Aaby und seine Leute ihre Hypothese offensiv testeten. Weil es von der WHO unmöglich gemacht wurde, den Effekt der DTP-Impfung objektiv zu messen, indem eine Gruppe von Kindern später geimpft wurde, wählten die Dänen eine Methode, die weltweit wohl erstmalig angewendet wurde: Sie verwendeten in einem experimentellen Design die »guten« Lebend-Impfungen, um den Effekt der potenziell »bösen« Tot-Impfungen abzuschwächen.

Dazu wurde die Masernimpfung in ein unüblich frühes Alter vorverlegt. Eine durch Los bestimmte Gruppe von Kindern erhielt – nach dem Abschluss der DTP-Grundimmunisierung – im Alter von 4,5 Monaten die Masernimpfung, die Kontrollgruppe erhielt die Impfung erst zum normalen, im Impfplan vorgesehenen Alter von 9 Monaten. Diese Maßnahme genügte, um das Sterberisiko der Mädchen im Alter zwischen 4,5 und 9 Monaten tendenziell zu halbieren. Wenn die Auswertung auf jene Kinder beschränkt wurde, welche am Tag ihrer Geburt keine Vitamin-A-Hochdosis erhalten hatten – eine weitere umstrittene und potenziell gefährliche Gesundheitsmaßnahme in vielen Ländern der Dritten Welt – war der Effekt der Intervention noch deutlicher: Im Vergleich zu Kindern, welche die frühe Masern-Impfung erhielten, schlugen bei den aluminiumgeimpften Kindern die negativen Folgen auf das Immunsystem voll durch. Bei ihnen war das Risiko dreimal so hoch, dass sie im Alter von neun Monaten nicht mehr lebten.

Der zweite Teil des Experiments kümmerte sich um die DTP-Auffrischungsimpfung, die in Guinea-Bissau normalerweise im Alter von 18 Monaten gegeben wird. Während die »normalen Ärzte« gemäß den Richtlinien der WHO impften, rückten die Ärzte des Bandim Health Projects einen Monat später aus und impften die

Kinder – ohne dass dies durch irgendeinen Impfplan gedeckt gewesen wäre – im 19. Monat mit dem Lebendimpfstoff gegen Tuberkulose. Wieder erwies sich die Intervention als lebensrettend. Das Sterberisiko von Mädchen und Buben, welche die Lebend-Impfung nach der DTP-Impfung erhielten, war signifikant um 64 Prozent reduziert.

Vielleicht sollten sich Bill und Melinda Gates mal Zeit nehmen, diese Arbeiten zu studieren. Doch damit ist wohl ebenso wenig zu rechnen wie mit einem Umdenken der WHO, weil damit ja auch das Eingeständnis von Fehlern verbunden wäre. Und ein so kluger und großer Verein wie die WHO macht keine Fehler.

Zumindest kann niemand ernsthaft behaupten, dass die Erkenntnisse der dänischen Forschergruppe nicht bekannt gewesen wären. Fast alle großen Studien Aabys sind sehr prominent – meist im British Medical Journal und dessen Verlagsgruppe – publiziert. Und es gibt ja auch zunehmend Experten, welche an der gloriosen Rolle der WHO als ehrenwerte Ritter der Kindergesundheit zu zweifeln beginnen.

Sehr klar äußert sich etwa der australische Kinderarzt und Impfexperte Frank Shann, der hautpberuflich in der Intensivstation des Royal Children's Hospital in Melbourne arbeitet.

In einem Editorial,[78] das zu einer dieser neueren Studien Aabys[79] im Journal of Infectious Diseases erschienen ist, schreibt Shann Folgendes: »Es gibt nun klare Beweise, dass unser allzu simples Modell, wie Impfungen funktionieren, ungültig ist. Wir können nicht länger davon ausgehen, dass eine Impfung unabhängig von anderen Impfungen arbeitet oder dass sie nur jene Infektionen beeinflusst, die von der jeweiligen Ziel-Krankheit der Impfung verursacht werden.« Wir müssen uns endlich an den Gedanken gewöhnen, fährt Shann fort, dass es zwei verschiedene Gruppen von Impfungen gäbe: solche mit positiven Effekten für die Kinder und solche, die deren Überleben gefährden.

»Wenn ein Mädchen mit Lungenentzündung in dieses Spital hier eingeliefert wird«, sagte Peter Aaby einem BBC-Reporter, der ihn in Bissau besuchte, »so hängt sein Überleben nicht unwesentlich davon ab, welche Impfung es zuletzt erhalten hat.« Wenn das die Masern-Impfung war, fährt Aaby fort, »wird das Mädchen die aktuelle Infektion mit höherer Wahrscheinlichkeit in den Griff kriegen, als wenn das die DTP-Impfung war.« Das Überleben hängt also vom Impfstatus ab.

Dass die negativen Effekte der Tot-Impfungen vom darin enthaltenen Aluminium stammen könnten, ist ein Verdacht, den Aaby seit Langem hegt. Kürzlich schrieb er mir: »Meine Befürchtungen in Bezug auf Aluminium haben sich nicht geändert. Doch es ist nicht an mir, diesen Dingen auf den Grund zu gehen. Ich bin kein Aluminium-Experte und weiß nicht, was Aluminium im Organismus der Kinder konkret anrichtet. Was ich sehe, sind die Auswirkungen hier in Afrika.«

Überall, wo Professor Aaby zu Kongressen geladen wurde, machte er auf diesen Skandal aufmerksam und drängte auf die Durchführung von kontrollierten Studien, in denen dieser schwerwiegende Verdacht, dass diese Impfung das Überleben der Kinder gefährdet, untersucht werden sollte. Doch er blitzte überall ab. Im Gegenteil, die WHO zementierte ihre Empfehlungen und dehnte die diesbezüglichen Impfkampagnen – unterstützt von neuen potenten Geldgebern wie der Bill und Melinda Gates Foundation – sogar noch aus. Nun werden vermehrt auch andere aluminiumhaltige Impfstoffe, wie etwa die der Pneumokokken- oder die Hepatitis-B-Impfung breit eingesetzt. »Die Regierungen der Entwicklungsländer müssen die Impfprogramme als ihre Top-Priorität auffassen«, mahnte etwa Bill Gates im Mai 2011 in einer Rede bei der Weltgesundheitsversammlung in Genf. Der Microsoft-Gründer hat zehn Milliarden US-Dollar aus seinem Vermögen gespendet, um während des nächsten Jahrzehntes noch mehr Kinder mit Impfstoff zu versorgen. Zur Sicherheit dieser Impfstoffe hat man von ihm jedoch noch nie etwas gehört.

Peter Aaby ist weit davon entfernt, den Kampf für gesündere, ungefährliche Impfstoffe aufzugeben. »Es wird noch ein langer Kampf werden, bis diese Fragen geklärt sind«, schrieb er mir. »Ich denke, unser Hauptproblem besteht darin, dass wir gar nicht wissen, was wir mit unseren Impfkampagnen eigentlich tun. Wir glauben es zu wissen, weil es in Europa doch scheinbar funktioniert hat, und dann stülpen wir unsere Rezepte den Entwicklungsländern über, ohne überhaupt zu prüfen, ob unsere Annahmen korrekt sind.«

Das sei eben »seine Aufgabe«, fuhr Aaby fort. Er sei durch seine überraschenden Studienergebnisse auf die unspezifische Wirkung der Impfungen gestoßen und er müsse dem auf gewissenhafte Weise auf den Grund gehen. Ob diese Arbeit nun finanziell oder personell unterstützt würde und ob es den hohen Tieren in den Behörden in den Kram passe, was er macht, darauf könne er keine Rücksicht nehmen. »Wir haben die Pflicht, jene Dinge, die wir den Afrikanern empfehlen, auch auf ihren gesundheitlichen Nutzen zu prüfen – und wenn es sonst niemand macht, so machen das eben wir.«

Ein sehr eigenwilliges System

Wenn Zellen des Immunsystems alarmiert werden, beginnt eine Kettenreaktion, die nach internen, schwer nachvollziehbaren Regeln abläuft. Es ist, als setze sich eine hochspezialisierte, aus vielen verschiedenen Abteilungen bestehende Armee in Gang, die sich selbst organisiert und wo man von außen nur den Gefechtslärm mitbekommt – die Schmerzen, das Fieber, die Heilung. Doch was genau im Inneren abgelaufen ist, das bleibt weitgehend verborgen. In das Immunsystem mit Hilfe von Arzneimitteln einzugreifen sollte deshalb nur mit äußerster Vorsicht geschehen. Denn am besten arbeitet es nach seinen eigenen Regeln.

Das Immunsystem besitzt eine Reihe von spezialisierten Zellen, die besondere Aufgaben übernehmen. Besondere Bedeutung haben dendritische Zellen, die wegen ihrer typischen sternförmigen Gestalt ursprünglich für Nervenzellen der Haut gehalten wurden. Ihre Fortsätze (Dendriten) können sie weit strecken, krümmen, wieder zurückziehen und je nach Bedarf an anderer Stelle erneut ausfahren. Die wendigen Zellen kommen überall im Oberflächengewebe des Körpers vor und gelten als Wachtposten des Immunsystems. Wenn es keine besonderen Infektionen oder sonstige Alarmzustände gibt, sind sie mit Aufräumarbeiten beschäftigt. Sie fressen abgestorbene Zellen und führen sie einem geordneten Recycling zu. Finden die dendritischen Zellen brauchbare Partikel, Nahrungsteilchen oder Moleküle in der Körperflüssigkeit, so werden diese ebenfalls gefressen oder getrunken – und dann gezielt dorthin weitergegeben, wo diese Rohstoffe benötigt werden.

Kommt es nun zum Eindringen von Mikroorganismen, Viren oder sonstigen verdächtigen Substanzen (Antigene), so beenden die dendritischen Zellen ihren Putzdienst und widmen sich ganz dieser Herausforderung. Sie fressen die Antigene, verarbeiten sie und eilen damit zu einem der Zentralorgane des Immunsystems. Im Normalfall ist das der nächstgelegene Lymphknoten, es kann aber auch die Milz sein, wenn die Eindringlinge im Blut aufgenommen wurden, oder die Mandeln, wenn die Immunzellen ihren Fang im Rachenbereich gemacht haben. Zusätzlich nehmen die dendritischen Zellen alle verfügbaren Informationen von Zellen und anderen Teilen der Immunabwehr aus dem Umfeld des Geschehens auf. Anhand der Entzündungswerte schätzen sie ein, welche Gefahren von den Eindringlingen ausgehen. Sie prüfen, ob eine Infektion erstmalig aufgetreten ist oder ob es sich um einen alten Bekannten handelt. Häufig blasen die dendritischen Zellen daraufhin den Einsatz ab, beruhigen die anderen Immunzellen und vermitteln immunologische Toleranz. Besonders wichtig ist das, wenn Irrtümer aufgetreten sind. Auch körpereigene Proteine können nämlich als Antigene eingeschätzt werden. Dies trifft auch häufig zu – etwa wenn eine Zelle krebsartig zu wuchern beginnt. Dann wird sie zurecht zum Ziel einer Attacke des Immunsystems. Es kann aber auch zu Verwechslungen kommen, speziell dann, wenn das Immunsystem über einen äußeren Einfluss in Alarmzustand versetzt wird. Dies geschieht beispielsweise über die Injektion von Aluminium-Verbindungen, welche einen regelrechten Immunschock auslöst. Infolgedessen kommt es zur emsigen Suche nach Verdächtigen. Milliarden von Immunzellen werden aktiv und melden alles, was ihnen nicht koscher ist. In solchen Situationen gehört es zu den Aufgaben der dendritischen Zellen, wieder für Ruhe zu sorgen, zu beruhigen und Autoimmunreaktionen – Angriffe auf körpereigenes Gewebe – bereits im Ansatz zu unterbinden.

Nach dem Kontakt mit Antigenen verlieren die dendritischen Zellen binnen eines Tages ihre vorherige Form. Sie reifen und widmen sich nun der Weitergabe ihrer Information an die ausführenden Zellen der Immunantwort. Eine einzige dendritische Zelle kann einige tausend T-Zellen, B-Zellen oder natürliche Killerzellen über die Beschaffenheit der Antigene unterrichten. Dabei handelt es sich aber nicht nur um ein Vorzeigen des Eindringlings. Die dendritischen Zellen vermitteln auch ihre Einschätzung von dessen Gefährlichkeit und organisieren die darauf abgestimmte Gegenreaktion. Beispielsweise die Produktion von Antikörpern, die speziell auf die Antigene abgestimmt sind, oder auch die Aktivierung einer spezifischen Zell-Antwort.

Daraufhin beginnen die aktivierten Zellen des Immunsystems sich zu teilen und zu vermehren. Die Lymphknoten schwellen an, mehr und mehr Immunzellen schwärmen aus zu jener Stelle, wo sich verdächtige Antigene aufhalten. Zusätzlich beginnen die Immunzellen damit, Zytokine zu erzeugen. Damit wird eine große Gruppe verschiedenster Proteine bezeichnet, die eines gemeinsam haben: Zytokine können auf andere Zellen Einfluss nehmen, diese etwa zum Wachstum anregen oder zur Produktion von Entzündungs-Botenstoffen. Beim Verständnis der Zytokine und ihrer Rolle in der Zellbiologie stehen wir wissenschaftlich immer noch am Anfang, auch wenn sie in den letzten beiden Jahrzehnten aufwändig erforscht wurden. Einige Untergruppen dieser multifunktionalen Signalstoffe wie Interferone oder Interleukine gelten als Hoffnungsträger der Biotechnologie und zeigen damit jene Richtung auf, in die sich die Pharmaindustrie immer mehr entwickelt. Nun wird das Immunsystem nicht mehr bloß über Einflüsse von außen manipuliert – also etwa über Antibiotika, Fiebersenker oder die Gabe des synthetischen Stresshormons Cortisol – sondern die Wissenschaft beginnt vermehrt damit, einzelne Player des Immunsystems nachzubauen und in den Regelkreislauf einzuschleusen. Diese Zytokine aus dem Biotech-Labor fördern beispielsweise in Form des als Dopingmittel bekannt gewordenen EPO das Wachstum roter Blutkörperchen. Andere Zytokine werden in der Tumortherapie oder zur Abwehr von Viren eingesetzt. Die bisher entwickelten Therapien haben gemein, dass sie relativ starke Nebenwirkungen haben. Immer wieder passiert es, dass die angeworfene Reaktion vollständig außer Kontrolle gerät. Handelt es sich doch nicht wie bei elektronischen Systemen um einen einfachen Schalter, den man ein- oder ausschalten kann. Viel eher gleichen diese Aktionen dem Ausschicken einer Armee von Spezialkräften, welche die verschiedensten Fähigkeiten haben und je nach den Informationen, die sie unterwegs erhalten, ihre Handlungen abstimmen. Einmal losgeschickt, können sie nur noch schwer kontrolliert werden, sondern handeln auf eigene Faust. Das bezieht sich nicht nur auf die konkreten eigenen Aktionen, sondern auch auf die Befehle, die sie selbst wieder an andere Zellen weitergeben. Und diese sind ebenfalls wieder weitreichend autonom, entwickeln eigene Aktionen, die biochemische Auswirkungen im Stoffwechsel haben. Ob diese Aktionen noch im Sinne der ursprünglichen Absicht des Therapeuten liegen, ist jedoch ungewiss. Oft genug ergeht es ihnen dabei wie Goethes berühmtem Zauberlehrling, der hilflos zusehen muss, wie sein verhexter Besen Amok läuft und das Haus unter Wasser setzt: »Hab ich doch das Wort vergessen! Ach, das Wort, worauf am Ende – er das wird, was er gewesen!«

In der medizinischen Realität sind die Zauberlehrlinge im Ernstfall noch ein Stück hilfloser, weil sie das »Wort«, das alle Ereignisse wieder zurücknimmt und den Schaden gutmacht, gar nie kannten. Was hier passieren kann, zeigte eindrucksvoll ein Medikamentenversuch mit dem von der Würzburger Firma TeGenero entwickelten Antikörpers TGN1412. Dieser experimentelle Wirkstoff war zur Behandlung von Multipler Sklerose, Rheuma und anderen Autoimmunkrankheiten vorgesehen. Die im Labor konstruierten Antikörper sollten ein falsch reagierendes Immunsystem therapeutisch wieder ins Lot bringen. Im März 2006 bekamen sechs junge

Männer, die ihr Einkommen mit der Teilnahme an medizinischen Studien aufbesserten, gleichzeitig das neue Präparat. Womit die Würzburger Wissenschaftler nicht gerechnet hatten: Die injizierten Antikörper, die eigentlich dazu gedacht waren, sich als Teile des Immunsystems einzuschmuggeln und es nach Plan zu manipulieren, wurden sofort als fremde Agenten enttarnt und sorgten als eine Art Super-Antigen für riesigen Aufruhr. Die Zellen, an welche die künstlichen Antikörper andocken sollten, wehrten sich und schickten massenhaft Signalstoffen als Hilferufe aus. Das Immunsystem leitete daraufhin eine dramatische Gegenreaktion ein. Die herbeigerufenen Immunzellen wurden spontan aktiviert und schütteten simultan ihre schwersten Geschütze aus: Es kam zu einem sogenannten Zytokinsturm. Dabei läuft über Botenstoffe eine Kettenreaktion von Entzündungen ab, die binnen kürzester Zeit den ganzen Organismus erfasst und zum rasanten Anschwellen der Gewebe und Organe führt.

Die Freundin eines 28-jährigen Versuchsteilnehmers sagte in einem BBC-Interview, ihr Freund sei völlig aufgedunsen und sehe aus »wie der Elefantenmensch«. Andere Angehörige erzählten, die Köpfe und die Nacken der Versuchsopfer seien bis auf das Dreifache des normalen Umfangs angeschwollen. Anfangs hätten sie ihre Verwandten gar nicht mehr wiedererkannt. Ihr eigenes Immunsystem hatte sie als entfesselte Höllenbesen heimgesucht und zu Monstern verwandelt, während die Ärzte, welche die Versuche leiteten, wie hilflose Zauberlehrlinge danebenstanden.

Während sich fünf Versuchsteilnehmer von dieser schlimmsten Krise ihres Lebens mittlerweile wieder halbwegs erholt haben, besteht beim sechsten der Verdacht auf eine irreversible Schädigung. Es hieß, dass er an Multipler Sklerose, Rheuma und Lymphdrüsenkrebs gleichzeitig erkrankt ist.

Aluminium im Gehirn

An der Abteilung für neuromuskuläre Erkrankungen am Henri Mondor Hospital der Universität Paris-Est herrscht Montag und Dienstag stets großer Andrang in der Ambulanz. Wochenbeginn sind die Biopsie-Tage. Aus ganz Frankreich kommen Patienten in diese Spezialklinik. Und ihre Beschwerden sind ähnlich: Sie leiden an Muskelschmerzen, die meist von den Füßen ausgehen, oft aber den ganzen Körper betreffen. Dazu kommen Phasen extremer Müdigkeit, wo Schlaf keinerlei Erholung bringt. Zusätzlich schildern die Patienten häufig Schwindel, Kopfschmerzen, Missempfindungen in den Gliedmaßen wie Kribbeln, Stechen oder Vibrieren. Auch die Sehkraft kann gemindert sein.

Dies sind die Hauptsymptome einer neuen, Ende der 90er Jahre definierten Krankheit: der Makrophagischen Myofasziitis (MMF).

»Wir wurden damals regelrecht überlaufen von Patienten mit derartigen Beschwerden«, erzählte mir Romain Gherardi, der Vorstand der Abteilung. »Und wir hatten bald den Eindruck, dass wir es mit einem vollständig neuartigen Krankheitsbild zu tun hatten.«

Um die Ursache der Muskelschmerzen zu finden, führten Gherardi und sein Mitarbeiter Francois-Jerome Authier zahlreiche Biopsien durch. Lange Zeit waren sie ratlos, weil sich dabei keine Hinweise ergaben, wodurch die Beschwerden ausgelöst worden waren.

Da berichteten einige Patienten von ihrem Verdacht, dass eine vorangegangene Impfung der Auslöser sein könnte, weil danach die Symptome zum ersten Mal aufgetreten waren. Gherardi und Authier gingen dem nach und konzentrierten sich bei den Biopsien auf den linken Oberarm, wo Erwachsene in Frankreich normalerweise geimpft werden.

»Und hier hatten wir plötzlich Resultate, die ein einheitliches, wenn auch sehr ungewöhnliches Muster zeigten«, berichtet Gherardi. In den Muskelproben fanden sich unter dem Mikroskop große Entzündungsherde. Das Gewebe war sehr dicht mit Makrophagen, Fresszellen des Immunsystems, durchsetzt. Daher auch der Name der Krankheit: makrophagische Muskelentzündung.

»Besonders auffällig war, dass die Makrophagen irgendetwas Besonderes gefressen hatten, das sie regelrecht hyperaktiv machte«, erzählt Gherardi. »Wir wussten nicht, was es war, und dachten zunächst an Calcium.« Um das Rätsel zu lösen, sandte er die Proben an ein Speziallabor. Als der Befund zurückkam, waren beide sprachlos: Die Fresszellen waren mit Aluminium-Partikeln geladen.

»Zum damaligen Zeitpunkt wusste ich nicht mal, dass Impfungen Aluminiumverbindungen enthalten«, erzählte mir Authier. »An der Universität war das kein Thema, wir haben damals kaum etwas über Impfungen erfahren.« Über viele Monate versuchten die beiden, sich schlau zu machen, was in der Medizinliteratur über das Verhalten der Metallionen, welche sie bei ihren Patients fanden, bekannt war. »Doch die Resultate waren sehr frustrierend«, berichtet Gherardi. »Wir mussten feststellen, dass niemand Genaueres wusste. Schon gar nicht über den Einfluss, den Aluminium auf die neuromuskulären Phänomene ausübte, welche wir bei unseren Patients fanden.«

Also begannen Gherardi und Authier damit, die MMF selbst ins Zentrum ihrer Forschungsarbeit zu stellen. Bald hatten sie auch eine Spur, welche den enormen Ansturm an Patienten in der zweiten Hälfte der 90er Jahre erklären konnte. Wenige Jahre davor hatten die Gesundheitsbehörden nämlich beschlossen, die gesamte erwachsene Bevölkerung Frankreichs zweimal gegen Hepatitis B zu impfen. Diese Impfung war damals neu am Markt und die Behörden versprachen sich von einer derartigen Kampagne die Ausrottung dieser Krankheit. Also wurden 80 Millionen Impfdosen angeschafft und die Aktion gestartet. »So etwas hat es davor noch in keinem anderen Land gegeben«, erzählt Gherardi. »Die Erfahrungen, die wir in Frankreich machten, waren einzigartig.«

Als besonders positiv kann man sie im Nachhinein jedoch nicht bezeichnen. Die Folge war nämlich unter anderem eine Welle neu diagnostizierter Fälle von Multipler Sklerose, was schließlich zu einem Aufschrei in der nationalen Presse führte. In der Folge wurde die Hepatitis-B-Impfung sogar für einige Jahre vom Markt genommen. Bis heute wird ihre Rolle als Auslöser dieser schweren Autoimmunkrankheit kontrovers diskutiert.

In den letzten 15 Jahren haben Gherardi und Authier mit ihrem Team zahlreiche Studien unternommen, die in erstklassigen Fachjournalen publiziert wurden. Am auffälligsten war, dass nahezu alle MMF-Patienten auch an kognitiven Störungen leiden, die meist das Kurzzeitgedächtnis betreffen und die Konzentrationsfähigkeit mindern.

Um zu sehen, was im Zuge der MMF mit dem Aluminium und den Makrophagen abläuft, unternahmen die Mediziner zahlreiche Versuche, vor allem mit Mäusen. Als besonders hilfreich erwies sich ein Verfahren, mit dem es gelang, das verabreichte Aluminium sichtbar zu machen, so dass die Wege der Metall-Partikel im Organismus verfolgt werden konnten. Die Mäuse wurden über den Zeitraum eines Jahres beobachtet. Und hier ergab sich nun ein Muster, das sehr beunruhigend war. Es schien nämlich, dass die Makrophagen durch Aluminium unsterblich wurden. Während die Immunzellen normalerweise jene Proteine, die sie fressen, zerlegen und wieder ausscheiden, war das bei Aluminium scheinbar nicht möglich. Die Metallionen konnten nicht zerlegt werden und die Fresszellen waren mit ihrer Beute überfordert. »Die Makrophagen wurden hyperaktiv und wanderten mit ihrer Fracht im ganzen Organismus herum«, erzählt Gherardi. Ein Teil des Aluminiums blieb an der Impfstelle, ein Teil wurde ausgeschieden, doch ein gewisser Teil der Aluminiumpartikel lagerte sich in Organen ab, darunter auch im Gehirn. »Wir haben über das ganze Jahr in unseren Untersuchungen eine stetige Zunahme der Aluminiumkonzentration im Gehirn gemessen«, sagt Gherardi. Der Anteil des Aluminiums, der das Gehirn erreichte, war zwar gering, doch eine Beobachtung klingt gar nicht gut. Die französischen Wissenschaftler fanden nämlich keinerlei Anzeichen, dass Aluminiumpartikel, die das Gehirn erreichen, daraus jemals wieder ausgeschieden werden. »Das scheint eine reine Einbahnstraße zu sein«, sagt Gherardi. »Es ist von der Natur scheinbar nicht vorgesehen, dass solche Metallionen das Gehirn erreichen, deshalb gibt es auch keinen Mechanismus, der das Gehirn wieder davon befreien kann.«

Im Schnitt, sagt Gherardi, liegt der letzte Impftermin bei den aberhunderten Patienten, die sie bisher diagnostiziert haben, 55 Monate zurück. Manchmal fanden sie auch Aluminium im Oberarm-Muskel von Patienten, die vor mehr als zehn Jahren die letzte Impfung erhalten hatten. Diese Ergebnisse belegen ganz klar, dass ein Teil der Geimpften nicht in der Lage ist, das Aluminium umgehend über Harn oder Stuhl auszuscheiden, so wie es laut Impflehre eigentlich geschehen sollte. Wie groß dieser Anteil ist, ist derzeit nicht bekannt. Gherardi und Authier schätzen ihn auf etwa ein bis zwei Prozent.

Therapie für die MMF gibt es derzeit keine. Das einzige Rezept, das sie ihren Patienten mitgeben, ist der Ratschlag, sich so wenig Quellen von Aluminium wie möglich auszusetzen. Aluminiumhaltige Impfungen zählen sie dazu.

Das Adjuvantien-Syndrom

Aluminium kann die Funktionsweise des Immunsystems dauerhaft verändern. Und die möglichen Auswirkungen sind ebenso vielfältig wie erschreckend. Kürzlich wurde sogar ein eigenes Krankheitsbild in die Medizin-Literatur eingeführt. Der israelische Autoimmunitäts-Forscher Yehuda Shoenfeld, mit knapp 1.500 Einträgen in der internationalen Medizin-Datenbank PubMed der wohl weltweit produktivste Experte auf diesem Gebiet, kreierte dafür das Kürzel »ASIA«[80]. Ausgeschrieben bedeutet es »Autoimmun/Entzündliches Syndrom induziert durch Adjuvantien«.

Unter dem Schirm von ASIA ist eine ganze Menge an Krankheiten versammelt, die wir heute weder heilen können noch ausreichend verstehen. Vom »Chronischen Müdigkeitssyndrom« bis zum »Golfkriegs-Syndrom« sind zahlreiche dieser Phänomene mit aluminiumhaltigen Impfstoffen verknüpft. Von mehr als 80 Krankheiten ist heute bereits bekannt, dass sie über Autoimmunreaktionen des Immunsystems ausgelöst werden. Wesentliche Teile des über Milliarden Jahre ausgebildeten Systems beginnen verrückt zu spielen. Antikörper markieren plötzlich körpereigene Zellen und geben sie zum Abschuss frei. Dendritische Zellen irren sich in der Einschätzung von Antigenen und blasen über ihre Botenstoffe zum Sturmangriff auf Organe. Lebenswichtige Hormondrüsen werden von unserem Abwehrsystem, das eigentlich ein biologischer Schutzengel sein sollte, bis auf die letzte Zelle vernichtet.

Die Folgen sind dramatisch. Typ-1-Diabetiker verfügen über keine eigene Insulinproduktion mehr, weil die Inselzellen in der Bauchspeicheldrüse zerstört wurden. Stark gefährdet für »friendly fire« ist die Schilddrüse, eines der von Autoimmunstörungen hauptbetroffenen Organe. Weitere beliebte Ziele eines verrückt gewordenen Immunsystems sind die Myelinscheiden der Nervenzellen sowie der Darm.

Und die Wissenschaft steht vor einem »unerklärlichen Rätsel«. Irgendwo da draußen, heißt es, muss es einen unbekannten Umweltfaktor geben, der für dieses moderne – noch nie dagewesene – Massenphänomen verantwortlich ist. Zwar werden immer schadhafte Gene als mögliche Ursache für die Krankheiten genannt und ein großer Teil der Forschungsgelder fließt in diesen Bereich. Doch wenn Abermilliarden verforscht wurden und mit immer müderem Eifer das achtundvierzigste Multiple-Sklerose-Gen oder das hundertzwanzigste Morbus-Crohn-Gen präsentiert wurde, bleibt jedes Mal die Frage, was man mit diesem Wissen nun anfangen soll. Das Gen zu reparieren ist nicht möglich. Es zu eliminieren oder »abzuschalten« ebenso wenig, zumal die meisten Gene nicht eine, sondern gleich eine ganze Latte wichtiger Aufgaben erledigen.

Zudem sind Genschäden in den seltensten Fällen die unmittelbare Ursache von Krankheiten. Das trifft auf einige wenige, seit Langem bekannte Erbkrankheiten zu, etwa die Hämophilie, bei der über ein defektes Gen die Blutgerinnung gestört ist. Bei den meisten anderen Krankheiten ist der Einfluss der Gene deutlich schwächer, weil sich ganze Netzwerke von Genen gegenseitig beeinflussen – und auch von den körpereigenen Kontroll-Mechanismen beeinflusst werden.

Gene sind eher so etwas wie die Tastatur des Lebens. Sie werden angeschlagen wie bei einer Schreibmaschine und ergeben nur in ihrer Kombination einen sinnvollen Text. Die einzelnen Tasten für sich genommen sind jedoch nur wenig aussagekräftig. Die genaue Beschreibung, wie der Buchstabe aussieht, sagt wenig über dessen Bedeutung aus, die sich erst aus der Kombination mit anderen Buchstaben ergibt. Mit der Taste »N« kann man das Wort »Anfang« genauso schreiben wie das Wort »Ende«. Und dasselbe gilt auch für die Gene. Damit sie ihre Aufgaben erfüllen können, müssen sie in einem sinnvollen Kontext »abgerufen« werden.

Zudem ist das Argument, dass bestimmte Krankheiten auf Grund von Genschäden zugenommen hätten, extrem schwach. Dass sich das Genom des Menschen binnen weniger Jahrzehnte so verändert hätte, dass nun plötzlich so massive Schäden auftreten, behaupten mittlerweile nicht einmal mehr die irrsten Genetik-Freaks in der Wissenschafts-Community. Also heißt es, nachdem die allgemeine »Genetik ist alles«-Euphorie der Jahrtausendwende nunmehr kräftig abgeebbt ist, dass es wohl doch einen Trigger geben müsse – einen mysteriösen Umwelteinfluss, der »bei genetischer Empfänglichkeit« gesunde Menschen plötzlich zu unheilbar chronisch kranken Menschen macht. Es muss etwas geben, das die Tasten anschlägt.

Und immer mehr Hinweise verdichten sich zur wahrscheinlichsten These: dass es sich bei diesem Umwelteinfluss um Aluminium handelt.

Die Antikörper-Turbos

Aluminium ist der am häufigsten verwendete Wirkverstärker (Adjuvans) in Impfungen. Ohne diese Aluminium-Zusätze würden die meisten Impfungen keine adäquate Immunantwort zustande bringen. Und gerade an dieser Immunantwort – gemessen in erzielten Antikörper-Titern – beruhen die meisten Impfstoff-Zulassungen. Die Hersteller einer Diphtherie- oder Tetanus-Impfung müssen nicht nachweisen, dass die Impfung auch tatsächlich gegen Diphtherie oder Tetanus wirkt, sondern lediglich demonstrieren, dass die Impfung genügend Antikörper gegen Diphtherie oder Tetanus erzeugt.

Diese Antikörper sind – im Vergleich zu den Bakterien – recht kleine Eiweißmoleküle, die von den sogenannten B-Zellen des Immunsystems erzeugt werden. Als regelrechte Antikörper-Fabriken schütten sie diese milliardenfach ins Blut aus. Je nachdem, nach welcher Vorgabe sie erzeugt wurden, passen sie wie der Schlüssel ins Schloss ihres Zieles. Im Fall einer Infektion mit Diphtherie-Bakterien würden also die diphtheriespezifischen Antikörper an der Oberfläche dieser Keime andocken und sich dort festsetzen. Den Bakterien behagt das gar nicht. Wenn wichtige Rezeptoren mit Antikörpern »verklebt« wurden, sind die Bakterien in ihrem Lebenszyklus stark eingeschränkt. Die Keime selbstständig abzutöten vermögen Antikörper aber im Normalfall nicht. Dies besorgen die deutlich größeren »natürlichen Killerzellen« und sonstige Fresszellen des Immunsystems, die sich speziell auf die durch Antikörper markierten Bakterien stürzen.

Die Zahl der Antikörper im Blut, der sogenannte Antikörper-Titer, lässt sich mit relativ billigen Tests leicht messen. Ab welcher Höhe ein Titer als »schützend« eingestuft wird, ist eine reine Definitionsfrage.

Bei den oben geschilderten Abläufen handelt es sich jedoch um ein Ideal-Szenario. In der Praxis ergeben sich hier oft genug Überraschungen. Es kann vorkommen, dass Personen mit hohem Titer trotzdem erkranken, weil die Antikörper ihre Ziele nicht finden oder ihre Schlüssel aus unbekannten Gründen doch nicht ins Schloss der Infektionskeime passen. Genauso können Menschen ohne jegliche Antikörper problemlos mit einer Infektion fertig werden, weil ein fittes Immunsystem verschiedene Möglichkeiten der zellulären Abwehr hat und gefährliche Eindringlinge auch dann erkennt, wenn diese nicht mit Antikörpern markiert sind. Der Titer ermöglicht also immer nur eine ungefähre Prognose.

Genau dies ist auch eine entscheidende Schwäche der aluminiumhaltigen Wirkverstärker. Denn sie lösen nahezu ausschließlich diese Antikörper-Reaktion aus und verfehlen die Einbeziehung der zellulären Immunantwort.

Antikörper sind jedoch der fehleranfälligste Teil des Immunsystems. An sich sind sie so konstruiert, dass ihre Y-Teile so wie ein Schlüssel ins Loch ihrer Bindungsstelle passen. Es passiert jedoch nicht selten, dass ein zweiter oder sogar ein dritter Schlüssel existiert, der ebenfalls in das »Antikörper-Schloss« passt – einfach aufgrund einer zufälligen Ähnlichkeit. Und das kann auch ein körpereigenes Protein sein. Die Überstimulierung von Antikörpern stellt also ein Risiko für Autoimmunreaktionen dar.

Ein weiteres Problem ist die dauerhafte Stimulierung des Immunsystems. Aluminium-Verbindungen sind eine unbekannte Größe für die Abwehrzellen. Metallpartikel können von Fresszellen nicht »zerlegt« werden, so wie Bio-Moleküle. Daraus folgen Entzündungen. An sich sind Entzündungen für die biologischen Abwehr- und Reparaturmechanismen des Körpers durchaus etwas Positives. Allerdings nur, wenn diese Entzündung auch wieder einmal aufhört. Wenn es aber nicht gelingt, das Aluminium loszuwerden und über Harn oder Urin auszuscheiden, so drehen die Immunzellen regelrecht durch. Es kommt zu einer chronischen Entzündung und diese kann lange – manchmal ein Leben lang – andauern. Einfach deshalb, weil derartige Metalle, mit denen der lebendige Organismus keine Erfahrung hat, für einen dauerhaften Alarmzustand sorgen.

Chronische Entzündungen, ausgelöst durch ein hyperaktives Immunsystem, stellen also eine ständig drohende Folge des Einsatzes von Aluminium in Impfungen dar. Dazu kommt noch die einseitige Förderung der Antikörper-Bildung, die an sich schon fehleranfällig ist und immer die Gefahr mit sich bringt, dass sie körpereigenes Gewebe irrtümlich als fremd markiert.

Wie sehr unterscheidet sich davon ein Krankheitsprozess, der vom Immunsystem selbst gemanagt wird. Wo die alten eingespielten Regelkreise nicht behindert werden, wo eine Aktion gestartet, durchgeführt und dann nach bestem Ermessen der beteiligten Zellen auch wieder beendet wird.

Wenn der Organismus sich selbsttätig mit einer Krankheit aus-
einandersetzt und mit ihr fertig wird, so gewinnt das Immunsystem zudem eine umfassende Immunkompetenz. Sie hängt nicht
nur vom Antikörperspiegel ab, sondern involviert zahlreiche andere Teile des Immunsystems. Während die Antikörper auch relativ
rasch wieder absterben, werden Gedächtnis-Zellen des Immunsystems zudem wesentlich älter und bewahren teils über Jahrzehnte
die Erinnerung an eine überstandene Krankheit.

Dadurch ergibt sich ein deutlich verlässlicherer Sicherheitsan-
ker als über die von Aluminium provozierten Antikörper und eine
starke zelluläre Immunität bleibt im Langzeit-Gedächtnis des Immunsystems zurück.

Das Diphtherie-Debakel

Vom Standpunkt der pragmatischen Umsetzbarkeit waren Aluminiumsalze wie Aluminiumhydroxid oder Aluminiumphosphat hingegen für die Impfstoff-Hersteller stets ideal. Sie waren billig und
leicht verfügbar, zeigten keine sichtbaren Zeichen einer akuten
Vergiftung und der gewünschte Effekt war mit einfachen Bluttests
leicht messbar. Und da Krankheiten wie Diphtherie oder Tetanus
extrem selten waren – und über die Verbesserung der Lebensver-
hältnisse im Lauf der Jahrzehnte noch seltener wurden – mussten
sie ihren Wirkbeweis nur in Ausnahmefällen antreten.

Gerade dann, wenn sie gebraucht wurden, erwies sich ihr Schutz
aber als höchst trügerisch. Etwa bei der großen Diphtherie-Epidemie im europäischen Osten, die Mitte der 90er Jahre mehrere
tausend Todesopfer forderte. Ich habe mir die wissenschaftliche
Aufarbeitung dieser Epidemie am Beispiel der Ukraine im Detail
angesehen. In diesem Land hatte die Diphtherie besonders schlimm
gewütet. Und ich war geschockt, wie sehr die tatsächlichen Ereignisse von dem abwichen, was bei uns von den öffentlichen Stellen
verbreitet wurde. Da wurde nämlich immer erklärt, dass »im Ost-

block« nach dem Zusammenbruch der UdSSR die Impfmoral so schrecklich eingebrochen wäre und in der Folge die Diphtherie »sofort ihre Chance genützt habe«.

Bei der Kontrolle der Impfpässe stellte sich aber dann heraus, dass die Kinder nach westeuropäischen Kriterien nicht weniger geimpft, sondern sogar überimpft waren: Bei uns besteht die Grundimmunisierung gegen Diphtherie aus vier Impfungen, seit im Jahr 2010 der Impfplan geändert wurde, sogar nur noch aus drei. In der Ukraine bekamen die Kinder bis zum sechsten Lebensjahr hingegen sechs Impfungen bis zum Volksschulalter.

Und das waren die Ergebnisse der Analyse[81]: Unter den 3.723 Kindern, die in der Ukraine in den Jahren 1992 bis 1997 an Diphtherie erkrankten, hatten 80,4 Prozent einen vollständig ausgefüllten Impfpass. Bei den 1.920 Opfern in der Altersgruppe von 16 bis 19 Jahren lag der Anteil sogar bei 81,5 Prozent.

Von derart beschämenden Zahlen war später in der Impfpropaganda nie mehr die Rede. Da wurde das Märchen verbreitet, dass im Zuge der Auflösung der Sowjetunion die Impfmoral so stark eingebrochen sei, dass mit der Diphtherie-Epidemie die Strafe auf den Fuß folgte. Als sich das als falsch herausstellte, hieß es, dass die Ostblock-Impfungen eben nichts getaugt haben. Eine diesbezügliche Untersuchung der WHO ergab jedoch keine schlechtere Wirksamkeit als jene der westlichen Impfstoffe.

Wozu also werden bei uns die Kinder gegen Diphtherie geimpft, wenn diese dann im Ernstfall kaum besser geschützt wären als ungeimpfte Kinder?

Auf diese Frage ging in den Analysen keiner der Experten ein.

Anstatt die wirklichen Ursachen dieses Versagens zu analysieren, schalteten die Impfexperten lieber auf Propaganda um. Als in der wissenschaftlichen Analyse der Katastrophe längst das Versagen der Diphtherie-Impfung feststand, verbreitete der damalige Vorsitzende der Berliner »Ständigen Impfkommission« (STIKO), Heinz-Joseph Schmitt, eine andere Version: dass nämlich Deutschland und Westeuropa nur durch die hohe Impfmoral vor einem gefährlichen Überschwappen der verheerenden Epidemie geschützt werden konnte. Und ein offizieller Vertreter der Kinderärzte aus Hamburg gab in einem Interview, das ich damals mit ihm geführt habe, allen Ernstes folgenden Ratschlag:

»Am Beispiel dieser Epidemie sieht man, wie wichtig es ist, unsere Kinder lückenlos gegen Diphtherie zu impfen. Denn stellen Sie sich vor, es wäre notwendig, dass unsere Soldaten eines Tages wieder gegen Osten marschieren: Dann ziehen sie ungeschützt gegen den Feind!«

Derartige Aussagen belegen auch recht schön, wes Geistes Kind manche der fanatischen Impf-Befürworter sind.

In Wahrheit erwies sich die Diphtherie als das, was sie immer war: eine Krankheit des Kriegs, des Elends und der sozialen Missstände. Erste Diphtherie-Fälle waren 1991 in den Kasernen heimkehrender Afghanistan-Kämpfer aufgetreten und hatten sich dann über die Lazarette und Krankenhäuser rasch in den Nachfolgestaaten der ehemaligen UdSSR ausgebreitet. Die meisten Todesfälle gab es im Obdachlosen- und Alkoholiker-Milieu der Städte und in der Altersgruppe der 16- bis 59-Jährigen.

Wie unsinnig die Aussagen der heimischen Impfgranden auch nach den Kriterien ihrer eigenen Logik waren, zeigen Untersuchungen des Berliner Robert Koch Instituts über den Immunstatus der Deutschen bezüglich Diphtherie. In den Resultaten ergab sich ein katastrophales Ergebnis. Demnach ist der Großteil der erwachsenen Bevölkerung bei Diphtherie meilenweit von einem »schützenden Antikörpertiter« entfernt, bei etwa der Hälfte der Erwachsenen waren sogar überhaupt keine Antikörper mehr nachweisbar. Der Effekt der Impfungen im Kindesalter ist bei der Mehrzahl der Menschen also lange verpufft und nie mehr aufgefrischt worden. Wenn es allein darum ginge, hätten die Diphtherie-Erreger in Deutschland – und wohl auch im restlichen Europa – jede Menge ungeschützte Opfer gefunden. Dennoch blieb die Epidemie im Wesentlichen auf die Bevölkerung in den Elendsvierteln von Kiew, Minsk und Moskau beschränkt.

Scheinbar funktionieren die alten Seuchen-Modelle aus den Zeiten Louis Pasteurs und Robert Kochs nicht mehr in einer Gesellschaft, in der Frieden und Wohlstand herrscht. Die Impfexperten und weite Teile des konservativen medizinischen Establishments beharren jedoch unbeirrt auf ihren über 100 Jahre alten Dogmen.

Es stellt sich bei diesen uralten Impfungen wie eben Diphtherie, aber auch Tetanus die Frage, ob sie überhaupt noch einmal zugelassen würden, wenn es sich um neue Produkte handeln würde.

Der Wirkbeweis funktioniert ja nicht über irgendwelche Belege, dass sie tatsächlich in der Lage wären, die Krankheiten zu verhindern, sondern einzig und allein auf der Zählung der Antikörper im Blut. Die Antikörper-Titer müssen stimmen, dann gilt die Impfung als wirksam. Dass diese Antikörper im Ernstfall aber kaum eine Schutzfunktion haben, hat sich am Beispiel der Diphtherie-Epidemie drastisch gezeigt.

Noch stärkere Wirkverstärker

An sich sollte man meinen, dass neue Impfstoffe besser sind als ältere. Dass sowohl die Wirksamkeit als auch die Sicherheit der Impfungen strenger überprüft wird und dass die Behörden höchstes Augenmerk darauf legen, dass alles mit rechten Dingen zugeht.

Und in Bezug auf das Thema dieses Buches hegt man vielleicht auch die Hoffnung, dass neue Impfungen auch Alternativen zu den problematischen aluminiumhaltigen Wirkverstärkern verwenden.

Bei den beiden HPV-Impfstoffen, die vor einigen Jahren auf den Markt gekommen sind und heftig als »Impfung gegen Krebs« beworben wurden, muss man alle diese Fragen mit »nein« beantworten.

Gardasil und Cervarix, wie der Handelsname der beiden Impfungen lautet, sind für Mädchen und junge Frauen zur Vorsorge gegen Gebärmutterhals-Krebs empfohlen. In Deutschland werden die teuren Impfungen von den Krankenkassen bezahlt.

Beginnen wir mit den Wirkverstärkern. Beide enthalten neue und wie es heißt »verbesserte« Adjuvantien. Diese Verbesserung bezieht sich jedoch nicht auf die Sicherheit für die Impflinge, sondern auf die stärkere Reaktion des Immunsystems auf die neuartigen Wirkverstärker. Damit soll zum einen Wirkstoff gespart werden, zum anderen wird damit eine länger anhaltende Wirkung der Impfungen postuliert.

Der neuartige Wirkverstärker in Gardasil ist eine Entwicklung des US-Konzerns Merck mit der Bezeichnung AAHS (amorphes Aluminium Hydroxyphosphat Sulfat). Es handelt sich um eine verstärkte Aluminium-Verbindung, die mit den traditionell verwendeten Substanzen wenig gemeinsam hat.

Der Wirkverstärker in Cervarix ist eine chemische Verbindung von Aluminiumsalzen mit den Proteinen von Salmonellen, auf die das Immunsystem besonders explosiv reagiert. »Es werden«, so der Herstellerkonzern stolz in einer Presse-Aussendung, »achtmal mehr Antikörper erzeugt als bei einer natürlichen Infektion mit Wildviren.« Prompt zeigte sich unter den Studien-Teilnehmerinnen eine alarmierend hohe Zahl von Fehlgeburten. Für die Behörden der USA waren diese Vorkommnisse – im Gegensatz zur EU – der Grund, Cervarix zunächst die Zulassung zu verweigern.[82]

Darüber hinaus traten bei beiden Impfstoffen während des Studienzeitraumes bei überraschend vielen jungen Frauen neue, bislang unbekannte Krankheiten auf, die mit einer »autoaggressiven Reaktion des Immunsystem« assoziiert sind.

Bei Gardasil veranlassten die US-Gesundheitsbehörden sogar, dass eine Passage in die Fachinformation aufgenommen werden musste, welche diese Beobachtung zitiert: Dass bei 2,3 Prozent der Studienteilnehmerinnen im Beobachtungszeitraum (von ca. 18 Monaten) »neue Krankheiten mit potenziell autoimmunem Hintergrund aufgetreten sind«. Das heißt also, dass jede 41. Teilnehmerin der Studien krank wurde. Und so ein Arzneimittel wird offiziell zur Anwendung an gesunden jungen Mädchen empfohlen!

Dies wurde von den Behörden jedoch als »scheinbar normale Alterserscheinung« bezeichnet, weil auch in der Kontrollgruppe ein ähnlich hoher Prozentsatz erkrankte.

Eine wichtige Information dazu wurde in der Berichterstattung jedoch meist unterschlagen: Nämlich die Tatsache, dass auch in den »Placebo-Impfstoffen«, die in den Kontrollgruppen verabreicht wurden, sowohl bei Gardasil als auch bei Cervarix aluminiumhaltige Adjuvantien enthalten waren.

Der Mediziner Klaus Hartmann, langjährige Mitarbeiter des deutschen Paul Ehrlich Institutes und nunmehriger Gerichts-Sachverständiger in Fragen der Impfstoffsicherheit, bezeichnet es als »unfassbar verantwortungslos«, dass die Zulassungsbehörden eine derartige Vorgehensweise bewilligt haben. »Denn dadurch werden natürlich alle Nebenwirkungen, die vom Aluminium ausgehen, unsichtbar gemacht.«

HPV-Impfstoffe werden nun millionenfach verkauft und stehen – etwa in Deutschland – an der Spitze der umsatzstärksten Arzneimittel. Sie bescheren den Hersteller-Firmen Milliardengewinne. Die jungen Frauen, die sich von der teuren Spritze Schutz vor Krebs erwarten, setzen sie jedoch einem enormen Gesundheitsrisiko aus. Ein Risiko, das – im Falle einer Schwangerschaft – auch noch das ungeborene Baby einschließt, da Aluminiumsalze nicht nur das Immunsystem (über)reizen können, sondern auch selbst neurotoxisch wirken, speziell auf heranwachsendes Leben.

Für mich ist es unverständlich, wie manche Mediziner ticken, die bei derartigen Studien beteiligt sind und alles ganz okay finden. Meiner Meinung nach wäre es eine absolute Selbstverständlichkeit, eine neue Impfung nur gegen eine wirkliche Kontrollgruppe antreten zu lassen, in der die Teilnehmerinnen gar nicht oder mit einer physiologisch neutralen Salzwasser-Lösung geimpft würden. Denn nur wenn sich hier kein Unterschied zwischen den Gruppen zeigt, hat man einen Beweis, dass die Impfung bzw. deren Aluminium-Hilfsstoff keinen Schaden anrichtet.

»Es sind schlimme Dinge passiert«

Im Fall der HPV-Impfungen wandte ich mich an die prominente US-Medizinerin Diane Harper, welche an beiden Zulassungsstudien beteiligt war. Professor Harper ist Leiterin der Forschungsabteilung der Universität Kansas City in Missouri und befasst sich seit vielen Jahren mit humanen Papillomaviren.

Ich bringe dieses Kapitel in Form eines Interviews, weil ich es für sehr interessant halte, wie eine ausgewiesene Impfexpertin über die offenen Fragen ihres Fachgebietes – und hier im Speziellen die Wirkungsweise von Aluminium – reflektiert.

Ich war sehr überrascht von ihren Antworten und von der offenen Kritik, die sie selbst zu diesen Arbeiten äußerte.[83]

Wissen wir genug über die Auswirkungen von aluminiumhaltigen Substanzen auf das Immunsystem? Wie ist dazu Ihre Meinung?
Harper: Ich denke, dass wir dem unsere Aufmerksamkeit zuwenden müssen. Adjuvantien wurden eine sehr lange Zeit einfach übersehen. Es stimmt, dass Menschen, die mit Impfungen arbeiten, nicht lange über Adjuvantien nachdenken. Stattdessen widmen sie sich lieber den Antigenen – also den Wirkstoffen, die darin verwendet werden. Doch für Wissenschaftler ist es enorm wichtig, Fragen zu stellen und sich auch in heikle Dinge reinzuknien, die in der Vergangenheit als unantastbar gegolten haben. Wir wissen, es sind schlimme Dinge passiert mit Menschen, die geimpft wurden. Wir wissen nicht immer, warum so etwas auftritt, und vielleicht ist wirklich das Aluminium-Adjuvans dafür verantwortlich. Es kann sein, dass vom Aluminium ein Langzeitschaden ausgeht, der sich über die Zeit akkumuliert. Wir wissen, dass es eine Epidemie an Demenzkrankheiten gibt, von der die erste Babyboomer-Generation betroffen ist, die nun ins Rentenalter kommt. Wir wissen, dass diese Generation zu den meistgeimpften in der Geschichte der Menschheit gehört. Es wäre dumm, wenn die Wissenschaft hier die Augen verschließen würde. Die Aluminium-Belastung aus allen Quellen – inklusi-

ve der Mengen aus den Impfungen – gehört evaluiert. Wir müssen diese wichtigen Fragen stellen und wir werden sie wohl nicht mit einer Studie beantworten können. Es wird eine ganze Generation von Wissenschaftlern brauchen, die hier Daten sammeln müssen, um die medizinische Praxis zu ändern. Aber wenn wir nicht irgendwann damit anfangen, werden wir das niemals erreichen.

Die Behörden schreiben derzeit keine eigenen Sicherheitstests am Menschen für neuartige aluminiumhaltige Adjuvantien vor. Ist das nicht höchst fahrlässig?
Harper: Natürlich sollten die Behörden sich auch über die Sicherheit der Adjuvantien Sorgen machen und nicht von Haus aus annehmen, dass diese wohl ohnehin keinerlei Schaden anrichten können.

Noch einmal zurück zu den Zulassungsstudien bei Gardasil: Wenn in der Impfgruppe genauso wie in der Kontrollgruppe 2,3 Prozent der Teilnehmerinnen Nebenwirkungen erleiden, so kann diese Nebenwirkung vom Aluminium verursacht worden sein, das in beiden Gruppen zugesetzt wurde. Würden Sie das als gutes Studiendesign bezeichnen?
Harper: Es stimmt, dass auch die Placebogruppe das Aluminium-Adjuvans gespritzt bekam. Es gab kein Salzwasser-Placebo. Wenn also das Aluminium-Adjuvans die 2,3 Prozent Nebenwirkungen verursacht hat, so würden wir das tatsächlich in beiden Gruppen sehen. Es gibt weder einen Beweis, dass es das Aluminium war, noch einen Beweis zu dessen Entlastung. Es gab tatsächlich keine Studie, die sich in irgendeiner Art um den Effekt des Aluminiums kümmerte. Wir hätten eine Salzwasser-Kontrolle gebraucht.

Sie waren doch prominent beteiligt an diesen Studien. Warum haben Sie das nicht gefordert?
Harper: Ich hatte keinen Einfluss auf das Design. Das wurde zwischen dem Pharmakonzern Merck und den Arzneimittelbehörden ausgehandelt. Die US- und die EU-Behörden hätten bloß auf einer Salzwasser-Kontrolle bestehen müssen. Dann wäre das geschehen.

Die Behörden sind derzeit aber überhaupt nicht besorgt wegen der Adjuvantien und wollten nur wissen, ob die Antigene lokale Rötungen oder Schwellungen machen.

Waren es nicht taktische Gründe: dass es für die Impfung nicht gut ausgesehen hätte, wenn sie gegen eine neutrale Wasserlösung hätte antreten müssen? Dann wäre der Unterschied bei den Nebenwirkungen wohl deutlich höher gewesen.
Harper: Ja. Viele Studien zeigen, dass eine Injektion mit Aluminium deutlich mehr lokale Nebenwirkungen produziert, als eine Injektion mit Salzwasser.

Die Behörden haben also ein falsches Placebo zugelassen, das die negativen Effekte der Adjuvantien versteckt hat. Die Konsumenten wollen aber wissen, welche Nebenwirkungen die ganze Impfung hat – und nicht nur die Antigene.
Harper: Das ist richtig. Es wäre interessant, das zu wissen. Aber wir haben keine Chance, das zu erfahren.

Denken Sie, dass Merck zu nahe Beziehungen zu den Behörden pflegt? Gibt es zu wenig Kontrolle?
Harper: Dr. Julie Gerberding war die frühere Direktorin der CDC *(Anm: US-Behörde »Centers for Disease Control«)* und jetzt ist sie die Präsidentin der Impf-Abteilung bei Merck. Merck macht das generell gerne, dass sie Führungspersonen der Behörden abwerben.

Peter Aabys Studien in Westafrika (Siehe Seite 136 ff.) zeigen, dass aluminiumhaltige Impfungen die Gesundheit der Kinder gefährden können. Wissen wir genug über solche Effekte?
Harper: Seine Arbeit ist so wichtig! Wir haben derzeit nicht genug gut gemachte Studien, um das zu beantworten. Dieses Feld ist sehr jung und wir müssen Finanziers ermutigen, hier rigorose Forschung zu ermöglichen. Wir müssen auch Regierungen und Krankenkassen ermutigen, diese Forschung zu unterstützen. Es gibt hinreichend Belege für schwere Reaktionen, die wohl vom Aluminium stammen.

Die Behörden empfehlen seit vielen Jahrzehnten Impfstoffe, die Aluminium als Hilfsstoff enthalten. Sie sitzen diesbezüglich mit den Herstellern im Boot und würden enorme Kritik ernten, wenn sich herausstellen sollte, dass vom Aluminium eine Gefahr ausginge.

Harper: Das würden sie mit Sicherheit. Man kann sich aber nicht auf ewig hinter dem verstecken, was gewesen ist und was man einmal getan hat. Deshalb sollten sie besser mutig sein und einen Schritt vorwärts tun: Wir müssen diese Fragen dringend beantworten und wir müssen uns auch die alten Impfpläne hernehmen, um zu sehen, was davon gut und was schlecht ist.

Kennen Sie die Harry-Potter-Filme? Die Gesundheitsbehörden sollten sich nicht so anstellen wie Dolores Umbridge mit ihrer Doktrin »Stell ja meine Autorität nicht in Frage, es wird so bleiben, wie es immer war!« Ich hoffe, die Behörden haben das Rückgrat, hier einen wirklich unvoreingenommenen Blick zu werfen und das alles aufzuarbeiten, was jetzt schon an Fakten vorliegt. Jedenfalls braucht es Ermutiger und Leute, die Fragen stellen, so dass eine Generation junger Wissenschaftler sich dieser Aufgabe stellt und für sich beschließt, diese Fragen zu klären. Es wird viel Leidenschaft brauchen, sich dieser Herausforderung und den Konflikten, die das mit sich bringt, zu stellen.

Der Reality-Check

Eszter Nagy, damals Forschungsleiterin des aufstrebenden Wiener Impfstoff-Herstellers Intercell, kam in einem Gespräch, das ich im Sommer 2010 zur Entwicklung eines neuen Pneumokokken-Impfstoffes mit ihr geführt habe, rasch auf das problematische Aluminium. Sie tat sich besonders leicht, über die negativen Seiten dieser Substanz zu sprechen, weil der neue Impfstoff von Intercell kein Aluminium enthält, sondern hier unter dem Code-Namen IC31 ein neuartiger Wirkverstärker eingesetzt wird.

Zunächst erwähnte sie die bekannten Nachteile von Aluminium:

dass es eben nur die Antikörper-Produktion, nicht aber die zelluläre Abwehr des Immunsystems verstärkt. »Wir wissen aber aus der klinischen Forschung, dass besonders bei einer Pneumokokken-Erkrankung die T-Zellen des Immunsystems von vordringlicher Bedeutung sind«, erklärt Nagy. »Aluminium hingegen bewirkt eher eine Unterdrückung der zellulären Immunantwort.«

Das ist eine interessante Aussage einer Wissenschaftlerin, deren zentralen Forschungsbereich eben diese Wirkverstärker darstellen. Denn das bedeutet, dass Aluminium eigentlich nur in jenem künstlichen System sinnvolle Resultate erbringt, das eigens zur Bewertung der Impfungen geschaffen wurde. Damit eine Impfung zugelassen wird, muss den Behörden demonstriert werden, dass diese imstande ist, das Immunsystem der Geimpften zur Bildung von Antikörpern anzuregen. Diese Antikörper sind leicht messbar und ab einer bestimmten Höhe geht man davon aus, dass die Menge der Antikörper ausreicht, eine Person vor Infektion zu schützen. Und deshalb fällt es leicht, hier einen Grenzwert anzugeben. Antikörper im Blut sind mit einfachen und billigen Tests leicht zu messen. Was als »schützender Antikörper-Titer« definiert wird, ist dabei eine willkürlich festgesetzte Marke. Denn der Beweis, dass dieser Titer wirklich schützt, muss in den Studien meist nicht angetreten werden. Dafür sind die Krankheiten, gegen die geimpft wird, meist zu selten oder sie entwickeln sich – so wie bei der HPV-Impfung gegen Gebärmutterhalskrebs – sehr langsam über viele Jahre. Um den wirklichen Schutz einer Impfung gegen seltene Krankheiten zu messen, müsste eine Studie deshalb hunderttausend und mehr Teilnehmer haben und über mindestens zehn Jahre laufen. Dies wäre natürlich extrem teuer. Zudem würde sich bei so langen Studien auch die Zulassung der Impfungen verzögern und die Firmen könnten mit ihrem Produkt wesentlich später auf den Markt gehen, um ihre Investitionen wieder hereinzubringen.

Falls solche Studien überhaupt positive Resultate erbringen würden. Denn ein wirklicher Realitäts-Check, und das wären solche ehrlichen Studien, hat schon öfter ernüchternde Ergebnisse für die Verfechter ähnlicher Therapien erbracht. Denn ein Wirk-Mechanismus, der uns theoretisch logisch und nützlich scheint, kann unbekannte Auswirkungen haben, die in Summe den positiven Effekt ins Gegenteil umkehren.

Man erinnere sich nur an den ungeheuren Boom der Hormon-Ersatztherapie, von der die Experten in den 1980er und 90er Jahren wirkliche Wunderdinge erwarteten. Auch hier schien der Grund-Mechanismus klar: Wenn Frauen in die Wechseljahre kommen, wird binnen einer relativ kurzen Zeitspanne die Produktion von Östrogen und anderer Sexualhormone dramatisch reduziert und schließlich ganz eingestellt. Dies führt zur Menopause, zum Ende der natürlichen Menstruation und damit zum Ende der Fruchtbarkeit.

Mit der weiteren Zufuhr von Geschlechtshormonen in den Wechseljahren wollten die Gynäkologen nun mehrere Fliegen mit einer Klappe schlagen: Zum einen sollten die Wechsel-Beschwerden gelindert werden, der Alterungsprozess sollte verlangsamt und auch die sonstigen Probleme der zweiten Lebenshälfte reduziert werden. Zahlreiche Studien unterstützten diese Thesen: ein geringeres Krebs-Risiko, weniger Herz-Kreislauf-Erkrankungen, weniger Knochenbrüche, ein vitaleres, jugendlicheres Aussehen, weniger Depressionen sowie ein deutlich vermindertes Risiko für Demenz und Alzheimer.

Die Medizin-Beilagen der Zeitungen waren voll mit derartigen Versprechungen und auch die meisten Studien unterstützten diese Prognosen. Es waren so ähnliche Studien, wie sie ständig bei Impfungen präsentiert werden. Studien ohne wirkliche Kontrollgruppe, mit kurzem Beobachtungs-Zeitraum. Der Erfolg wurde nicht nach tatsächlichen Endpunkten (also z. B. der Häufigkeit eines Herzinfarktes oder dem Auftreten von Krebs), sondern nach Labor-Parametern bestimmt. Ein Labor-Parameter ist ein leicht zu messender Wert, wie etwa der Blutdruck oder der Cholesterinspiegel. Je nach Ergebnis dieser Tests wird daraus eine Art Hochrechnung erstellt, ob die Endpunkte mit höherer Wahrscheinlichkeit eintreffen. Diese Methode spart Zeit und verbilligt die Studien, hat aber natürlich eine deutlich höhere Unsicherheit. Denn wenn ich in zwei Studiengruppen die tatsächlichen Krebsfälle zähle, so ist das Ergebnis real. Wenn ich allerdings nur Hochrechnungen auf Grund der Laborwerte mache, daraus ein theoretisches Krebsrisiko errechne und die Studie nach einem halben Jahr für beendet erkläre, so bleibt die Aussage immer hypothetisch.

Genau auf solchen Hypothesen wurde jedoch der Wert der Hormonersatztherapie aufgebaut. Die Branche boomte, Hormonexperten verdienten ebenso prächtig wie die Hersteller der Präparate – und Millionen von Frauen wurden von ihren Ärzten überredet, täglich Medikamente zu schlucken.

Zur Jahrtausendwende nahmen in den USA zwei Drittel der Frauen ab der Menopause Hormonpillen, in Europa etwa die Hälfte der Frauen. Kritiker dieser Massen-Kur waren selten und wenn sich jemand gar öffentlich äußerte, hagelte es heftige Kritik von den Hormonpäpsten, die nicht zögerten, über diese »Feinde der Frauen« herzuziehen.

Ja und dann brach das Kartenhaus ein, es stürzte vollkommen zusammen. Und warum?

Ans Licht kamen diese bitteren Wahrheiten durch zwei große Studien, die mal nicht von den Pharmafirmen, sondern öffentlich finanziert waren: die britische »Million Women Study«[84] und die US-amerikanische »Women's Health Initiative«[85]. Ab 2002 erschienen regelmäßig Auswertungen dieser Studien. Sie waren groß genug, hatten eine ausreichend lange Laufzeit und es gab eine wirkliche Placebo-Kontrollgruppe, in welche die Teilnehmer nach dem Zufallsprinzip gewählt wurden. Nur solche Studien bilden die Realität tatsächlich ab und haben deshalb Beweiskraft.

Hier wurde endlich einmal nicht auf Basis der Laborwerte oder sonstiger Hilfskonstruktionen ein Ergebnis hochgerechnet, sondern es wurden ganz simpel die tatsächlichen Ereignisse gezählt: Jeder Fall von Krebs wurde notiert, jeder Herzinfarkt, jedes Auftreten einer Osteoporose oder einer Depression. Und dann wurden die Hormongruppen mit den Kontrollgruppen verglichen, in der die Frauen gleich aussehende Pillen – aber ohne Wirkstoff – erhielten. Der Knalleffekt geschah, als die US-amerikanische Studie abgebrochen werden musste, weil die zuvor festgelegten Sicherheits-Grenzen in einem wichtigen Punkt überschritten wurden. Das passierte aber nicht, wie von vielen Experten prognostiziert, in der Placebogruppe, sondern in der Hormongruppe. Hier waren dramatisch mehr Fälle von Brustkrebs aufgetreten als in der Vergleichsgruppe und als das Alarmniveau überschritten war, kam es zum automatischen Abbruch.

Nun wurden auch alle anderen Forschungsfragen offengelegt und die Ergebnisse errechnet. Und dabei zeigte sich nun, dass es in den anderen Bereichen ähnlich schlimm stand wie beim Brustkrebs. Nur die wenigsten der auf Basis der früheren Studien prognostizierten Versprechen hielten dem Reality-Check stand. Gerade mal bei den osteoporosebedingten Brüchen und bei wechselbedingten Depressionen ergab sich ein leichter Vorteil der Hormongruppe. Das wurde vom dramatisch erhöhten Brustkrebs-Risiko aber vielfach overruled. Dramatisch auch der Zuwachs bei Lungenembolien, weil die Hormone scheinbar die Bildung von Blutgerinnseln (Thrombosen) in den Venen förderten. Als Irrtum erwies sich die These, dass die geistige Leistungsfähigkeit günstig beeinflusst würde, weil die Hormone die Durchblutung des Gehirns fördern. Im Gegenteil, die Wahrscheinlichkeit, an Demenz zu erkranken, war sogar erhöht. Ebenso wie das Risiko auf Entzündungen der Galle und einige weitere Symptome.

Aus der »Ameisenperspektive« des täglichen Umgangs hätte keiner der verschreibenden Ärzte eine Möglichkeit gehabt, diese dramatischen Vorgänge zu erkennen. Wenn weiterhin nur nach scheinbar unwiderlegbar logischen medizinischen Schlüssen vorgegangen und nur die alten Studien mit ihren Labor-Messwerten verwendet worden wären, würden heute in Europa wahrscheinlich nicht die Hälfte, sondern 90 Prozent der Frauen in den Wechseljahren mit der täglichen Einnahme von Hormonpillen beginnen. Die Chancen, die wirklichen Nebenwirkungen der Therapie zu entdecken, wären gleich null gewesen. Und falls doch einmal eine kleine Studie ein Signal für ein Risiko erbracht hätte, wären fünf von der Industrie finanzierte Studien mit gegenteiligem Resultat auf den Markt geworfen worden. Das bedeutet gar nicht, dass die Autoren dieser Arbeiten betrügen hätten müssen. Dass man mit Statistik nachhelfen kann, um Ergebnisse in die gewünschte Richtung zu trimmen, weiß jeder Medizin-Biometriker. Dafür ist es bloß notwendig, der Studie ein »richtiges« Design zu verpassen. Indem man die »idealen« Messwerte nimmt, die Untersuchungszeiträume optimal anpasst und zusieht, dass die Teilnehmerinnen gut ausgewählt werden, keine problematischen Vorerkrankungen haben und aus der geeigneten sozialen Schicht oder geografischen Region stammen. So kann man mit einem »intelligenten« Design die Resultate beeinflussen.

Etwas schwieriger ist es, eine Studie, die nicht das gewünschte Resultat erbringt, im Nachhinein zurechtzustutzen. Noch vor einigen Jahren haben solche Arbeiten unweigerlich ihren Weg in die Rundablage – sprich den Papierkorb – genommen oder sind in versperrbaren Aktenschränken verschwunden. Seit man Studien gleich zu Beginn anmelden muss, wenn man später die Chance nützen möchte, diese in einem Top-Journal zu veröffentlichen, ist es nicht mehr ganz so einfach, eine Arbeit verschwinden zu lassen.

Und auch hier gilt nicht von vornherein der Betrugs-Vorsatz. Menschen sehen nun einmal gerne das, was sie sehen wollen. Und wenn eine Methode der Auswertung »bessere« Ergebnisse bringt, so ist die Versuchung groß, eben diese Methode als die am besten geeignete anzusehen. Ohne sich dabei auch nur ein bisschen schlecht zu fühlen. Halbwegs objektive kritische Selbstreflexion ist ein sehr seltener Charakterzug. Und auch von den Kollegen oder den Chefs kommen eher Rückmeldungen, die den »Erfolg« – und damit den gewünschten Ausgang – begünstigen.

Natürlich gibt es aber auch den Druck der Geldgeber, die sich von »ihren Wissenschaftlern« eine positive Bewertung der eigenen Produkte erwarten. Und wie sehr honorierte Gutachter bereit sind, sich diesen stillen – oder auch offen formulierten – Erwartungen zu beugen, dafür gibt es Beispiele sonder Zahl.

In diesem Fall jedoch lief alles anders. Die jahrelang gepflegte und gehätschelte Illusion eines hormonellen Jungbrunnens, der das grausame Getriebe der Zeit anhält und die Beschwerden und

Krankheiten der zweiten Lebenshälfte drastisch reduziert, zerbrach, weil die Gesundheitsbehörden mal das taten, wofür sie eigentlich da sein sollten: marktübliche Praktiken zu hinterfragen und die Sicherheit der angewandten (und verkauften) Therapien mit den besten verfügbaren Methoden der Evidence Based Medicine (beweisgestützte Medizin) objektiv zu prüfen.

Die Folge dieser Veröffentlichungen war ein steiler Absturz der Verschreibungszahlen für künstliche Hormone. Die einstigen Verfechter wandelten sich plötzlich zu Kritikern und jene Gynäkologen, die noch immer an deren positive Wirkung glaubten und sie weiter verschrieben, wurden als unbelehrbare Außenseiter abqualifiziert. Zu stark war die Wucht der Beweise, um hier noch Hintertüren offen zu lassen.

Bis heute erscheinen neue Arbeiten, welche den genauen Effekt der einstigen Wunderpillen untersuchen. Und dabei zeigen sich erschreckende Details. So hatten etwa Frauen in der Altersgruppe zwischen 50 und 59 Jahren ein um 70 Prozent verringertes Brustkrebsrisiko, wenn sie nie Hormonpräparate genommen haben, verglichen mit jenen Frauen, die gleich nach der Menopause damit begannen[86].

Seit dem Absetzen der Hormonpillen kommt es in den Industrieländern zu einem starken Rückgang der Brustkrebsrate. Und das ist wohl eines der perversesten Resultate der modernen Vorsorge-Medizin: dass eben gerade der Wegfall einer solchen Vorsorge-Maßnahme diesen Effekt bewirkt hat.

Bei Impfungen sind weit und breit keine solche Studien in Sicht, die eine objektive Aufklärung über deren wirkliche Effekte belegen könnten. Und in der Branche machen die meisten Impf-Experten einen weiten Bogen um dieses heiße Eisen. Außer wenn sie, so wie die wissenschaftliche Leiterin des Impfstoff-Herstellers Intercell, ein Konkurrenzprodukt zu den Aluminiumsalzen auf den Markt bringen wollen. In unserem Gespräch kam Eszter Nagy von selbst auf ein Thema zu sprechen, das von Impfstoff-Herstellern mir gegenüber noch nie freiwillig angeschnitten wurde. Sie erwähnte die

Sorge, »dass Aluminium Autismus und andere Krankheiten verursachen könnte«. Ein Wechsel auf Wirkverstärker, wo es diese Sorgen nicht gäbe, wäre demnach wünschenswert.

Dieses Argument erinnerte mich an eine Diskussion mit Klaus Hartmann, einem befreundeten Mediziner, der lange Jahre im Paul Ehrlich Institut für Impfstoff-Sicherheit zuständig war – und nun als unabhängiger gerichtlicher Gutachter arbeitet. Wir sprachen über die problematische Rolle von Aluminium bei den verschiedensten Krankheiten des Immunsystems und die skandalöse Untätigkeit der Behörden. Da brachte Hartmann ein für mich überraschendes Argument: »Meine Hoffnung, dass sich hier etwas ändert, liegt ausschließlich bei den Impfstoff-Herstellern«, erklärte er. »Von den Behörden wird gar nichts kommen, aber sobald es Konkurrenz-Impfstoffe auf dem Markt gibt, die kein Aluminium enthalten, erst dann werden die negativen Seiten von Aluminium offen thematisiert werden.«

Die Aussagen von Nagy haben seine Prognosen eindrucksvoll bestätigt. Dennoch ist es erschütternd, wenn man bei Abertausenden von hochqualifizierten Mitarbeitern, die in den internationalen und nationalen Gesundheits-Institutionen beschäftigt sind und deren Aufgabe es wäre, sich diesen entscheidenden Fragen der Sicherheit zu widmen, keinerlei Kritik hört und die abenteuerlichsten Studien-Designs und Interpretationen servil durchgewunken werden. Der Eindruck, dass die Behörden nur auf Zuruf der Industrie aktiv werden, verstärkt sich immer mehr. Insofern kann man nur hoffen, dass es vermehrt gelingt, aluminiumfreie und gesundheitlich unbedenkliche Wirkverstärker auf dem Markt zu etablieren. Über den dann ausbrechenden Konkurrenzkampf und die Zurufe an die Behörden könnten sich diese ja dann vielleicht auch aufraffen, Aluminium ebenso zu verbieten, wie das zur Jahrtausendwende – nach vielen Jahren der öffentlichen Kritik – endlich bei den quecksilberhaltigen Konservierungsmitteln geschehen ist.

Derzeit jedoch machen die Behörden noch eher die umgekehrte Aufgabe. Während aluminiumhaltige Wirkverstärker als Platzhirsche gelten, welche durch milliardenfache Anwendung im Lauf von fast 100 Jahren als vollkommen unbedenklich und sicher angesehen werden, wird es den neuartigen Wirkverstärkern schwer gemacht. Hier werden nun nämlich plötzlich die strengsten Sicherheitskritierien angelegt und jene sündteuren und langwierigen Studien verlangt, die Aluminium nie bringen musste. Im Gegenteil. Die Impfstoff-Hersteller konnten sogar einen Freibrief für aluminiumhaltige Adjuvantien durchsetzen, der diese – laut EU-Richtlinien – von jeglichen Sicherheitsstudien freispricht. Sogar bei Neumischungen von Aluminium mit anderen Verbindungen. Meines Wissens gibt es in der gesamte Pharmazie keinen derartigen Freibrief. Während sogar bei Kamillentee und Gingko-Kapseln nun strenge Sicherheits-Prüfungen vorgeschrieben sind, werden in diesem sensiblen Bereich einfach beide Augen zugedrückt. Und das in Zeiten, wo wir uns inmitten einer weltweiten Pandemie von unerklärlichen Störungen des Immunsystems befinden.

Gefährliche Manipulation

Dass Antikörper auch schaden können, haben wir bereits am Beispiel der Fehlmarkierungen von körpereigenen Zellen gesehen. Weil in der Natur nichts perfekt ist und Ähnlichkeiten auftreten, kann es auch zu Verwechslungen kommen. Wenn das Immunsystem allerdings einmal auf eine Fehlreaktion »eingespielt« ist, so ist es schwer, dieses Muster wieder zu löschen. Eine etablierte Autoimmunreaktion oder auch eine Allergie zu heilen vermag die moderne Medizin nicht.

Das ist einer der wesentlichsten Gründe, warum es fahrlässig ist, eine Substanz massenhaft bei gesunden Menschen einzusetzen, die das Immunsystem unablässig zur Bildung neuer Antikörper zwingt.

Das Risiko der Erzeugung von Auto-Antikörpern, welche die falschen Zellen markieren, ist jedoch nur ein Problem unter vielen, das beim Einsatz von Aluminium in Impfstoffen auftritt. Neben der unmittelbaren toxischen Wirkung auf die Zellen, an denen sich die

189

hyperaktiven Aluminium-Ionen festsetzen, besteht, wie wir gesehen haben, noch das Risiko einer dauerhaften Aktivierung des Immunsystems, welches zu einer permanenten chronischen Entzündung führen kann. Und je nachdem, in welcher Region oder in welchem Organ diese dauerhafte Entzündung auftritt, unterscheiden sich die Symptome. (Eine Liste der von Aluminium mehr oder weniger stark geförderten oder verursachten Krankheiten findet sich auf Seite 238.)

Eine Reihe weiterer Indizien aus wissenschaftlichen Arbeiten lassen befürchten, dass diese Liste des Albtraums noch erweitert werden muss, wenn sich bestimmte beobachtete Phänomene als real erweisen. Einige Studien werfen nämlich die Frage auf, ob Aluminium auch in der Lage ist, das Immunsystem auf Dauer in eine gefährliche Richtung umzuprogrammieren.

Dass Impfungen das Immunsystem manipulieren, ist eine Tatsache und auch beabsichtigt. Denn wenn es gelingt, dass ein Mensch durch eine Impfung lebenslang vor einer bestimmten Krankheit geschützt ist, so ist es dafür notwendig, eine dauerhafte Information in das Immunsystem einzubrennen. Das ist ja der Zweck dieses pharmazeutischen Eingriffs.

Doch wie sieht es mit der negativen Seite aus?

Hat Peter Aaby recht, dass Impfungen ganz abgesehen von ihrem spezifischen Zweck – nämlich vor einer bestimmten Krankheit zu schützen – auch noch einen mindestens ebenso wichtigen unspezifischen Effekt haben?

Die meisten Impfexperten beantworten diese Frage mit einem glatten Nein. Nach der auf den Universitäten verkündeten Lehre sind Impfungen eine spezifische Vorsorge gegen bestimmte Krankheiten und greifen, davon abgesehen, nicht in die Mechanismen des Organismus ein. Es kann mal vorkommen, dass eine Impfung nicht wirkt, dass also der gewünschte immunologische Eintrag ins Gedächtnis des Immunsystems nicht greift. Doch abgesehen von diesen sogenannten »Impfversagern« ist keine zusätzliche negative Wirkung bekannt. Hier gilt das offizielle Motto: »Hilft es nichts, so schadet es auch nichts.« Natürlich mit der sofort angefügten Beruhigung, dass Impfungen selbstverständlich in den allermeisten Fällen helfen.

Im Gegensatz dazu stehen Beobachtungen von Medizinern, dass vielgeimpfte Kinder oft eine deutlich schlechtere Gesundheit haben als wenig oder gar nicht geimpfte. Ich bin seit einigen Jahren Mitglied in einem Forum, dem mehrere Dutzend Ärzte angehören und wo aktuelle wissenschaftliche Studien, aber auch Fragen aus der medizinischen Praxis offen diskutiert werden. Die meisten Mitglieder dieses Forums haben – neben ihrer schulmedizinischen Ausbildung – naturheilkundliche, homöopathische oder sonstige komplementär-medizinische Zusatz-Qualifikationen. Und fast alle sind im Lauf ihrer Praxisjahre zunehmend impfkritischer geworden. Einige aus dem Kreis impfen mittlerweile gar nichts mehr und schicken Eltern, welche ihre Kinder nach Plan impfen lassen wollen, zu Kollegen weiter. Die Mehrzahl impft schon, wenn sich die Eltern nach ausführlicher Beratung dafür entscheiden. Abweichungen von der in den Impfplänen empfohlenen Zeitschiene, welche für alle Kinder gleichermaßen gilt, sind jedoch eher die Regel als die Ausnahme. An oberster Stelle steht das individuelle Eingehen auf die Konstitution und die bisherige Entwicklung der Kinder.

Ausschlaggebend für diese zunehmende Zurückhaltung waren eben die Beobachtungen, dass die Gesundheit zahlreicher Kinder nach Impfungen nicht mehr so robust schien wie zuvor. Häufig las ich in den internen Mitteilungen von der Sorge, dass Kinder unerklärliche Abwehrschwächen entwickeln, etwa eine hartnäckige Bronchitis, immer wiederkehrende Mittelohr- oder Mandel-Entzündungen. Manche der Kinder seien speziell im Winter ständig krank, hieß es. Auffallend sei dabei, dass diese vielgeimpften Kinder scheinbar verlernt haben, hoch zu fiebern. Dass stattdessen die Infekte – wie es ein befreundeter Arzt ausdrückte – »so lauwarm unter der Oberfläche dahingären, ohne richtig herauszukommen.«

Eine weitere Beobachtung betrifft das Ausmaß mancher Krankheiten, speziell viraler Infekte. So treten beispielsweise schwere Verläufe von Windpocken mit unzähligen Pusteln am ganzen Körper vermehrt bei jenen Kindern auf, die zuvor das volle Programm mit den Sechsfach-Impfungen mitgemacht haben. In solchen Fällen, berichteten die Ärzte, kann es nicht selten zwei bis drei Wochen dauern, bis die Krankheit überstanden ist. Bei ungeimpften Kindern sei es hingegen normalerweise schon schwierig, sie für einen einzigen Tag im Bett zu behalten, weil sie weder hohes Fieber noch Schmerzen haben und die Bläschen binnen weniger Tage unkompliziert und vollständig abheilen.

Sehen wir uns zunächst diesen zuletzt beschriebenen Effekt an: Könnte es sein, dass eine vorangegangene Impfung eine spätere Infektion verschlimmert? In der Medizinliteratur stieß ich auf eine Episode aus den späten 60er Jahren, in der von einem unerklärlichen Vorfall im Zuge der Erprobung einer neuartigen Impfung berichtet wurde. Es ging um ein Virus, dessen Name bis heute ebenso unaussprechlich wie unbekannt ist, das Humane Respiratorische Synzytial-Virus, im Weiteren kurz RS-Virus genannt. Die Bedeutung dieser Viren übertrifft ihre Bekanntheit bei Weitem. Während etwa die Influenza-Viren als Verursacher der »echten Grippe« jedem Kind ein Begriff sind, beschränkt sich das Wissen um die RS-Viren fast ausschließlich auf Fachleute. Der Grund dafür ist ebenso banal wie typisch: Gegen Influenza gibt es eine Impfung, mit der weltweit Milliarden-Umsätze gemacht werden, gegen RS-Viren nicht.

Grippeexperten haben bislang immer die Lehrmeinung verbreitet, dass es alle möglichen Viren gäbe, die grippale Infekte auslösen, die wirklich schweren Krankheiten mit hohem Fieber und hohem Komplikationsrisiko kämen dann aber meist von der »echten Grippe«. Doch entspricht das auch den Tatsachen? – Mitnichten.

Um zu klären und zu prüfen, welche Viren bei Kindern im Alter bis zu fünf Jahren wirklich an schweren Verläufen beteiligt sind, ging ein Team von Wissenschaftlern in zwei großen US-Kinderkliniken bei allen eingelieferten Patienten mit Atemwegsinfekten daran, die vorhandenen Keime zu bestimmen.[87] Und siehe da, obwohl es in der beobachteten Saison eine mittelstarke Grippewelle gab, waren es bei 20 Prozent der Kinder RS-Viren, die im Abstrich der Schleimhäute festgestellt wurden. An zweiter Stelle der Krankheits-Verursacher rangierten mit 7 Prozent Anteil die Parainfluenzaviren.

Abb. 1: »Befahren des Geländes verboten«: Der einst prächtige Dorfteich von Kolontar, Anglerparadies und Schwimmbad, beliebter Treffpunkt für Jung und Alt, ist heute eine traurige tote Lacke, die zugeschüttet wird.

Abb. 2:
Geistesgegenwärtig griff Istvan Benkö, 63, zu seiner Kamera, als am 4. Oktober 2010 eine Rotschlamm-Flut seine Heimatstadt Devecser heimsuchte. Seine TV-Bilder gingen um die Welt, doch der Kameramann selbst verlor alles: seine Gesundheit, sein Heim. Wo er einst mit seiner Frau in einem schönen Haus lebte, ist heute das gesamte Viertel abgerissen. Hier soll ein Vergnügungspark mit Einkaufszentrum entstehen, sagt der Bürgermeister Tamas Toldi: »Devecser wird schöner, als es jemals war.«

Abb. 3: Eine Million Tonnen toxischer Rotschlamm hat sich beim Dammbruch im Aluwerk von Ajka über das Land verteilt und das darunterliegende Dorf Kolontar sowie die Kleinstadt Devecser überflutet. Noch ein Jahr später liegt der Aluminium-Gehalt des Tolda-Baches um das Dreifache über dem Wert, der ausreicht, Jungfische zu töten (S.32). Die Spielplätze sind ausgestorben, überall werden Häuser zum Verkauf angeboten. Doch es gibt auch »gute« Nachrichten: Die Alu-Manager planen, den Rotschlamm wegen seiner hervorragenden Färbekraft für Dekorbeton oder als Straßenbelag in Fußgängerzonen zu verwenden.

Abb. 4–5:
Der Bundesstaat Pará im Norden Brasiliens umfasst riesige Regenwälder und ein Gewirr mächtiger Seiten- und Nebenflüsse des Amazonas. Boote ersetzen hier die Autos. Hinter den auf Stelzen gebauten Häusern beginnt der Urwald.
Die hier abgedruckten Fotos entstanden begleitend zu Dokus für ORF und ZDF/ARTE, Produktion: Langbein & Partner, Wien, Alle Fotos: Bert Ehgartner

Abb. 6: Romain Gherardi sorgt im Mai 2012 am Weltkongress für Autoimmunkrankheiten in Granada, Spanien, für Aufsehen, als er Daten aus seinen aktuellen Studien präsentiert: Die Injektion von Aluminiumhydroxid in den Muskel sorgt für eine vielfach höhere Aufnahme des Nervengiftes im Körper, als wenn es in die Vene gespritzt oder verfüttert würde. Besonders dramatisch: Der Aluminiumgehalt im Gehirn der Mäuse steigt nahezu linear an und wird nicht mehr abgebaut. Gemeinsam mit anderen Wissenschaftlern fordert Prof. Gherardi die Arzneimittel-Behörden auf, die Pharmafirmen zu verpflichten, zumindest für Babys rasch aluminiumfreie Impfstoffe anzubieten.

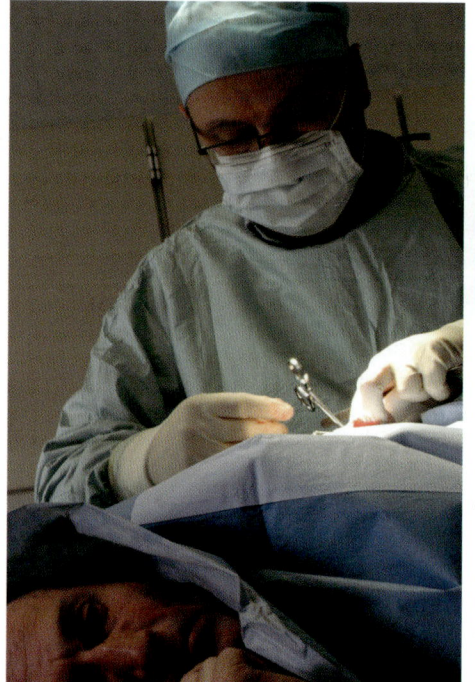

Abb. 7–8: Der Landwirt Luc Braconnier, 53, kann wegen unerträglicher Muskelschmerzen und chronischer Müdigkeit seinen Beruf kaum noch ausüben. Am Zentrum für neuromuskuläre Erkrankungen der Universität Paris-Est stießen die Professoren Romain Gherardi und Francois-Jerome Authier auf eine mögliche Erklärung: Bei Muskelbiopsien am Oberarm, wo üblicherweise geimpft wird, finden sich bei vielen Betroffenen noch nach Jahren Reste von Aluminium aus den Impfstoffen als Quelle von Entzündungen und ständiger Irritation. (S. 164)

Abb. 9–10:
Durch die Ansiedlung der weltgrößten Aluminiumoxid-Raffinerie in der einstigen Kleinstadt Barcarena hat sich die Bevölkerungszahl seit 1995 vervielfacht. Die Straßen sind unsicher, die Villen der Alubosse gut bewacht. Für Ärmere oder Ausgesiedelte wurde kürzlich ein Dorf mit Sozialbauten eröffnet. Die einstigen Fischer werden in den Einheitsbauten im Landesinneren jedoch nicht glücklich.

Alunorte
Alumina do Norte do Brasil S.A.
AR
PERIGO DE VIDA
ALTA TENSÃO

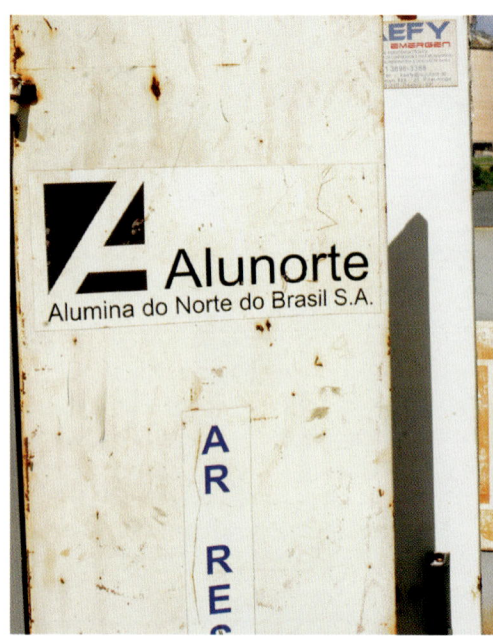

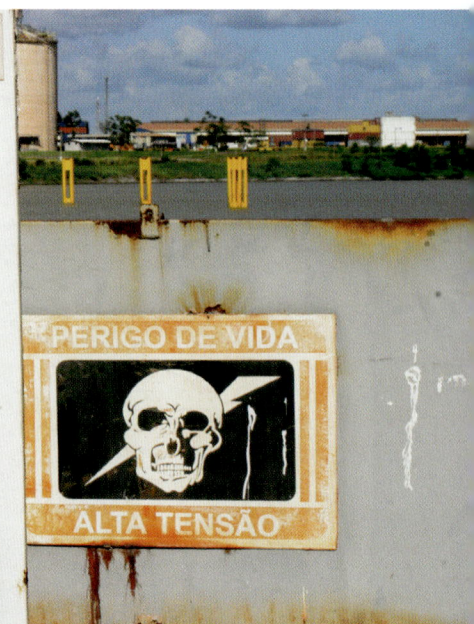

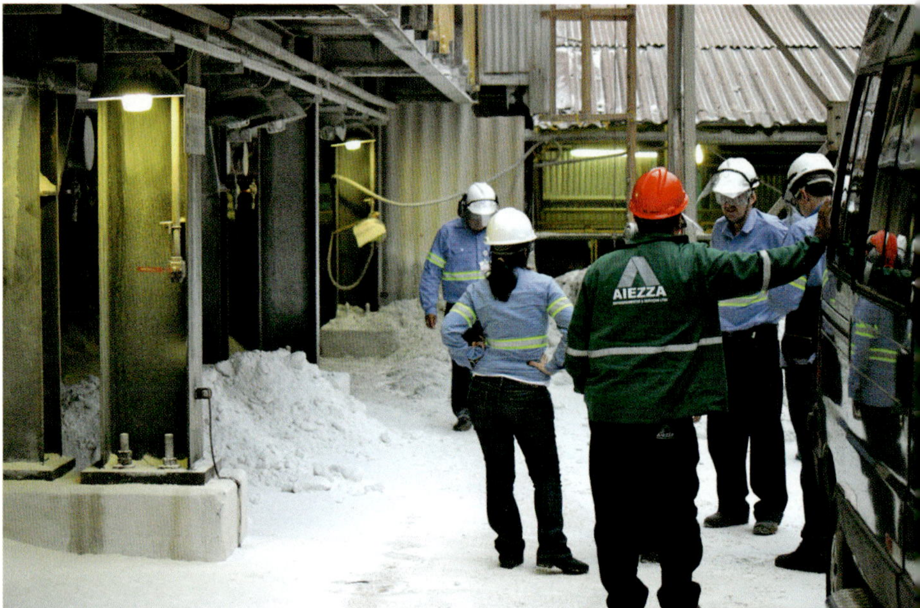
AIEZZA

Abb. 11–14:
In der weltgrößten Alu-Raffinerie der Welt liegt gesundheitlich problematisches Aluminiumhydroxid herum wie andernorts im Winter der Schnee.

Abb. 15–18:
Die Bauxitfrachter von Porto Trombetas werden im Hafen von Alunorte in Barcarena entladen. Ein Frachter hat rund 70.000 Tonnen Bauxit geladen. Die eine Hälfte des Hafens ist knallrot gefärbt.

Abb. 19–20:
Auf der anderen Seite ist alles weiß. Ein ausgehender Frachter wird mit Aluminiumoxid aus der Raffinerie beladen. Der Staub ist überall und wird vom Wind auf das umliegende Land verweht. Sechs Millionen Tonnen Aluminiumoxid, das Ausgangsmaterial für die Aluschmelze, werden von hier verschifft.

Abb. 21–22:
Die Dreharbeiten in der Alu-Raffinerie sind hart. Besonders Kameramann Christian Roth bekommt eine ordentliche Ladung an Alu-Staub ab. Doch wir sind nächste Woche wieder weitergezogen. Die Arbeiter hingegen müssen hierbleiben und immer wieder kommen – solange sie gesund sind. »Doch sobald jemand krank wird«, berichten uns Gewerkschafter, »wird man gnadenlos gefeuert.«

Die Konzernleitung von Norsk Hydro erklärte in einer Stellungnahme, Hydro habe erst seit Februar 2011 die Mehrheit an der Aluminium-Raffinerie in Barcarena und sei gerade dabei, ein »Arbeitsumfeld-Sicherheits-System« einzuführen. Die Konzernleitung verspricht sich davon eine deutliche Reduktion des Gesundheitsrisikos für die Arbeiter.

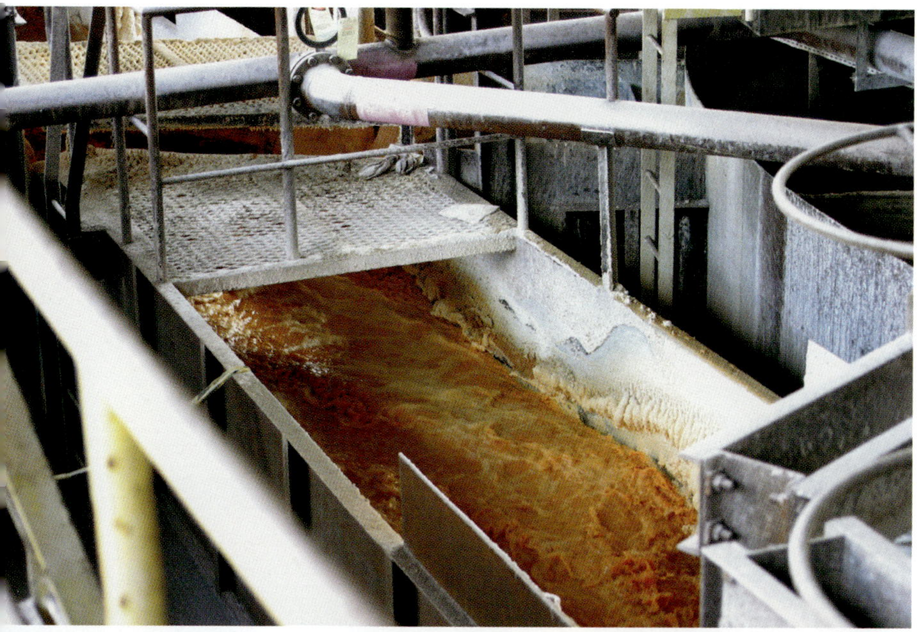

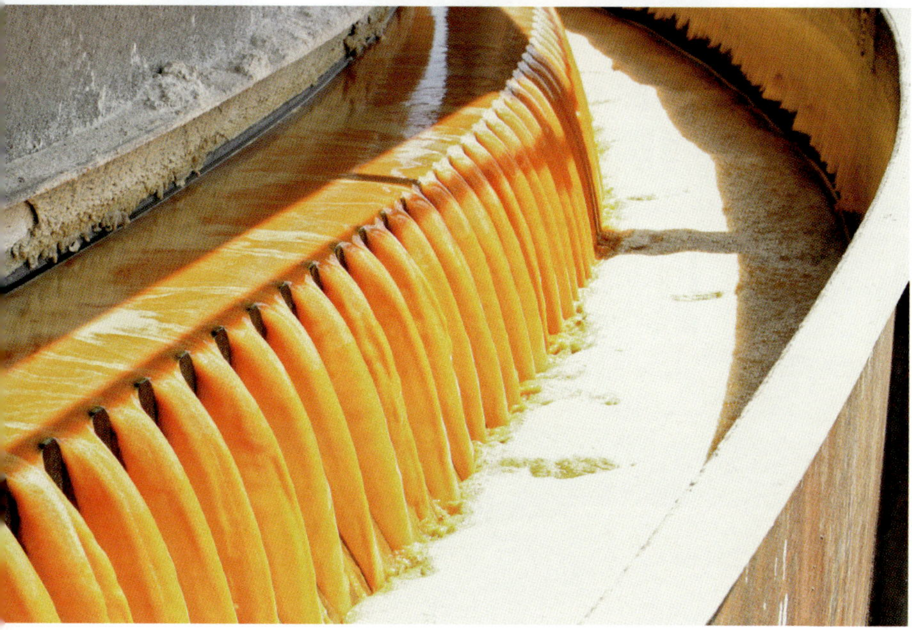

ıb. 23–26:
bald der Rotschlamm abgetrennt wurde, bleibt das sogenannte »rich liquid«, eine Flüssigkeit, die weit-
ıend aus Aluminium und Natronlauge besteht. Sie wird in 30 Meter hohen Silos gelagert, bis sich das
ıminium setzt.

Abb. 27

Abb. 27–31:
Gleich neben der Alu-Raffinerie befindet sich auf einem doppelt so großen Areal die Rotschlamm-Deponie. Der pH-Wert ist durch die Rückstände der Natronlauge sehr hoch. Gefahr droht von den heftigen tropischen Regenfällen, falls die Wände überlaufen. Ob die Planen zum Boden hin dicht sind, kann niemand genau sagen.

Abb. 32–35:
Die Anrainer der Raffinerie berichten, dass abends und nachts manchmal giftige Flüssigkeiten ins Meer abgelassen werden. Doch auch bei unserem Besuch am helllichten Tag erweist sich die Wasserprobe, die wir nehmen, als stark belastet.

Abb. 36

Abb. 36–40: Zorn und Verzweiflung herrschen bei den Menschen, die am nahen Rio Murucupi leben. Hier gibt es keine öffentliche Wasserversorgung. Zum Kochen und Trinken sind die Menschen auf das Flusswasser angewiesen. Wir nehmen Wasserproben mit. Die Auswerung des Bundesumweltamtes in Wien ergibt: Der Fluss enthält knapp ein Milligramm Aluminium pro Liter Wasser. Das ist das Fünffache jenes Wertes, bei dem die Fische sterben. Die Mütter zeigen uns Kinder mit Verätzungen und Ausschlägen an den Füßen. Sie sagen, das kommt vom Wasser.

Abb. 41–42:
David Ferreira dos Santos nimmt eine Machete und schlägt uns einen Weg zur nahe gelegenen Deponie. Hier stehen wir nun auf der Außenseite der angeblich so sicheren Rotschlamm-Deponie. Vor drei
Jahren, erzählt David, gab es eine Überschwemmung wo der Rotschlamm massenhaft über die Wände
des Beckens gelaufen ist. Kinder behielten bleibende Narben auf der Haut, manche Brunnen sind
noch immer vergiftet.

Abb. 43:
Die Mine am Rio Trombetas ist Hunderte Kilometer von jeder größeren Stadt entfernt. Vom Flugzeug wirkt der Regenwald rundum vollkommen unberührt.

Abb. 44–47:
Mitten im brasilianischen Regenwald liegt eines der größten Bauxit-Abbaugebiete der Welt. Hier werden jährlich mehr als 18 Millionen Tonnen des Aluminiumerzes gefördert. Dazu muss zunächst unberührter Regenwald geschlägert werden. Die Bauxitschicht liegt ungefähr sechs Meter unter der Erde. Die obere Gesteinsschicht wird von riesigen Maschinen zur Seite geschoben. In Trombetas wird im

Drei-Schicht-Betrieb rund um die Uhr gearbeitet. Bauxit ist derzeit hochbegehrt und die Shareholder des Unternehmens freuen sich über die »profitabelste Mine der Welt«. Ursprünglich sollte die Mine für 100 Jahre reichen, nun ist nur noch von 20 Jahren die Rede. Dann wird um die Abbaurechte im Nachbarbezirk verhandelt.

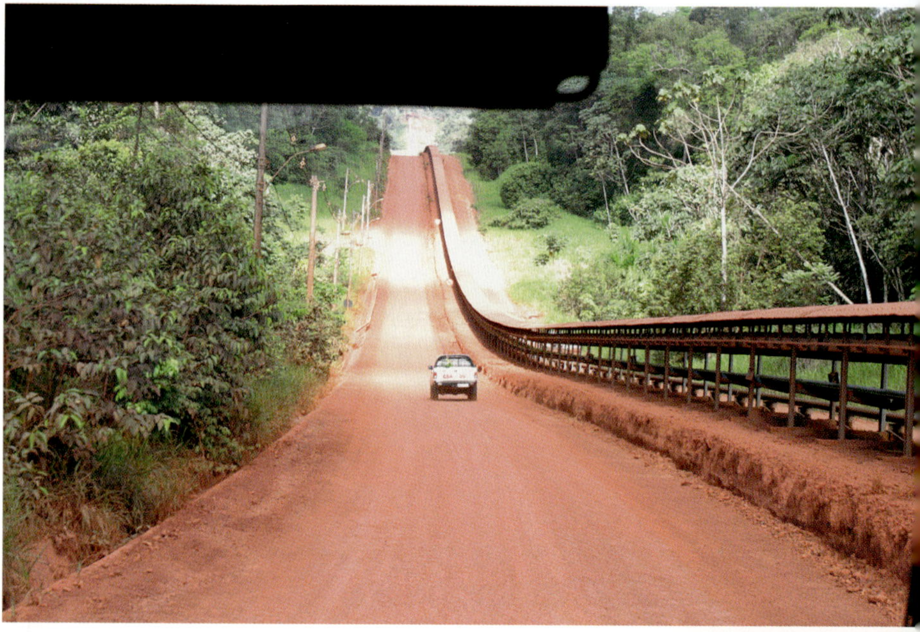

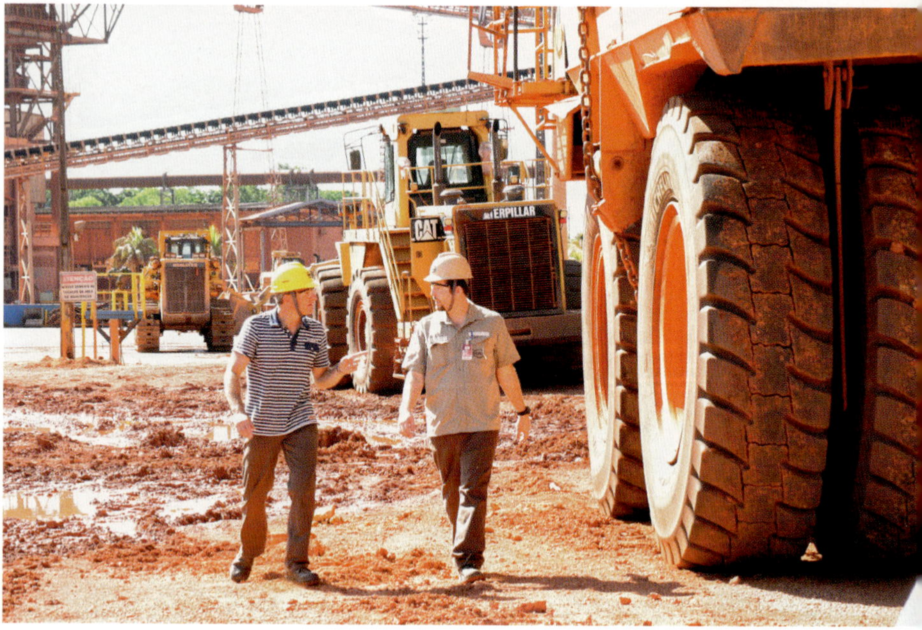
CAT

Abb. 48–50:
Die Mine am Rio Trombetas wurde vor 30 Jahren eröffnet. Seither rückten die Abbaugebiete immer mehr von der Siedlung der Minenarbeiter weg. Nun fährt man bereits rund eine Stunde: Neben den Straßen wird auf Förderbändern über viele Kilometer das Bauxit transportiert. Jedes Jahr wird hier Regenwald im Ausmaß von etwa 250 Fußballfeldern neu gerodet.

Abb. 51: Mittlerweile versuchen die meisten Alu-Konzerne, die Minen nach der Ausbeutung wieder aufzuforsten. Dafür werden die robustesten 120 der einst 400 verschiedenen Arten der Regenwald-Flora kultiviert. Doch das Problem ist der zerstörte Humusboden. Sogar Wälder, die vor mehr als 20 Jahren aufgeforstet wurden, wirken im Vergleich zum einstigen Primär-Regenwald armselig.

Abb. 52: Der Wasserbedarf einer Bauxitmine ist enorm. Das Erz muss gewaschen und getrocknet werden, bevor es weiterverschickt werden kann. Dafür werden Stauseen angelegt. Doch das Wasser verschlammt durch den feinen Bauxitstaub rasch. Tiere und Pflanzen gehen ein.

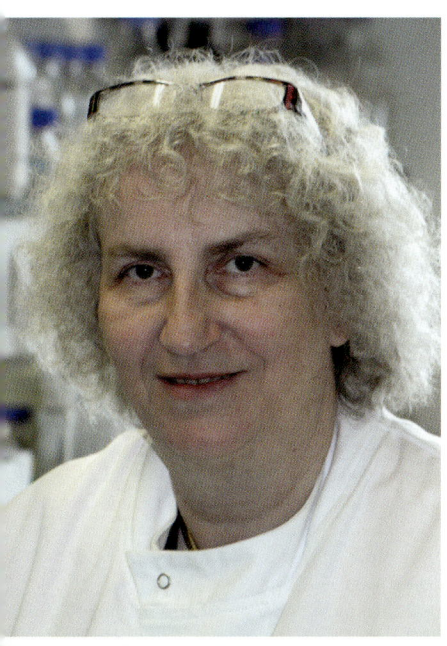

Abb. 53:
Die britische Professorin Philippa Darbre befasst sich seit 20 Jahren an der Universität Reading bei London mit der Entstehung von Brustkrebs. Sie wies nach, dass Aluminium aus Kosmetikprodukten, vor allem aus Deodorants, ein wichtiger Risikofaktor ist: Aktuelle Arbeiten zeigen, dass gesunde Brustzellen, wenn sie über längere Zeit mit Aluminium konfrontiert werden, krebsartig zu wuchern beginnen.

Abb. 54: Günter Paroll, 57, war gerade Anfang 50, als bei ihm die ersten Anzeichen der Alzheimer Krankheit auftraten. Seine Frau Graziella bemerkte, dass Günter, seit sie ihn kennt, »seit nunmehr 28 Jahren« täglich aluminiumhaltige Medikamente gegen Sodbrennen schluckt. Diese Mittel sind rezeptfrei in der Apotheke erhältlich, obwohl bekannt ist, dass hohe Dosen von Aluminium Demenz auslösen können. In der Patienteninfo steht es denn auch: Bei längerer Einnahme müssen die Aluminiumspiegel im Blut gemessen werden! »Das hätten wir vielleicht früher mal lesen sollen«, sagt Graziella.

Abb. 55: Chris Exley (am Foto rechts mit Buchautor Bert Ehgartner) ist Professor für bioanorganische Chemie an der englischen Keele University. In der Branche gilt er als »Mister Aluminium«. Es gibt wahrscheinlich weltweit niemanden, der intensiver über dieses geheimnisvolle und bedrohliche Metall geforscht hat. Obwohl Aluminium das häufigste Metall der Erdkruste ist, ist keine einzige biochemische Funktion bekannt, für die es gebraucht würde. Während der Entstehung des Lebens auf der Erde war Aluminium fest in den Gesteinen gebunden. Erst seit Beginn des 20. Jahrhunderts wird es in ständig größerem Umfang und mit enormem Aufwand an Energie aus den Verbindungen gelöst. Exley beschreibt Aluminium als »stillen Besucher«, auf den das Leben nicht vorbereitet ist: Wir kennen keine Abwehrmechanismen – aber bereits mehr als 200 biochemische Abläufe im Körper, von denen wir wissen, dass Aluminium sie stört, unterbindet oder verzögert. »Das Leben passt sich derzeit an Aluminium an«, sagt Exley. »Was dabei heraus kommt, ist vollkommen ungewiss.«

Abb. 56: Für den englischen Biologen Doug Cross, 75, begann eine brisante Recherche, als im Juli 1988 plötzlich das Wasser so eigenartig schmeckte, die Fische im nahen Bach starben und die Haare seiner Frau Carole sich unter der Dusche blau verfärbten. Nach Wochen des Leugnens und der Verharmlosung musste das örtliche Trinkwasser-Werk von Camelford schließlich zugeben: Ein Aushilfs-Fahrer hatte zwei Tanks verwechselt. Aluminiumsulfat, das zur Ausflockung von Schmutzteilchen im Wasser eingesetzt wird, wurde gleich an die Haushalte ausgeliefert. Zur Jahrtausendwende spitzte sich die Lage weiter zu: Immer mehr Bürger von Camelford zeigten Anzeichen von Gedächtnisstörungen und Demenz. Dann erkrankte Carole Cross an einer fulminanten Form von Alzheimer. Binnen eines Jahres, mit nicht einmal 60 Jahren, war sie tot. Doug bestand auf einer Untersuchung des Gehirns seiner Frau. Der Gutachter fand enorme Mengen an Aluminium.
Bis heute verwenden zahlreiche Wasserwerke Aluminiumsulfat oder Aluminiumchlorid zur Säuberung von Trinkwasser.

Die echten Influenzaviren waren gerade mal für 3 Prozent der Krankenhauseinweisungen verantwortlich. Einen großen Block von 36 Prozent teilten sich verschiedene andere Virenarten. Und bei den restlichen 39 Prozent der Patienten waren gar keine Viren nachweisbar. Als Nächstes prüften die Wissenschaftler, wie ernsthaft die Krankheiten – je nach Verursacher – verliefen. Im Schnitt betrug die Aufenthaltsdauer der Kinder im Krankenhaus zwei Tage. Mit RS-Viren infizierte Kinder hatten zu 79 Prozent eine Entzündung der Bronchien, jene mit Parainfluenzaviren zu 25 Prozent und jene mit Influenza zu 20 Prozent. Eine Lungenentzündung bekamen 27 Prozent der Kinder mit RS-Viren, 10 Prozent der Kinder mit Parainfluenzaviren und 5 Prozent der Grippefälle. Fünf Kinder mit RS-Viren und eines mit Parainfluenzaviren-Infektion mussten auf die Intensivstation überstellt werden, hingegen kein einziges Kind mit Influenza-Infektion.

Diese Ergebnisse sind also ein starkes Indiz dafür, dass die Grippe, speziell bei Kindern, stark überschätzt wird. Wenn schon, so wäre es sinnvoller, die Kinder gegen RS-Viren und gegen Parainfluenzaviren impfen zu lassen als gegen die vergleichsweise harmlose Grippe.

Bei älteren Menschen gewinnen die Influenza-Viren etwas an Bedeutung, doch im Prinzip stellt sich die Situation auch hier ähnlich dar. Es gibt mehr als zweihundert Erreger, die ähnliche Krankheiten wie die Influenza auslösen können. Dass die »echte Grippe« darunter die mit Abstand gefährlichste darstellt und alles andere »banale Infekte« sind, ist ein Märchen, das lediglich der Werbung für die Grippe-Impfung dient. RS-Viren können – speziell bei Babys und Kleinkindern – wesentlich problematischer sein. Bloß gibt es hier keine Impfungen und keine Tamiflu-Pillen, die verkauft werden könnten.

Doch warum hat sich nicht längst jemand die Mühe gemacht, eine Impfung gegen RS-Viren herzustellen? Bei einer derartigen Verbreitung dieser Viren müsste das doch ein gutes Geschäft sein. Die Antwort lautet, dass es in der Tat mehrfach versucht wurde, eine solche Impfung zu erzeugen, dass sich die Hersteller bisher aber stets die Zähne daran ausgebissen haben.[88][89] Und zwar mit dramatischen Ergebnissen. In den 60er Jahren wurde ein aluminiumverstärkter RSV-Impfstoff an Kindern getestet. Zunächst waren die beteiligten Wissenschaftler hochzufrieden, denn alles schien nach Plan zu laufen: Bei 91 Prozent der Kinder stiegen infolge der Impfung die Antikörper gegen RS-Viren im Blut um das zumindest Vierfache an. An sich sollte das ausreichen, um die Kinder vor Infektionen mit diesen Viren zu schützen.

Dem war aber gar nicht so. Dies zeigte ein drastischer Test, der heute nicht mehr genehmigt werden würde, damals aber noch üblich war: Sowohl die geimpften Kinder als auch eine ungeimpfte Kontrollgruppe wurden nämlich mit echten RS-Viren besprüht, damit man ermitteln konnte, ob die Impfung wirkt. Daraufhin erkrankten in beiden Gruppen gleich viele Kinder. Die Impfung bot also keinen Schutz.

Doch es kam noch schlimmer. Denn während in der ungeimpften Gruppe nur 5 Prozent der Teilnehmer beim Kontakt mit den Viren schwere Symptome entwickelten, mussten in der geimpften Gruppe gleich 80 Prozent der Kinder ins Krankenhaus eingeliefert werden. Dasselbe passierte geimpften Kindern, die sich – außerhalb der medizinischen Testserie – auf natürlichem Wege mit RS-Viren infizierten. Sie erlitten schwerwiegende Entzündungen der Bronchien, oft verbunden mit komplizierten Lungenentzündungen. Zwei Kinder aus der Versuchsgruppe starben daran. Bei der Untersuchung der Todesfälle fand sich in den Lungen der Kinder ein Desaster: Das Immunsystem – vor allem waren es natürliche Killerzellen – hatten auf das von den Antikörpern markierte Gebiet in Bronchien und Lunge einen regelrechten Generalangriff unternommen und alle verdächtigen Zellen zerstört. Der Schaden an den Organen der Kinder war enorm. Der Impfstoff hatte das Immunsystem also derart scharfgemacht, dass es selbst gefährlicher wurde, als es die Viren je gewesen wären.

Die im Jahr 1969 veröffentlichte Original-Arbeit[90] zu diesem katastrophalen Impfstoff-Versuch kommt zu folgendem ernüchternden Schluss: »Es erscheint klar, dass Kinder, welche diesen Impfstoff erhalten, gegen auftretende Infektionen nicht geschützt sind und stattdessen – wenn sie sich auf natürlichem Wege infizieren – deutlich ernsthafter erkranken.« Was genau hier passiert ist, war lange Zeit ein Rätsel. Die Impfstoff-Hersteller vergaben Forschungsaufträge, um die Mechanismen aufzuklären. Denn nur wenn herausgefunden werden könnte, was die Probleme ausgelöst hatte, wäre es möglich, irgendwann einen neuen Impfstoff gegen RS-Viren auf den Markt zu bringen.

Eine dieser Gruppen arbeitete – 30 Jahre nach den Ereignissen – in den Niederlanden. Das Team bestand aus sieben Wissenschaftlern des Forschungs-Laboratoriums für Infektionskrankheiten in Bilthoven und des Departments für Virologie der Erasmus Universität in Rotterdam. Verantwortlich für das Projekt zeichnete Anita Boelen. Sie erhielt einen auf vier Jahre befristeten Vertrag von einem Pharmakonzern und stellte die damalige Versuchsanordnung möglichst genau nach. Allerdings nicht mit Kindern, sondern mit Mäusen.

Die Tiere wurden in drei Gruppen geteilt. Eine blieb ungeimpft, eine erhielt die RSV-Impfung, so wie sie auch in den 60er Jahren gegeben wurde, und eine dritte Gruppe erhielt eine Pseudo-Impfung. Sie enthielt die ganzen Bestandteile der Original-Impfung, also auch den Aluminium-Anteil, aber nicht die in der Impfung verwendeten Antigene, nämlich die abgetöteten RS-Viren.

Einige Tage nach der Impfung wurden die Mäuse – so wie im Original-Versuch – mit lebenden RS-Viren infiziert. Dazu wurden die Viren mit einer speziellen Vorrichtung in Nase und Mund der Mäuse geblasen. Und abermals passierte dasselbe wie bei den Kindern: Die geimpften Mäuse erlitten schwere Lungenschäden, die ungeimpfen nur einen harmlosen Schnupfen.

Bei der genauen Analyse der vom Immunsystem freigesetzten Zytokine, Antikörper und aktiven Zellen in der Lunge zeigte sich ein gewaltiger Unterschied: Während die ungeimpften Tiere auf die Infektion mit einer zellulären Immunantwort reagierten, hatte die

Impfung die Immunreaktion vollständig umgepolt. Und daraus resultierte enormer Schaden: Die Lunge der Mäuse war ein Schlachtfeld.

Was Anita Boelen am meisten verwunderte, war allerdings das Verhalten der dritten Gruppe, welche nur mit dem Aluminium-Gemisch geimpft wurde, das keine Wirkstoffe enthielt. »Überraschenderweise war diese Immunantwort in der Gruppe mit dem aluminiumadjuvierten Pseudo-Impfstoff sogar noch stärker ausgeprägt«, heißt es dazu in der Veröffentlichung dieser Studie, die 2001 im Fachjournal *Vaccine* erschien[91].

Im Diskussions-Teil der Arbeit schreibt Anita Boelen: »Unsere Resultate unterstützen die Bedeutung von Impfbestandteilen abseits der RSV-Antigene: Höchstwahrscheinlich ist das Aluminium-Adjuvans Auslöser der von der Impfung ausgelösten Immunschäden. Es ist wirklich überraschend, dass bisher nur einige wenige Studien von diesem Phänomen Notiz genommen haben.«

Ich habe mit Anita Boelen Kontakt aufgenommen und sie gefragt, ob sie sich in der Folge noch genauer mit diesem Phänomen beschäftigt hat. Sie verneinte. Der Forschungsvertrag lief nach vier Jahren aus und ihr Geldgeber – ein Impfstoff-Hersteller – hatte kein Interesse an einer weiteren Aufklärung der Rolle des Aluminiums. Heute arbeitet Boelen in einer ganz anderen Abteilung und statt mit Impfungen beschäftigt sie sich mit Schilddrüsen-Hormonen. Sie bedaure das, sagte sie, denn wichtig hätte sie es schon gefunden, einen in Kinderimpfstoffen so weit verbreiteten Inhaltsstoff genauer auf seine Sicherheit zu testen. Auch abseits der missglückten RSV-Impfung. »Ich denke schon, dass es möglich ist, dass Aluminium die Immunantwort auf virale Proteine generell beeinflusst«, schrieb mir Boelen in einem abschließenden E-Mail. »Der Vorfall mit der RSV-Impfung zeigte ja recht drastisch, welche gravierenden Veränderungen der Immunreaktion es auslösen kann.«

Das Besondere in Boelens Arbeit war die Verwendung der Pseudo-Impfung, die aus einem Aluminium-Gemisch ohne eigentliche Wirkstoffe bestand. In der Analyse der Ergebnisse zeigte sich, dass dieses Gemisch überraschender Weise sogar noch stärkere Schäden in der Lunge der Tiere anrichtete als die echte Impfung. Die zweite Überraschung war, dass die Impfung eigentlich wirkte, denn im Gegensatz zur Pseudo-Impfung unterband sie die weitere Ausbreitung der RS-Viren. Doch genützt hat das wenig. Weil das Immunsystem mit einer für diese Infektion völlig ungeeigneten Taktik vorging. So ähnlich wie eine Feuerwehr, die bei einem Küchenbrand das halbe Haus unter Wasser setzt, anstatt den kleinen Brand mit einem Hand-Löschgerät – ebenso wirkungsvoll, aber mit deutlich geringeren Schäden – zu löschen.

Bei den ungeimpften Tieren reagierte das Immunsystem mit einer sogenannten Th1-Reaktion. Diese Reaktion zeichnet sich vorrangig durch zelluläre Aktivität der Immunabwehr aus und ist gekennzeichnet durch den Einsatz spezieller Zytokine. Bei den Mäusen fand sich hier vor allem Gamma-Interferon und Interleukin-2. Ersteres ist ein Protein, das von Th1-Zellen gebildet wird und eine immunstimulierende und antivirale Wirkung entfaltet. Interleukin-2 ist ein Wachstumsfaktor für T-Zellen.

Dies wäre also die natürliche Immunreaktion gewesen, welche mit den Viren zurechtgekommen wäre, ohne unnötigen zusätzlichen Schaden im Gewebe anzurichten.

Die Aluminium-Verbindung änderte diese Immunreaktion dramatisch und drehte sie in Richtung einer sogenannten Th2-Antwort um. Anstatt Gamma-Interferon und Interleukin-2 wurden nun speziell Interleukin-4 und Interleukin-5 freigesetzt. Diese beiden Zytokine fördern die Aktivierung der B-Zellen, welche zur Antikörper-Produktion gebraucht werden, sowie die Bildung von sogenannten eosinophilen Granulozyten. Letztere spielen eine wichtige Rolle in der Parasitenabwehr. Im Inneren haben sie Bläschen, die mit toxischer Flüssigkeit gefüllt sind und die sie im Ernstfall auf die Parasiten spritzen und diese damit bekämpfen können. Eosinophile können aber auch für den Organismus selbst eine Gefahr darstellen. Gesichert ist ihre Rolle bei Asthma, wo sie Lungengewebe angreifen. Bei den meisten Allergien ist ihre Anzahl ebenfalls erhöht. Jedenfalls sind diese beiden »Waffen« der Immunabwehr für eine virale Infektion denkbar ungeeignet, wie sich am Beispiel der RSV-Impfung gezeigt hat.

Bedenklich ist, dass Aluminium als Wirkverstärker in Impfungen aber genau diese Th2-Antwort fördert. Hier liegt auch die biologische Ursache für den immer wieder auftretenden Verdacht, dass Impfungen Asthma und Allergien fördern. Und hier zeigt sich auch, wie wenig geeignet eine aluminiumgepushte Impfung für virale Infektionen ist. Denn die Frage, die sich hier stellt, ist ja, ob das Immunsystem nach so einer Intervention überhaupt wieder in der Lage ist, zu seiner natürlichen Reaktionsweise zurückzukehren, oder ob diese Manipulation in Richtung einer Th2-Antwort anhält.

Denn das würde dann bedeuten, dass auch nachfolgende Infekte, die gar nichts mehr mit der Impfung zu tun haben, vom Immunsystem falsch beantwortet werden.

Und wer weiß, vielleicht liegt beispielsweise bei einer Windpocken-Infektion, bei der ein Kind von Kopf bis Fuß mit Pusteln übersät ist und wo die Krankheit zwei bis drei Wochen braucht, bis sie endlich ausheilt, die wahre Ursache in einer der zurückliegenden aluminiumhaltigen Impfungen begründet. Vielleicht wurde auch hier das Immunsystem in eine falsche Richtung gepolt. Welcher Arzt käme auf die Idee, dass es sich bei diesem ungewöhnlich drastischen Verlauf um die Nachwirkungen der vielleicht schon mehrere Monate zurückliegenden Sechsfach-Impfung handeln könnte? Wohl kaum einer. Zumal dieser Bereich auch wissenschaftlich vollständig unerforscht ist. Schuld wären in so einem Fall dann zweifellos die bösen und gefährlichen Windpocken-Viren.

Und wenn vermehrt solche ernsthafteren Verläufe von Windpocken auftreten, ergäbe sich daraus ein tolles Argument für die Notwendigkeit der Windpocken-Impfung. Und genau dies ist ja auch geschehen. Bei der Einführung der allgemeinen Baby-Impfung gegen Windpocken im Jahr 2006 argumentierte die STIKO genau so: Die Windpocken seien bei Weitem nicht mehr so komplikationslos, wie früher angenommen wurde, immer häufiger treten schwere Verläufe auf, die auch zu Krankenhaus-Einweisungen führen. Somit schafft eine Impfung die Basis für die Einführung einer anderen. Und die beteiligten Impfexperten denken auch noch, dass sie kluge und weitsichtige Entscheidungen im Sinne der Gesundheit treffen.

Das »schmutzige, kleine Geheimnis« der Immunologie

Aluminiumhaltige Hilfsstoffe werden mittlerweile seit mehr als 80 Jahren in Impfungen eingesetzt. Trotz dieser langen Zeitspanne wird der präzise Mechanismus, über den diese Substanzen die Wirksamkeit der Impfungen fördern, paradoxerweise noch immer nicht ausreichend verstanden.[92 93 94] Charles Janeway Jr., Immunologe der Yale University in New Haven, bezeichnete Aluminium deswegen im Jahr 1989 als »dirty little secret«, als schmutziges kleines Geheimnis der Immunologie.[95] Janeway versuchte sich auch gleich an einer Deutung, worin dieses Geheimnis bestehen könnte. Er nahm an, dass Aluminium den Organismus an molekulare Muster von Krankheitserregern erinnert und deshalb die Reaktion des Immunsystems verstärkt werde. Fünf Jahre später machte die kalifornische Immunologin Polly Matzinger dieser Erklärung Konkurrenz, indem sie ein »danger Modell« präsentierte.[96] Demnach würden nicht angeborene Muster das Immunsystem zu einer Reaktion mit bleibendem Immungedächtnis herausfordern, sondern Gefahrensignale von Zellen und handfester Zelltod. Wenn Aluminium die Wirkung einer Impfung derart verstärkt, wäre der Effekt also wirklich »dirty«. Das Immun-Modell Matzingers wurde von vielen Wissenschaftlern heftig kritisiert. Nach aktuellen Erkenntnissen über die Wirkungsweise von Aluminium, die in den letzten paar Jahren veröffentlicht wurden,[97 98] zeigte sich jedoch, dass Matzingers Thesen wesentlich realitätsnaher waren als jene von Janeway.

Die Verwendung von Aluminium als Hilfsstoff oder Adjuvans (von lat. *adjuvare*, unterstützen) in Impfstoffen begann jedoch bereits zu einem Zeitpunkt, als noch fast gar nichts über die Wirkungsweise des Immunsystems bekannt war, nämlich in der zweiten Hälfte der 1920er Jahre. 1931 publizierte Alexander Thomas Glenny seine Entdeckung eines an Aluminium gebundenen Diphtherie-Impfstoffes.

Wie die Impfstoff-Entwickler überhaupt auf die Idee kamen, das damals nahezu unbekannte Aluminium einzusetzen, ist ein Rätsel der Medizingeschichte. Ich fand in den Archiven keine Ansätze einer Erklärung. Bekannt ist lediglich, dass intensiv nach einer Substanz gesucht wurde, welche in der Lage war, im Tierversuch eine möglichst starke Antikörper-Antwort zu erzeugen. »Am wahrscheinlichsten ist tatsächlich die These, dass sie die verschiedenen Chemikalien einfach alphabetisch durchgegangen sind«, vermutet Alu-Experte Chris Exley. Dass Aluminium gut in der Lage ist, das Immunsystem zur Bildung von Antikörpern zu motivieren, ist bekannt. Alles andere blieb jedoch die längste Zeit im Dunkeln.

Trotz der enorm langen Anwendungserfahrung ist das Verständnis der Wirkmechanismen der Aluminiumsalze bis heute noch weitgehend ungeklärt. Erst 2006 erschien beispielsweise eine Übersichtsarbeit des schottischen Immunologen James M. Brewer mit dem programmatischen Titel: »(Wie) Funktionieren Aluminium-Adjuvantien?«[99] Darin drückt er seine Verwunderung darüber aus, dass trotz einer mehr als 70-jährigen Anwendungsgeschichte so wenig Wissen über die physikalisch-chemischen Interaktionen zwischen Aluminium und dem Impfstoff-Antigen besteht und auch die genaue biologische Wirkungsweise der Aluminiumsalze im Organismus bislang kaum studiert wurde.

Sicher ist bloß, dass Aluminium die spezifische Immunantwort gegen die Antigene des Impfstoffes verstärkt. Das funktioniert über mehrere Mechanismen. Zum einen wird durch die Bindung des Antigens an den Hilfsstoff eine verlangsamte Freisetzung und damit ein Depoteffekt erzielt. Dadurch kommen mehr Zellen des Immunsystems mit dem Wirkstoff in Kontakt und es erfolgt eine bessere Immunantwort mit einer breiteren Streuung auf Makrophagen, dendritische Zellen und Lymphozyten.

Eine der wichtigsten Anforderungen an einen Hilfsstoff ist, dass er die Immunantwort auf die Wirkstoffe in der Impfung fördert, aber gleichzeitig keine eigene Immunreaktion gegen sich selbst hervorruft. Adjuvantien sollen sich dann nach getaner Arbeit im Organismus wieder abbauen und ohne negative Folgen ausscheiden lassen. Soweit die Theorie.

Bei den bislang fast ausnahmslos verwendeten Adjuvantien handelt es sich um anorganische Salze, die schwer löslich sind und damit das an sie gebundene Antigen nur langsam freigeben. Zugelassen sind hier im Wesentlichen Aluminiumsalze in Form von Aluminiumphosphat und Aluminiumhydroxid.

Der Vorteil von Aluminiumsalzen ist, dass sie als Immunreaktion eine starke Antikörperbildung hervorrufen. Das heißt, sie aktivieren eher eine Th2-Reaktion des Immunsystems. Die zelluläre Abwehr (Th1-Reaktion) stimulieren sie hingegen nur gering.

Lebendimpfstoffe mit abgeschwächten Viren wie beispielsweise bei der Masern- oder Windpockenimpfung benötigen keine Adjuvantien, weil sie noch genug von ihrer ursprünglichen Struktur bewahren, um von der angeborenen Immunabwehr als Eindringlinge ernst genommen zu werden. Sie fungieren also als ihr eigenes Adjuvans. Auch ganze, abgetötete Bakterien benötigen meist keinen Hilfsstoff, um eine geeignete Immunantwort auszulösen. Sehr wohl hingegen Bakterienteile oder bestimmte Oberflächenproteine. Hier sind die Antigene scheinbar für das Immunsystem nicht »bedrohlich« genug, um auf sie zu reagieren. Erst die durch die Aluminiumsalze hervorgerufene Entzündung an der Einstichstelle sorgt für die Alarmierung des Abwehrsystems. Da die anorganischen Salze vom Immunsystem aber als Nicht-Lebewesen ignoriert werden, werden die an derselben Stelle vorgefundenen Antigene für die Verursacher des Desasters gehalten und von den dendritischen Zellen gefasst und zu den Lymphknoten geführt. Das Aluminium jubelt also, salopp formuliert, den Polizisten der Immunabwehr einen falschen Verdächtigen unter, den es als Brandstifter im Gewebe denunziert.

Für das Immunsystem sind die aggressiven Metall-Verbindungen eine unbekannte Größe. Weil sie an der Einstichstelle auch gleich gewaltiges Chaos anrichten und massenhaft Zellen schädigen und abtöten, besteht dringender Handlungsbedarf. Zumal auch die Zellen im Todeskampf Alarmstoffe freisetzen und damit um Hilfe rufen. Dabei handelt es sich unter anderem um Harnsäure, einen der wichtigsten Signalstoffe, der bei plötzlichem Zelltod ausgeschüttet wird. Über die Art der Bedrohung können die Zellen jedoch keine Informationen vermitteln. Es handelt sich um einen unspezifischen Alarm. Die Gefahr könnte von überallher stammen.

Erst mit diesem Trick, dem »Dirty Little Secret« der Immunologie, gelingt es, das Immunsystem dazu zu zwingen, die Impf-Antigene ernst zu nehmen. So wie eine Alarmeinheit der Polizei, die zu einem Terroranschlag gerufen wird, alle Personen festhalten wird, die in der Nähe des Tatorts angetroffen werden, steht auch für das Immunsystem jedes fremde Molekül unter Tatverdacht. Die Aluminium-Verbindung selbst, die den Schaden zum Großteil angerichtet hat, wird in den meisten Fällen jedoch ignoriert. Es ist für das Immunsystem, das über Milliarden von Jahre seine Handlungsmuster eingeübt hat, ein unbeschriebenes Blatt. Die paar Jahrzehnte, in denen Aluminium nun vermehrt in unserem Lebensraum vorkommt, haben im evolutionären Gedächtnis des Immunsystems nicht ausgereicht, um Spuren zu hinterlassen. Über Aluminium liegen keine Informationen vor und deshalb wird es in den meisten Fällen vom Immunsystem nicht für den Täter gehalten.

Immunologen und Impf-Experten halten diese Eigenschaft des Aluminium für genial. Dadurch können sie es als jenen Geheimagenten verwenden, mit dessen Hilfe man alle möglichen Substanzen in den Organismus einschmuggeln kann. Mit Hilfe von Aluminium kann man das Immunsystem also in jede Richtung manipulieren und gegen fast alles aggressiv machen. Es kommt bloß darauf an, womit Aluminium kombiniert wird.

Im Tierversuch wird das sogar dazu genutzt, um bestimmte Modell-Krankheiten auszulösen. Also beispielsweise Mäuse gegen Blütenpollen zu allergisieren. Daraufhin wird dann versucht, die künstlich krank gemachten Mäuse wieder zu heilen. Dasselbe gilt für die experimentelle Auslösung von Asthma bei

Mäusen. Im Standardverfahren wird dazu Ovalbumin, das mengenmäßig häufigste Protein in Hühnereiern, als Antigen eingesetzt und mit Aluminiumhydroxid als Adjuvans gemischt. Wird dieses Gemisch den Labormäusen gespritzt, so kommt es zuverlässig zu asthmatypischen Anfällen. Das äußert sich über Entzündungen der Atemwege und der Lunge. Die in den Messungen gefundenen hohen Antikörper-Titer gegen Allergene sowie der deutliche Anstieg von entzündungsauslösenden Zytokinen entsprechen weitgehend jenem Muster, das auch bei Menschen mit Asthma auftritt. Insofern gilt das Mausmodell als abgesichert und die Wissenschaftler versuchen nun, mit den verschiedensten Mitteln, die Mäuse wieder gesund zu machen oder zumindest deren Symptome zu lindern. Mit diesem Ansatz, so ihre Hoffnung, würde man irgendwann auch ein geeignetes Heilmittel für Asthma beim Menschen finden.

Dass diese Allergisierung auch unbeabsichtigt stattfinden kann, ist einer der vielen Nachteile von Aluminium in Impfstoffen. Denn auch hier finden sich oft Rückstände vom Herstellungsprozess, deren Eindruck auf das Immunsystem dann ebenfalls von Aluminium verstärkt wird. Das können Rückstände von Hefekulturen sein, in denen ein Keim vermehrt wurde oder bestimmte Proteine. Wenn nun – über die Nahrung oder über die Atemwege – harmlose Partikel in den Organismus kommen, welche die wartenden Antikörper nervös machen, weil sie sie an die Rückstände in der Impfung erinnern, so geht das Immunsystem gegen diese Eindringlinge vor. Das Problem dabei ist allerdings, dass sich die Zellen des Immunsystems nicht nur die einzelnen Proteine – beispielsweise die Blütenpollen von Birken – vornehmen, sondern gleich das ganze Areal attackieren und mit entzündungsauslösenden Zytokinen bombardieren, in denen diese verdächtigen Fremdkörper gesichtet wurden. Für die Betroffenen macht sich dies als Asthma- oder Neurodermitis-Schub bemerkbar oder als eine andere der vielen weiteren Erscheinungsformen allergischer Prozesse.

Dazu gibt es beunruhigende Beobachtungen, welche weit über das relativ simple allergische Reaktionsmuster hinausgehen und in ihrer Entstehung derzeit noch kaum verstanden werden. So weiß man aus Untersuchungen, dass Patienten, die an der schweren entzündlichen Darmkrankheit Morbus Crohn leiden, auffällig häufig Antikörper gegen einen Pilz namens »Saccharomyces cerevisiae« haben, besser bekannt als Bäckerhefe.

Nun eignet sich Bäckerhefe hervorragend als Basis-Modul einer biotechnologischen Fabrik. Wenn der Hefe nämlich zusätzliche genetischen Informationen untergejubelt werden, so beginnen die Pilze damit, diese Moleküle gemäß dieser Bauanleitung herzustellen. So wurde die Hefe zu einem der wichtigsten Grundsubstanzen der boomenden Biotech-Industrie.

Auch Impfstoffe werden vermehrt mit Hilfe der Gentechnik hergestellt. Pionier dieser neuen Technologie war der Hepatitis-B-Impfstoff des US-Herstellers Merck, der im Jahr 1999 unter dem Handelsnamen Recombivax HB auf den Markt kam.

Und wenn man die Produkt-Information der US-Gesundheitsbehörde FDA zu Recombivax HB liest,[100] so findet sich dort folgende Passage:

»Ein Teil des Hepatitis-B-Virus-Gens, welches die Bauanleitung für ein Hepatitis-B-Oberflächen-Antigen enthält, wird in Hefe eingeschleust und der Impfstoff für Hepatits B wird aus den Kulturen dieser gentechnisch veränderten Hefe produziert. Das Antigen wird geerntet und von den Rückständen der Fermentations-Kulturen der veränderten Zelllinie der Hefe Saccharomyces cerevisiae gereinigt.«

Aluminium-Verbindungen werden bei der Herstellung dieses Impfstoffes gleich zweifach angewendet. Zum einen wird Potassium-Aluminium-Sulfat benützt, um die über toxisches Formaldehyd abgetöteten Hepatitis-Antigene zu binden und aus der Mischung abzuscheiden. Schließlich wird dem solcherart erzeugten Roh-Impfstoff noch amorphes Aluminium-Hydroxyphosphat-Sulfat (AAHS) als Wirkverstärker hinzugefügt. Bei AAHS handelt es sich um eine von Merck-Wissenschaftlern entwickelte verstärkte Form des bisher hauptsächlich als Adjuvans eingesetzten Aluminiumhydroxids.

Nebenbei sei noch einmal daran erinnert, dass es nicht vorgeschrieben ist, derartige neue Chemikalien in eigenen Sicherheitstests auf ihre Auswirkungen auf die Gesundheit der Impflinge und die langfristigen Folgen für deren Immunsystem zu prüfen. Während die Zulassungsbehörden bei jedem anderen Arzneimittel strenge Sicherheitstests verlangen, wenn neuartige Substanzen auf den Markt gebracht werden, gibt es bei Impfstoffen einen Blanko-Freibrief für alle Aluminium-Verbindungen. Scheinbar gilt hier die Devise, dass eine Aluminium-Mischung prinzipiell so harmlos ist wie jede andere und die jahrzehntelange Anwendung dieses Metalls in Impfstoffen per se schon die Sicherheit garantiert. Natürlich hat Merck selbst Labor- und Tierversuche durchgeführt, um die Eignung von AAHS als Wirkverstärker zu testen. Doch derartige Studien gelten als geheim und werden nicht öffentlich publiziert. Also wurde das neu entwickelte AAHS gleich zusammen mit Recombivax HB in den Zulassungsstudien am Menschen getestet und dann auf den Markt gebracht.

Die aus dem behördlichen Bericht zitierte Reinigung des gentechnisch erzeugten Antigens von den Pilz-Rückständen funktioniert allerdings nicht vollständig. Im FDA-Papier heißt es: »Der Impfstoff kann bis zu 1 Prozent Pilz-Proteine enthalten.«

Wie sich Antikörper gegen diese Pilz-Proteine im Organismus auswirken, darüber ist wenig bekannt. Untersuchungen verheißen jedoch nichts Gutes. Eine im Jahr 2007 veröffentlichte Studie[101] mit 117 langjährigen Morbus-Crohn-Patienten ergab bei 73 Prozent der Teilnehmer Antikörper gegen Bäckerhefe. Bei gesunden Vergleichspersonen werden derartige Antikörper hingegen nur ganz vereinzelt entdeckt.[102] Auffällig ist eine Parallele von hohen Antikörper-Titern mit der Schädigung eines Gens, das im Management von Darm-Infektionen eine wichtige Rolle spielt. In beiden Fällen sind die betroffenen Patienten jünger, die Krankheit schwerer, Engstellen sowie Durchbrüche des Darms häufiger und dementsprechend auch die Notwendigkeit von operativen Eingriffen.

Bei den Autoren dieser Studie handelt es sich um ein Team von Experten für chronische entzündliche Darmkrankheiten der Johns Hopkins Universität in Baltimore im US-Bundesstaat Maryland. Über die möglichen Gründe für die Entstehung derart ungewöhnlicher Antikörper gegen Bäckerhefe wird in der ganzen Studie kein Wort verloren. Stattdessen schließen die Wissenschaftler ihre Arbeit mit einer Empfehlung für ihre Kollegen:»Die Messung des Antikörper-Titers kann sich bei der Risiko-Einschätzung der Patienten als sinnvoll erweisen, indem Patienten mit höherem Titer eine aggressivere anti-entzündliche Therapie verordnet wird.«

Während also die einen Wissenschaftler Aluminium gezielt einsetzen, um zur Erprobung neuer Therapien Tiere krank zu machen, wird beim »normalen« Einsatz von Aluminium in Impfstoffen nicht einmal darüber diskutiert, welche Konsequenzen dies haben könnte.

Das Gegenteil von neutral

In der Wissenschaft setzt sich der Trend zum Spezialistentum ungehemmt fort. Es ist heute nicht mehr üblich, links und rechts zu schauen und Erkenntnisse anderer Fachrichtungen in die eigenen Überlegungen mit einzubeziehen. Die zitierten Forscher der Johns Hopkins Universität sind stattdessen stolz auf eine Erkenntnis, die es den Klinikern ermöglicht, aggressive Therapien früher einzusetzen. Damit hat auch die Pharmaindustrie ihre Freude, weil die Medikamente zur Behandlung der Symptome von Autoimmunkrankheiten mittlerweile zu den teuersten Arzneimitteln zählen und Milliardenumsätze in ihre Kassen spülen. So forscht jeder isoliert vor sich hin – ein Zusammenführen der Ergebnisse ist unmodern geworden und wird weder beim Studium an den Universitäten gefördert noch ist es später in der Praxis erwünscht.

Dementsprechend verpuffen auch die vereinzelten kritischen Erkenntnisse. Etwa jene der Grundlagen-Forscher, welche den Einsatz von aluminiumhaltigen Adjuvantien zur Erzeugung von Modellkrankheiten im Tierversuch für nicht besonders klug halten. Und zwar deshalb, weil sich immer mehr herausstellt, dass Aluminium nicht so neutral ist, wie man bisher dachte. An sich sollte ein

Adjuvans ja selbst keine eigenen Einflüsse ausüben und lediglich den Eindruck verstärken, den das verwendete Antigen auf das Immunsystem bewirkt.

Bei den Wissenschaftlern, die mit derartiger Grundlagen-Forschung beschäftigt sind, setzt sich jetzt jedoch mehr und mehr die Erkenntnis durch, dass Aluminium eine ganze Menge im Organismus anstellt – und deshalb beispielsweise das Idealbild vom klaren und eindeutigen Asthma der Labortiere verfälscht.

Üblicherweise werden allergisches Asthma sowie auch Heuschnupfen oder Anaphylaxien – schwere Überreaktionen des Immunsystems – über Mastzellen ausgelöst. Diese Zellen des Immunsystems kommen überall im Körper, vor allem in den Schleimhäuten, vor. Sie besitzen Andockstellen für Antikörper. Wenn nun der Organismus Kontakt mit einem Allergen hat, passiert beim ersten Mal meist gar nichts. Die daraufhin massenhaft gebildeten Antikörper setzen sich unter anderem auf die Mastzellen. Mit ihrem Fußende verankern sie sich auf deren Oberfläche, ihre beiden ypsilonförmigen Enden stehen wie Antennen nach außen ab und prüfen ab sofort, ob dieselben Allergene wieder auftauchen. Wenn dieser Fall eintritt, so nehmen die Antikörper sofort Kontakt auf und koppeln sich mit ihren zwei freien Enden an das Allergen. Über die Verbindung zur Mastzelle geben sie Alarmsignale weiter. Und daraufhin beginnen die Zellen damit, ihre in Bläschen gespeicherten Zytokine auszuschütten. Das bekannteste ist Histamin, das bei der Abwehr körperfremder Substanzen sowie beim Umgang mit Entzündungen und Verbrennungen eine wichtige Rolle spielt. Berüchtigt sind seine Nebenwirkungen, die sich beim betroffenen Menschen bemerkbar machen: Histamin kann heftiges Jucken auslösen, Muskelkrämpfe, Schmerzen, Entzündungen der Haut und eben Asthmaanfälle.

»Aluminiumhydroxid«, heißt es in einem Forschungsbericht[103] einer Arbeitsgruppe um Holger Garn, dem Leiter des Departments für Klinische Chemie und Molekulardiagnostik an der Medizinischen Fakultät der Universität Marburg, »löst mastzellunabhängige allergische Entzündungen aus.« Deshalb stelle es bei

Untersuchungen zu Mastzellen einen Störfaktor dar. Außerdem sei Aluminium eine körperfremde Substanz, die in zahlreiche weitere Mechanismen involviert ist, welche die therapeutischen Strategien ungünstig beeinflussen können.

In Studien über Tierversuche wird also klar ausgesprochen, was von den meisten Impfexperten verschwiegen oder sogar geleugnet wird. Interessant ist auch ein weiteres Detail aus der Studie von Garn. Beim Versuch, die Mäuse ohne Mithilfe von Aluminium asthmakrank zu machen, zeigt es sich nämlich, dass die Zufuhr des Allergens sowohl über die Atemwege als auch über den Magen-Darm-Trakt keinen Erfolg bringt. »In den meisten Fällen führt das nur zu einer schwachen oder gar keiner allergischen Sensibilisierung.« Im Gegenteil: Die Tiere erwarben damit üblicherweise eine dauerhafte Toleranz gegen Hühnereiweiß. Ganz anders läuft es jedoch, wenn das Allergen injiziert wird. »Daraus resultieren konsistente starke allergische Sensibilisierungen.«

Ich finde diese Feststellung insofern bemerkenswert, als ja Impfexperten bei ihren Entlastungs-Argumenten immer wieder so tun, als ob es vollkommen gleichgültig wäre, ob eine Substanz gespritzt oder über die Nahrung aufgenommen wird. Speziell beim Thema Aluminium wird etwa ständig das Argument bemüht, dass auch in Nahrungsmitteln Aluminium enthalten sei und im Vergleich dazu die paar Milligramm aus den Impfungen vollkommen unbedeutend wären.

Als eines von unzähligen Beispielen sei dazu eine aktuelle Debatte aus Kanada zitiert.[104] Chris Shaw, Professor für Ophthalmologie an der Universität von British Columbia in Vancouver und seine Mitarbeiterin Lucija Tomljenovic hatten in einem Interview die Verwendung von aluminiumhaltigen Adjuvantien in Kinderimpfungen scharf kritisiert. »Aluminium ist ein eindeutiges Nervengift«, erklärte Shaw. »Und auch wenn es sich in den Impfungen um minimale Mengen handelt, so können diese kleinen Mengen für das Immunsystem dramatische Folgen haben.«

Als offizielle Verteidigerin der Impfungen sprang die Ärztin Meena Dawar, eine leitende Beamtin der kanadischen Gesundheitsbehörden, ein. »Jeden Tag retten Impfungen zahlreiche Leben«, begann sie das übliche Mantra. Von den Reportern auf Aluminium in Impfstoffen angesprochen, antwortete sie:»Wir können allen Menschen versichern, dass Aluminium sicher ist und dass dank Aluminium die Impfungen so gut wirken.« Die Menge an Aluminium, denen ein Baby bei den Impfterminen ausgesetzt werde, sei etwa dieselbe, welche es jeden Tag über Mutter- oder Flaschenmilch aufnehme.»Das ist ein Tropfen auf den heißen Stein, vollkommen unbedeutend und wird binnen Kurzem wieder ausgeschieden.«

Die Wissenschaftlerin Lucija Tomljenovic widersprach dieser Aussage vehement:»Man kann das überhaupt nicht vergleichen«, erklärte sie.»Von Nahrungsmitteln bleibt nur ganz wenig Aluminium im Organismus zurück, bei Impfungen ist die Situation vollkommen anders: Hier wird nahezu 100 Prozent vom Körper aufgenommen, weil der Magen-Darm-Trakt, über den die Ausscheidung passiert, bei Impfungen umgangen wird.« Injiziertes Aluminium sei deshalb um ein Vielfaches toxischer als über die Nahrung aufgenommenes.

Doch mit der puren Giftigkeit von Aluminium und dessen verheerenden Auswirkungen auf Körperzellen und Organsysteme ist es nicht getan. Wie wir in der deutschen Arbeit gesehen haben, ist auch der Einfluss auf das Immunsystem diametral verschieden, je nachdem ob etwas gegessen oder gespritzt wird.

Im Reich der Impf-Taliban

In nahezu jeder offiziellen Stellungnahme einer Behörde zu Aluminium wird einleitend festgestellt, dass Aluminium ein fixer Bestandteil der Umwelt ist. Dass es das häufigste Metall in der Erdkruste darstellt und ein Hauptbestandteil so geläufiger und harmloser Materialien wie Lehm, Schotter oder Tonerde ist. Nach dieser Einleitung wird meist die logisch scheinende Folge dieser Allgegenwart nachgeschoben. Dass Aluminium nämlich sowohl in Nahrungsmitteln als auch in lebenden Organismen in den verschiedensten

Konzentrationen enthalten ist. Diese Feststellung dient als eine Art Vorab-Freibrief für die weniger angenehmen Seiten des chemischen Verhaltens von Aluminium sowie die vielen Fragezeichen, die es bezüglich der biochemischen Aktionen dieses Elementes in einem lebenden Organismus gibt. Es wird also der Eindruck vermittelt, dass Aluminium zum Leben gehört und – selbst wenn man dies noch so sehr wollte – der Kontakt mit diesem Element sowieso nicht vermieden werden kann: weil es eben immer schon da war und immer da sein wird.

Nach dieser fatalistischen Einleitung, die – wie wir im 1. Kapitel gesehen haben – schon auf grundsätzlich falschen Voraussetzungen beruht, geht es dann an die konkrete Risikoeinschätzung. Als eines von vielen ähnlich klingenden Beispielen möchte ich hier ein Dokument der Europäischen Arzneimittelbehörde (EMA) zitieren, und zwar die Evaluation von vier Aluminium-Verbindungen[105] aus Sicht der Veterinärmedizin. Die ersten Punkte des Berichtes widmen sich der oben beschriebenen Vorab-Klausel. Dann werden verschiedene Arten von Aluminium beschrieben, Medizinprodukte, in denen diese enthalten sind, sowie typische Mechanismen, wie Aluminium im Stoffwechsel aufgenommen und wieder ausgeschieden wird. Dafür werden Studien im Labor, an Säugetieren und auch bei Menschen zitiert. Wie sich allerdings jenes Aluminium, das nicht wieder ausgeschieden wird, im Organismus verhält, darüber ist wenig bekannt. Trotz der massenhaften Anwendung stellen etwa die toxischen Eigenschaften von Aluminium ein wissenschaftliches Vakuum dar.

In Punkt sechs des EMA-Papiers heißt es dazu wörtlich: »Zur Toxizität von Aluminiumhydroxid gibt es nahezu keine Informationen, weder bei Versuchs- noch bei Haustieren.«

Wer nun annimmt, dass die Experten der Europäischen Arzneimittelbehörde dazu aufrufen werden, diese Wissenslücke schleunigst zu stopfen, irrt. Bei Aluminium besteht eine auffällige Berührungsangst – und man erkennt durchgehend den Wunsch, hier lieber nicht näher nachzuforschen.

Demnach folgt in Punkt sieben des EMA-Papiers denn auch folgender umständlich formulierte Satz, der für den Umgang der Behörden mit Aluminium bezeichnend ist.

Ich zitiere wörtlich: »Während keine Studien zur akuten Toxizität, zur Toxizität bei wiederholter Anwendung, zum toxischen Einfluss auf die Fortpflanzung – weder beim Fötus noch beim Embryo – sowie auch keine Studien zur Toleranz von Aluminium bei speziellen Arten verfügbar waren, wurde die Einbringung solcher Studien auch nicht als notwendig erachtet, weil Aluminium und seine Salze eine lange Geschichte der sicheren Verwendung, sowohl in der Human- als auch der Veterinärmedizin, vorweisen können.«

Bleibt die Frage, worauf sich die Behauptung der sicheren Verwendung von Aluminium stützt, wenn es doch dazu angeblich keine verfügbaren Studien gibt. Auf Treu und Glauben? Auf die Hoffnung, dass schon nichts passieren wird? Oder auf die simple Beobachtung, dass tatsächlich nur sehr wenige Impflinge unmittelbar nach dem Impftermin schwer erkranken oder sterben? Was sich auf längere Sicht nach einer Impfung im Organismus abspielt, wird nicht ordentlich untersucht. Und es gibt auch keine Anzeichen, dass sich dies in naher Zukunft ändern wird.

Dass es so wenige Studien zur Sicherheit von Aluminiumverbindungen gibt, hat auch damit zu tun, dass solche Arbeiten in den seltensten Fällen finanziell gefördert oder zumindest ideell unterstützt werden.

Im Gegenteil. Im Sommer 2011 zeigte mir eine befreundete Wissenschaftlerin das schriftliche Feedback, das ein Kollege von einem hochrangigen Fachjournal erhalten hatte. Dieser Kollege befasste sich mit der Toxizität von Adjuvantien in Impfstoffen und hatte seine fertige Arbeit hoffnungsvoll an ein geeignetes Journal geschickt. Nach einigen Wochen erhielt er vom verantwortlichen Redakteur folgende Nachricht:

»The article was not accepted under the criteria that it opens doubts regarding vaccines safety and it is inadmissible.«

Der Artikel wurde also deshalb nicht akzeptiert, »weil er Zweifel betreffend der Sicherheit von Impfungen aufkommen lässt, und das ist nicht zulässig.«

Dass viele Journale nach dieser Devise handeln, wissen alle, die sich etwas kritischer mit der Thematik befassen. So klar und deutlich formuliert bekommt man diesen Leitsatz aber selten zu sehen.

In den vielen Jahren, die ich nun im Wissenschafts-Journalismus arbeite, habe ich mich oft über die eifrig zelebrierte Feindschaft und Rivalität zwischen dem Berufsstand der Juristen und jenem der Mediziner amüsiert. Oft genug hat es mir aber auch geholfen, medizinische Abläufe aus rechtlicher Sicht zu betrachten – und ebenso oft habe ich die daraus abgeleiteten Standpunkte der Rechtswissenschaftler geteilt. Haben diese doch tatsächlich oft etwas mit Gerechtigkeit und logischem Denken zu tun, während sich die Medizinerseite meist auf ihren Status sowie die Verteidigung herkömmlicher Kenntnisse beruft.

Recht schön beschrieben wird dieser Konflikt in dem alten Witz, wo der Professor vom Jus-Studenten verlangt, das Telefonbuch auswendig zu lernen. Der Student fragt ihn, wozu das gut sein soll und was er mit dieser Aufgabe bezweckt. Der Medizinstudent hingegen reagiert auf denselben Auftrag mit zwei Worten: »Bis wann?«

Es ist immer wieder erstaunlich, zu welchen Ergebnissen Wissenschaftler außerhalb des engen »Impf-Experten-Zirkels« kommen, wenn sie ausnahmsweise einmal in diesem Bereich arbeiten. Und es ist zumeist erschreckend zu sehen, wie der Experten-Klüngel, der das Impfgeschäft nun schon Jahrzehnte abhandelt und alle relevanten Posten und Aufträge wieder unter sich aufteilt, dann reagiert.

Ein diesbezügliches Beispiel ist der Fall des Münchner Rechtsmediziners Randolph Penning. Er meldete drei Fälle von Babys, die kurz nach der Sechsfachimpfung mit Hexavac gestorben waren, als Verdachtsfälle für unerwünschte Arzneimittel-Reaktionen beim Paul Ehrlich Institut. Dies wurde öffentlich, eine Untersuchung eingeleitet, Hexavac wenig später vom Markt genommen (angeblich unabhängig von dieser Untersuchung). So weit, so gut.

Das wirklich Skandalöse waren die Aktionen, die im Hintergrund abgelaufen sind. Prof. Penning sagte mir, dass er in seinem ganzen

Leben noch nie einer solchen Schmutzkübel-Kampagne ausgesetzt war. Er wurde von den Impfexperten als Schwachsinniger hingestellt, der keine Ahnung von seinem Job hat, und das nur, weil er etwas tat, was an sich selbstverständlich wäre: Verdachtsfälle von möglichen Impfschäden zu melden.

Ähnlich erging es der Kanadierin Anita Kozyrskyj, Professorin für Gesundheitswesen an der Universität von Manitoba im Bundesstaat Winnipeg. Sie hatte ein großes Forschungsprojekt gegründet, in deren Zentrum eine Kohorte von mehr als 14.000 Kindern, bunt gemischt aus allen Gesellschaftsschichten, steht. Ihre einzige Gemeinsamkeit ist ihr Geburtsjahrgang, nämlich 1995. Die Kinder werden in regelmäßigen Abständen zu einem Besuch eingeladen, untersucht und ihre Daten stehen dann für Forschungen zur Kindergesundheit zur Verfügung.

Kozyrskyj und ihr Team haben bereits eine ganze Reihe von Arbeiten zu besonderen Fragestellungen veröffentlicht. Nun untersuchte sie mit ihrem Team den Zusammenhang zwischen dem Zeitpunkt einer Impfung und dem Auftreten von Asthma.

Dabei kam raus, dass Kinder, deren Impfungen im ersten Lebensjahr nach hinten verschoben wurden – aus welchen Gründen auch immer – ein signifikant geringeres Asthma-Risiko hatten.

Auch hier wieder derselbe Aufschrei. Kozyrskyj, die zuvor noch nie etwas zum Thema Impfen publiziert hatte, geriet plötzlich extrem unter Beschuss.

Solange es sich beim Impfwesen um vermintes wissenschaftliches Gelände handelt, wo jegliche Eindringlinge ins Revier der »Vaccinology« mit heftigsten Untergriffen – meist auf persönlicher und nicht auf fachlicher Ebene – geahndet werden, hege ich persönlich Sympathie für jegliche Übergriffe aus impffernen Fachgebieten.

Es ist gefährlich, ein so wichtiges Gebiet der Wissenschaft einer kleinen Gruppe von Fanatikern und Sektierern zu überlassen.

Ein besonderes Exemplar dieser Gattung ist Paul Offit, der sich in den USA als die Speerspitze der »Vaccinology« gebärdet.

Eine impfkritische Journalistin, die mit ihm für ein TV-Interview verabredet war, erzählte mir, dass Offit sie mit ihrem Team beim

Lift abholte und gleich burschikos mithalf, Stativ und Lichtkoffer zu tragen. Dann nahm er die Journalistin beiseite und fragte sie ungeniert, ob sie vielleicht Geld brauche. Er könne ihr behilflich sein, Aufträge zu bekommen, bei denen man auch »wirklich etwas verdienen« kann. Als die Journalistin dankend ablehnte, war es gleich vorbei mit der Freundlichkeit und Offit gab sich in der Folge als das, was er war: Der Bullterrier an der Impffront, der alles, was sein segensreiches Fachgebiet in Frage stellt, wütend niederbeißt.

Die Hand, die einen füttert ...

Zu sehr sind die Behörden längst emotional, fachlich – und auch finanziell – im selben Boot mit den Herstellern der Impfstoffe. In fast allen westlichen Industrieländern ist die Unsitte eingerissen, dass die Pharmaindustrie einen Großteil des Budgets der Aufsichts- und Zulassungsbehörden bestreitet. Das gilt sowohl für die Europäische Arzneimittelagentur (EMA), als auch die US-amerikanische Food and Drug Administration (FDA) wie auch für die meisten nationalen Behörden. Wenn man in Österreich beispielsweise mit dem Generalsekretär der Pharmazeutischen Industrie über die nationale Arzneimittelbehörde spricht, so hat man den Eindruck, dass es sich dabei um seine Angestellten handelt. Ineffektiv sei dieser riesige Apparat, Zulassungen dauerten zu lange und dann kämen auch noch lästige Schikanen, welche den Mitgliedern des Pharmaverbandes das Leben schwer machten. Als ich in dem Gespräch mit dem Pharma-Manager schließlich von der Idee eines leitenden Angestellten der Medizinmarktaufsicht erzählte, einen bestimmten Prozentsatz der Arzneimittel-Umsätze dafür einzubehalten, um unabhängige Studien zur Sicherheit und Sinnhaftigkeit umstrittener Medikamente zu finanzieren, war endgültig Schluss mit lustig und der Pharma-Manager geriet in Rage. Wenn diese Schnapsidee verwirklicht werde, ließ er durchblicken, bleibe es nicht mehr bei leeren Drohungen, »sondern dann machen wir ernst und drehen den Geldhahn ab.«

Auf der anderen Seite merkte man dem Leiter der Medizinmarkt-aufsicht an, wie sehr er alle seine Worte auf die rhetorische Gold-waage legte, um nur ja keinen Ärger zu provozieren. Bei Interviews für Printmedien geht sein Text durch drei Korrekturen, bis alles ab-gesichert ist. Bei TV-Interviews hat man das Gefühl, einen Absol-venten einer Diplomaten-Akademie vor der Kamera zu haben, so aalglatt sind seine Aussagen, so unverbindlich die Forderungen.

Es ist unübersehbar, wie sehr – trotz aller Beteuerungen der ei-genen Unabhängigkeit – das Wissen wirkt, dass von »dort drüben« monatlich die Gehälter angewiesen werden. Wer zahlt, schafft eben an. Und dabei geht es natürlich auch um die eigene Karriere.

Was passieren kann, wenn der Wachhund laut bellt, wenn ge-trickst und geschummelt wird und er sich trotz aller Warnungen von Gesundheits-Politik und den Strippenziehern der Pharmain-dustrie keinen Maulkorb anlegen lässt, sah man am Beispiel von Peter Sawicki, der von 2004 bis 2010 das Kölner Institut für Qua-lität und Wirtschaftlichkeit (IQWiG) geleitet hatte. Sawicki nahm sich in der Öffentlichkeit nie ein Blatt vor den Mund. Er zeigte systemische Schwächen auf und prangerte Missbrauch an. Speziell angetan hatten es ihm diverse »Mietmäuler« an der Spitze mancher Universitäts-Institute, die unverfroren für bestimmte Arzneimittel warben und ihre Expertise an den Meistbietenden verkauften.

In ihren Gutachten kam das IQWiG häufig zu Ergebnissen, welche die Industrie massiv verärgerten. Ausgerechnet der Wirkstoffgruppe der Diuretika – diesen ältesten und billigsten Blutdrucksenkern am Markt – bescheinigten die Kölner Experten für evidenz-basierte Me-dizin beispielsweise einen höheren Nutzen als den deutlich teureren Neuentwicklungen. Die IQWiG-Prüfer bezweifelten den Zweck mancher diagnostischer Prozeduren bei Krebs, kritisierten heftig, dass der weltgrößte Pharmakonzern Pfizer Studien zu Antidepres-siva unter Verschluss hielt und äußerten bei einem neuen, von ei-ner halben Million deutscher Diabetiker verwendeten Kunstinsu-lin den Verdacht, dass dieser Wirkstoff Krebs auslösen könnte. Die Ergebnisse hatten auch gleich Auswirkungen auf die Praxis. Denn Auftraggeber des IQWiG ist der »Gemeinsame Bundesausschuss«, das höchste Gremium der Selbstverwaltung im deutschen Gesundheitswesen, das unter anderem darüber entscheidet, was von den gesetzlichen Krankenversicherungen bezahlt wird und was nicht. Peter Sawicki vermittelte die Entscheidungen öffentlichkeitswirksam in seinem typischen trockenen Stil. Für seine Fans wurde der Leiter des Arzneimittelprüfinstitutes bald zu einer Art Robin Hood der Kassenpatienten, für seine Gegner zum Inbegriff eines Kritikers, der Pharmabashing zum Lebensinhalt erkoren hat. Und dieser Ruf reichte bis in die USA. Dort verlangte der Verband der Pharmaindustrie (PhRMA) sogar, Deutschland auf eine internationale »Priority Watch List« von Schurkenstaaten zu setzen, weil das IQWiG die Interessen der US-Industrie so massiv schädige. Gezählte 13 Mal wird das IQWiG im sogenannten »International Intellectual Property Protection & Enforcement Act of 2008« erwähnt, der sich der internationalen Absicherung der Interessen der US-Pharmaindustrie annimmt. Was die PhRMA hier zusammenträgt, gilt als Vorschlag für das Büro des US-Handels-Repräsentanten, das dann die offizielle Watch-List festlegt. Seit 1974 wird dieser schöne Brauch gepflegt, um das »intellektuelle Eigentum« US-amerikanischer Interessen international zu schützen. Zur Umsetzung diente ein Gesetz, das zuletzt im Oktober 2008 vom scheidenden Präsidenten Georg W. Bush noch einmal erweitert und verschärft wurde: Er schuf den sogenannten »International Intellectual Property Protection and Enforcement Act of 2008«. Das Gesetz erlaubte es dem globalen Supercop USA, weltweit gegen den Diebstahl oder die Gefährdung geistigen Eigentums vorzugehen. Aufgabe der Politik sei es demnach, Aktionspläne zu entwerfen, die den Ländern auf der »Priority Watch List« entsprechende Handlungen zum Abbau der Missstände vorschreiben. Gleichzeitig wird die USA durch das Gesetz ermächtigt, mit Zwangsmaßnahmen gegen diese Länder vorzugehen, wenn die Korrekturen nicht weisungsgemäß vorgenommen werden.

Im März 2009 entschied die Obama-Administration dann doch gegen den Antrag der PhRMA, Deutschland offiziell auf diese »Priority Watch List« zu setzen. Hinter den Kulissen war aber ordentlich was los – und aus persönlichen Informationsquellen weiß ich, dass damals die Vertreter Washingtons sich in den Chefetagen der Berliner Politik bis hin zu Kanzlerin Merkel die Türklinken in die Hand gaben und die deutsche Regierung von den US-Delegierten massiv unter Druck gesetzt wurde, um den Wünschen der PhRMA nach Änderungen – vor allem im IQWiG – nachzukommen.

Dass dies auf deutscher Seite nicht ohne Wirkung blieb, zeigt die Reaktion der deutschen Wirtschaftsminister, die bei ihrer gemeinsamen Konferenz vom 18. zum 19. Juni 2009 in Potsdam unter anderem die »Kosten- und Nutzenbewertung von Arzneimitteln« diskutierten. In seiner damaligen Funktion als Wirtschaftsminister von Niedersachsen war übrigens der spätere Gesundheitsminister und FDP-Vorsitzende Philipp Rösler einer der Unterzeichner des Abschlusspapiers.

Es würde jetzt hier zu weit führen, dieses Dokument der Anbiederung im Detail zu zitieren.[106] Doch wenn man die Positionen der US-PhRMA und jene der deutschen Wirtschaftsminister vergleicht, hat man oft den Eindruck, dass die US-Position lediglich ins Deutsche übersetzt wurde.

In der Sache ebenso entschlossen klangen die Argumente der »AG Gesundheit« der CDU/CSU-Bundestagsfraktion. »Wir schlagen vor, die Arbeit des IQWiG als Dienstleister im Gesundheitswesen neu zu ordnen«, hieß es in dem Absichtspapier. »Diese Neuausrichtung muss sich auch an der personellen Spitze des Hauses niederschlagen.«

Die maßgeblichen Politiker der Koalition waren sich also einig, dass Peter Sawicki für die Freunde aus Übersee ebenso wie für die heimische Pharmaindustrie nicht mehr tragbar war – und dass es Zeit wurde, beim IQWiG die Zügel fester anzuziehen.

Bloß, wie sollte man das der Öffentlichkeit vermitteln, wo doch Peter Sawicki bei Presse und Publikum recht beliebt war und einen tadellosen Ruf genoss?

Die Wirtschaftsminister, die Pharmaindustrie, die Gesundheitspolitiker, sie alle hatten großes Glück. Denn wie durch ein Wunder bekam die FAZ einen Prüfbericht zugespielt, in dem nun plötzlich von Spesenbetrug die Rede ist. Sawicki habe entgegen seinem Dienstvertrag teure Leasingverträge abgeschlossen, sei Business statt Economy geflogen und habe sogar zweimal das Benzin für seinen Rasenmäher – zusammen 25,10 Euro – unrechtmäßig in seine Spesenabrechnung genommen. »Dem Institut ist kein Cent Schaden entstanden«, sagte mir Sawicki auf Nachfrage zu diesen Anwürfen. Der Rasenmäher-Benzin sei beispielsweise deshalb in die Spesenrechnung gerutscht, weil er auf dem Tankbeleg mit drauf war. »Ich habe das übersehen und sofort zurückbezahlt, als ich den Fehler bemerkt habe.«

In der Presse wurden die Vorwürfe jedoch breit ausgewälzt. Der Rasenmäher-Benzin wurde zum Haupt-Anklagepunkt: So jemand sei selbstverständlich für eine seriöse Gesundheitspolitik in Deutschland untragbar. Sawickis Vertrag wurde nicht verlängert.

Für kritische Beobachter innerhalb des Gesundheits-Systems war der Rauswurf Sawickis ein Symbol, das zeigte, wie die Machtverhältnisse nun auch in Europa stehen. »Mit dieser Affäre hat das USA-typische Pharma-Lobbying endgültig die EU erreicht«, sagte mir Thomas Pieber, langjähriger Vorsitzender der europäischen Diabetes-Gesellschaft und vehementer Kritiker seiner eigenen Branche. Gerade bei Diabetes, dieser Krankheit, an der bald die halbe Welt leidet, blüht ja der Wildwuchs dubioser Arzneimittel und viele hochrangige Experten stehen auf der Gehaltsliste der Industrie.

Schlimm sind die Zustände auch bei den modernen Krebsmedikamenten, wo mit der Nähe zum Tod erpresserischer Preiswucher betrieben und die Gesundheits-Budgets gnadenlos ausgeplündert werden. Der Berliner Onkologe Wolf-Dieter Ludwig, Vorsitzender der Arzneimittelkommission der deutschen Ärzteschaft, kennt die Verhältnisse gut und sieht den politisch motivierten Wechsel im IQWiG als ernstes Warnzeichen: »Sawicki war ein weithin anerkannter Fachmann. Wenn so jemand einfach abgeschossen werden kann, ist das wirklich bedrohlich.«

Wie Behörden die Sicherheit von Impfungen prüfen

Der Frühling des Jahres 2011 war gerade ins Land gezogen, da raffte sich das Robert Koch Institut endlich dazu auf, eine lange erwartete Studie zur Sicherheit von Baby-Impfungen zu veröffentlichen.[107] Diese Untersuchung hatte große Ansprüche: Sie sollte erstmals lückenlos alle ungeklärten, plötzlichen und unerwarteten Todesfälle bei Kindern im Alter zwischen 2 und 24 Monaten erfassen und prüfen, ob es einen Zusammenhang zu den laut Impfkalender empfohlenen Impfungen gibt. Konkreter Anlass waren eine Reihe unerklärlicher Todesfälle in nahem zeitlichen Zusammenhang zu Impfungen, die auch zu einer vorübergehenden behördlichen Sperre des damals meist verwendeten Sechsfach-Impfstoffes »Hexavac« von Sanofi-Pasteur führten.

Unter Tatverdacht standen vor allem die sogenannten Adjuvantien, also die aluminiumhaltigen Wirkverstärker in diesen Impfstoffen. Hexavac enthielt pro Fertigspritze 0,3 Milligramm Aluminiumhydroxid. Das zweite Produkt am Markt, Infanrix hexa von GSK, noch mehr, nämlich insgesamt 0,82 Milligramm Alu-Ionen. Neben Aluminiumhydroxid ist hier mit Aluminiumphosphat noch ein zweiter Hilfsstoff enthalten.

Noch einmal zur Erinnerung: Die zulässige Höchstgrenze im Trinkwasser beträgt 0,2 Milligramm pro Liter. Und diese Aluminium-Konzentration genügt bei einem leicht sauren pH-Wert, um den Laich von Lachsen so zu schädigen, dass keine Jungfische ausschlüpfen oder diese bald danach sterben.

Bei Nahrungsmitteln liegt der tolerierbare Wert laut EU-Behörden bei 1 Milligramm pro Kilogramm Körpergewicht pro Woche. Dieser Grenzwert war erst 2008 erlassen worden, weil »Aluminium das heranwachsende Nervensystem bereits in niedrigerer Dosierung schädigen kann, als bisher angenommen«, wie es in der Begründung des deutschen Bundesinstitutes für Risikobewertung heißt.

Nehmen wir also als Beispiel ein fünf Kilogramm schweres Baby, das im dritten Lebensmonat die erste Sechsfachimpfung bekommt.

Wenn man den behördlichen Grenzwert für Lebensmittel auf einen Tag umrechnet, so erhält man eine zulässige Höchstbelastung von 0,71 Milligramm. Bei der Impfung mit Infanrix hexa – dem derzeitigen Monopol-Impfstoff am Markt – werden 0,82 Milligramm Aluminium-Ionen in den Muskel injiziert. Und das unter Umgehung des Magen-Darm-Traktes.

Die Aluminiumbelastung über Babyimpfstoffe ist also – allein schon von der Quantität – durchaus relevant. Zumal ja die meisten Babys bei den Arztterminen gleich auch noch die Pneumokokken-Impfung dazubekommen, die ebenfalls pro Dosis noch einmal bis zu 0,5 Milligramm Aluminium-Ionen beisteuert.

So weit also die Ausgangslage. Die Token-Studie begann im Sommer 2005. Kurz darauf nahm Sanofi-Pasteur seinen umstrittenen Impfstoff Hexavac ganz vom Markt. Offiziell deshalb, weil es ein Problem mit der Langzeit-Wirksamkeit der Hepatitis-B-Komponente des Sechsfach-Impfstoffes gebe. Inoffiziell wurde natürlich ein Zusammenhang mit der angelaufenen Studie vermutet.

Von Sommer 2005 bis Sommer 2008 wurden nun im Großteil Deutschlands von den teilnehmenden Gesundheitsämtern die Todesfälle gesammelt und die Daten an das Berliner Studienzentrum am Robert Koch Institut übermittelt. Zunächst hieß es, die Studie würde zu Jahresbeginn 2009 veröffentlicht. Auf meine Nachfragen beim RKI wurde ich mehrfach vertröstet, schließlich erschien sie mit zweijähriger Verspätung.

Ich habe die Darstellung der Ergebnisse durch das Robert Koch Institut damals auf meinem Blog[108]scharf kritisiert. Meine vorrangigen Kritikpunkte betrafen zum einen die Blödheit, sich diese Studie ausgerechnet von den Herstellern der zu untersuchenden Impfstoffe bezahlen zu lassen. Für einen Sponsor-Beitrag von 2,5 Millionen Euro erkauften sich die Firmen damit laut Vertrag das Recht, »unverzüglich über relevante Erkenntnisse oder Bewertungen unterrichtet zu werden«. Weiters wurde ihnen das Recht zugestanden, dass sie vor der Veröffentlichung der Resultate »Gelegenheit zur wissenschaftlichen Stellungnahme zu den zur Publikation vorgesehenen Texten erhalten«.

Bei einer Summe von mehr als 500 Millionen Euro, welche jedes Jahr für die von der STIKO (Ständige Impfkommission am RKI) empfohlenen Impfungen vom Gesundheitsbudget in die Kassen der Impfstoff-Hersteller abgeführt wird, erkauften sich die Sponsoren ihr Mitspracherecht demnach aus der Portokasse. Wozu also brauchte das Robert Koch Institut die Sponsoren wirklich? Der Verdacht liegt nahe, dass es vor allem darum ging, das methodische Know-how und die strategische Beratung der Firmen zu nutzen, um die Resultate »im Sinne des Impfgedankens« aufzuhübschen.

Zum zweiten kritisierte ich, dass in Deutschland der Datenschutz scheinbar mehr zählt als die Kindergesundheit. »Aus Gründen des Datenschutzes« war es nämlich nicht möglich, die persönlichen Daten der verstorbenen Kinder mit den Angaben aus deren Impfpässen zu verknüpfen. Dazu wäre es notwendig, ein allgemeines Impfregister einzuführen, welches hier die elektronische Basis für eine seriöse Untersuchung schaffen würde. Das wurde jedoch bisher versäumt.

Durch dieses Informations-Defizit genau in jenem Kernbereich, der untersucht werden sollte, ergab sich die Notwendigkeit, mit den betroffenen Eltern Kontakt aufzunehmen. Sie wurden gebeten, die Impfpässe ihrer verstorbenen Babys herauszusuchen, und sollten umfangreiche Fragebögen ausfüllen. Es ist wohl nachvollziehbar, dass dies für viele Mütter und Väter psychisch nicht verkraftbar war. Und so kam es auch: Rund zwei Drittel der Eltern der insgesamt 667 im Untersuchungs-Zeitraum verstorbenen Kinder verweigerten ihre Teilnahme an der Token-Studie trotz mehrfacher Kontaktaufnahme.

Als die Daten in der Folge einlangten und die ersten Zwischenauswertungen analysiert wurden, ergab sich ein alarmierendes Bild, das wohl beim RKI zu einigen Krisensitzungen und heißen Diskussionen Anlass gegeben hat. Es zeigte sich nämlich, dass überproportional viele Kinder in nahem Zusammenhang zu den Impfungen gestorben waren.

Die offizielle Version lautet nun, dass die Eltern von Kindern, deren Babys kurz nach Impfungen verstorben waren, scheinbar häufiger ihre Erlaubnis zur Teilnahme an der Studie gegeben hatten. Außerdem, so das RKI sinngemäß, hätten auch noch die gerichtsmedizinischen Institute die Auswertung verfälscht, indem sie dafür sorgten, dass speziell Todesfälle nach Impfungen vermehrt in die Studie aufgenommen wurden.

Aus diesen Umständen leitete das RKI das Recht ab, die Feile an die eigenen Daten zu legen und diese – im Nachhinein – statistisch zurechtzuschleifen. Mit dem weithin verlautbarten Ergebnis, dass Impfungen keinerlei Rolle bei unerklärlichen Todesfällen im ersten und zweiten Lebensjahr spielen.

Ich habe meine Kritik dieser Praktiken mitsamt einigen Ergänzungsfragen an den RKI-Mitarbeiter und verantwortlichen Leiter der Token-Studie, Martin Schlaud, geschickt.

Mittlerweile haben wir mehrfach hin und her gemailt und Herr Schlaud hat mir ausführliche Erläuterungen zukommen lassen, inklusive Belehrungen, ich solle mir einschlägige Lehrbücher der Epidemiologie besorgen.

Schlaud teilte mir mit, dass ich bei meiner Analyse der Ergebnisse schlicht darauf vergessen hatte zu bedenken, dass selbstverständlich das Sterberisiko der Babys im Lauf der Monate abnimmt und es deshalb ganz normal sei, dass kurz nach einer Impfung das Risiko höher ist als später.

Ganz einfach deshalb, weil die Kinder später älter sind und deshalb ein geringeres Risiko haben, plötzlich zu versterben.

Tatsächlich stimmt es, dass ab dem 5. Monat die Sterbekurve bei Todesfällen kontinuierlich leicht abfällt, wie zahlreiche Arbeiten zeigen.[109] Was damit allerdings nicht erklärt wird, ist die Tatsache, dass die Kurve der Todesfälle just in jenen Monaten ihren Höhepunkt erreicht, wo die meisten Babys ihre ersten Impfungen erhalten.

Wenn es tatsächlich so wäre, dass das Sterberisiko mit höherem Alter der Kinder kontinuierlich abnimmt, warum erfolgt dann vom ersten zum dritten Lebensmonat ein derart rasanter Anstieg?

Zu prüfen, ob diese Spitzen im Sterberisiko mit den Impfungen zu tun haben, wäre die vordringlichste Aufgabe der Token-Studie gewesen. Zumal sich ja auch hier beim Zeitpunkt der deutschen Todesfälle ein ganz ähnliches Muster ergab.

Bei den 98 Kindern, die im Verlauf der Studienperiode nach Sechsfachimpfungen starben, zeigte sich, bezogen auf das Alter der Kinder, folgende zeitliche Abfolge:

Alter der Kinder	Todesfälle pro Tag
60–91 Tage	0,26
91–152 Tage	0,44
152–183 Tage	0,29
183–274 Tage	0,30
274–365 Tage	0,17
365–456 Tage	0,03
456–730 Tage	0,03

Die Mehrzahl der Todesfälle ereignete sich also im Alter zwischen vier und fünf Monaten. Im dritten Lebensmonat, wo zwischen Tag 60 und 91 bei den meisten Kindern die erste Sechsfach-Impfung fällig wird, starben in diesem frühen Alter »nur« 9 Babys. In den beiden nächsten Monaten, wenn die Dosen zwei und drei der Basis-Immunisierung folgen, ereigneten sich hingegen bereits 27 Todesfälle. Je mehr Impfungen also, desto höher das Sterberisiko.

Wie aber misst man nun, ob diese Todesfälle etwas mit den vorangegangenen Impfungen zu tun haben?

Zu untersuchen, ob das Sterberisiko nach Impfungen erhöht ist, ist methodisch nicht ganz einfach, da es im herkömmlichen Sinn keine Kontrollgruppe gibt.

Wenn ich etwa prüfen möchte, ob eine bestimmte Diät zum Abnehmen taugt, so hält sich eine Studiengruppe an den vorgegebenen Speiseplan, die andere ernährt sich wie bisher. Und am Ende bringt die Waage den Erfolg oder Misserfolg der Methode ans Licht.

Beim Sterberisiko nach Impfungen haben wir mit einem solchen Design hingegen gravierende Probleme.

Zum einen ist dieses Risiko glücklicherweise sehr gering. Das heißt, man bräuchte zwei extrem große Gruppen, damit überhaupt solche zählbaren Todesfälle auftreten. So eine Studie wäre unfinanzierbar teuer.

Das zweite Problem betrifft die Kontrollgruppe. Keine Ethik-Kommission würde es genehmigen, Kinder per Zufall in eine Nicht-Impf-Gruppe zuzuweisen.

Dies sind die beiden Hauptgründe, dass in den 90er Jahren für die Risikobewertung von Impffolgen ein eigenes mathematisches Modell entwickelt wurde: die sogenannte Self-controlled case series (SCCS). Eine angepasste Version der SCCS-Methode wurde auch für die Auswertung der Token-Studie verwendet.

Das Besondere an der SCCS-Methode ist, dass sie ohne Kontrollgruppe auskommt. Es werden nur »Fälle« in die Berechnung aufgenommen. In unserem Fall also die insgesamt 254 Kinder, die im Lauf der drei Studienjahre verstorben sind.

Als Nächstes werden Risikoperioden definiert. In der Token-Studie gab es derer drei: den Zeitraum binnen 3 Tagen, 4 bis 7 Tage und 8 bis 14 Tage nach dem Impftermin.

An Stelle einer Kontrollgruppe tritt bei der SCCS der Kontroll-Zeitraum. Und anschließend wird berechnet, ob das zu untersuchende Ereignis überdurchschnittlich häufig in der zuvor definierten Risikoperiode auftritt.

An sich ist die SCCS-Methode ein recht brauchbares Design, um Risikoverteilungen in bestimmten Zeitperioden zu messen. Nicht erfasst werden dadurch allerdings Zusammenhänge, welche außerhalb der vorher festgelegten Zeitspannen auftreten. Wenn also eine unerwünschte Impffolge erst nach einigen Wochen oder Monaten eintritt, würde sie mit der SCCS nicht aufgespürt werden.

Sehen wir uns also an, was bei der Token-Studie rauskam. Die Ergebnisse sind auf der Website des RKI nachzulesen. Es ist allerdings empfehlenswert, die Langfassung der Studie (nur in englischer Sprache abrufbar) zu lesen, weil die deutsche Zusammenfassung – um es einmal vorsichtig auszudrücken – daraus nur sehr selektiv zitiert.

Laut RKI war das Risiko für einen plötzlichen Todesfall binnen drei Tagen nach einer Impfung ebenso wenig erhöht wie binnen einer Woche nach der Impfung. In den Tagen vier bis sieben nach der Impfung zeigte sich angeblich sogar ein verringertes Risiko. Die toten Kinder wiesen auch keinerlei gemeinsame Anzeichen von Krankheit auf, etwa eines Hirnödems.

Vielmehr sei die Schuld an den Todesfällen eher bei den Eltern selbst zu suchen, denn, so das RKI: »Fast alle kurz nach Impfung verstorbenen Kinder hatten anerkannte Risikofaktoren für einen plötzlichen Kindstod: Schlafen in Bauchlage, mütterliches Rauchen oder Überwärmung durch Heizung, Kleidung oder Bettzeug.«

Soweit also die Kernaussage der Behörde: Keinerlei Probleme mit Impfungen, wenn Babys sterben, sind die Eltern selber schuld, indem sie rauchen, das Bett überhitzen oder die Babys in der gefährlichen Bauchlage schlafen lassen.

»Vorsichtige Entwarnung«, titelte daraufhin das Deutsche Ärzteblatt.[110] Bei diesem Artikel fungierte Token-Studienleiter Martin Schlaud vorsichtshalber gleich als Co-Autor.

So, und nach dieser offiziellen Einleitung kommen wir nun zu dem, was wirklich in der Studie steht. Und hier finden sich plötzlich Resultate, die alles andere als beruhigend klingen:

Drei Tage nach einer Sechsfachimpfung war das Sterberisiko laut SCCS-Analyse um das 2,3-Fache erhöht.

Drei Tage nach einer Fünffachimpfung war das Sterberisiko sogar um das 8,1-Fache erhöht.

Wurden fünf- und sechsfach Geimpfte gemeinsam ausgewertet, ergab sich ein dreifach höheres Risiko.

Frühgeborene hatten ein sechsfach höheres Risiko, binnen drei Tagen nach einer Fünf- oder Sechsfach-Impfung zu sterben.

Während des zweiten Lebensjahres war das Risiko, binnen drei Tagen nach der Impfung zu sterben, um das nahezu Vierzehnfache erhöht.

Diese Ergebnisse waren statistisch signifikant. Das bedeutet, dass bei einer Wiederholung der Studie unter denselben Voraussetzungen eine 95-prozentige Wahrscheinlichkeit besteht, dass ein Resultat innerhalb des Vertrauensintervalls herauskommt.

Nicht signifikante Ergebnis sind nicht aussagekräftig, weil sie außerhalb des zuvor festgelegten Vertrauensintervalls liegen und deshalb mit hoher Wahrscheinlichkeit einen Zufallsfund darstellen. Nicht signifikant bedeutet, dass bei einer Wiederholung der Studie auch das Gegenteil rauskommen kann. Es gilt deshalb als unseriös, nicht-signifikante Ergebnisse als Resultate darzustellen. Genau das macht aber das RKI gleich auf der Startseite zur Token-Studie mit dieser als einer von sieben Haupt-Aussagen grafisch hervorgehobenen Feststellung:
»In den Tagen vier bis sieben nach der Impfung zeigte sich ein verringertes Risiko.«

Tatsächlich traten die Todesfälle in der Studie gehäuft an den Tagen 0 bis 3 nach der Impfung – und dann an den Tagen 8 bis 14 auf. Zwischen Tag 4 und 7 wurden nur wenige Todesfälle registriert. Wahrscheinlich handelt es sich um einen Zufall, das verminderte Risiko war auch nicht signifikant. Es demonstriert jedoch gut die manipulative Absicht der Studienautoren, dass genau dieser Zufallsfund als eine der Haupt-Aussagen der Token-Studie verkauft wird.

Als ebenso unseriös gilt weiters, die methodische Auswertung einer Studie im Nachhinein zu ändern und so anzupassen, dass die »richtigen« Ergebnisse herauskommen. Genau dies geschah aber mit der sogenannten »Gewichtung« der Daten.

Die Studienautoren des RKI stellten nämlich fest, dass jene Fälle, die von den gerichtsmedizinischen Instituten zur Teilnahme vermittelt wurden, mit höherer Wahrscheinlichkeit kurz nach der Impfung gestorben waren, als jene, die von den Gesundheitsämtern gemeldet wurden. Deshalb beschlossen die Statistiker des RKI, diese Fälle zu gewichten. Sie errechneten einen Gewichtungsfaktor von 0,41. Das heißt, dass ein von den Gesundheitsämtern gemeldeter Todesfall in der Berechnung gleich viel zählte wie zweieinhalb Todesfälle der Gerichtsmediziner.

Erst mit diesem absurden Kunstgriff gelang es, das Sterberisiko im Zeitraum von drei Tagen nach der Impfung in den nicht-signifikanten Bereich zu drücken. Und ausschließlich diese gewichteten Resultate wurden in der Zusammenfassung der Studie genannt.

Natürlich ohne dort zu erwähnen, dass dieses Ergebnis nur durch eine künstliche und willkürlich anmutende Reduktion jener Fälle, die dem RKI nicht in den Kram passten, zustande gekommen war. Beim achtfach höheren Sterberisiko nach Fünffach-Impfung half wohl auch der Gewichtungs-Trick nichts mehr. Hier argumentiert das RKI mit der geringen Fallzahl. Zitat RKI: »Allerdings trugen nur 14 fünffach geimpfte Fälle, von denen vier Fälle innerhalb von 3 Tagen nach Impfung verstorben waren, zu dieser Berechnung bei. Zusätzlich gibt es eine besonders hohe Teilnahmebereitschaft der Eltern, deren Kinder kurz nach einer Fünffachimpfung gestorben sind.«

Ähnlich lautete die Argumentation beim exorbitant höheren Sterberisiko im zweiten Lebensjahr.

Tief im Bauch der Studie versteckt ist der Hinweis, dass früh geborene Babys ein viermal so hohes Risiko haben, binnen drei Tagen nach einer Sechsfach-Impfung zu sterben. Ihr Risiko ist damit doppelt so hoch wie bei Babys, die zum Termin geboren wurden. Werden fünffach geimpfte Frühchen auch noch dazugezählt, steigt das Risiko sogar auf den Faktor 6,03.

Ein Ergebnis, das jenen Ärzten recht gibt, die Frühgeborene sicherheitshalber immer etwas später impfen.

In der Aufbereitung des RKI wurde alles versucht, diese alarmierenden Resultate kleinzureden und im Haupttext der 160 Seiten umfassenden Studie zu verstecken. Möglicherweise ist es auch kein Zufall, dass diese deutsche Arbeit von der RKI-Homepage ausschließlich in Englisch zum Download bereitgestellt wird – und nur die geschönte Zusammenfassung in deutscher Sprache verfasst ist.

Was machen wir also mit diesen Resultaten?

Laut vermelden, dass eh alles in Ordnung ist, zur Tagesordnung übergehen und weiterimpfen wie bisher, so wie es das Robert Koch Institut praktiziert?

Ich bin weit davon entfernt, alle diese Resultate, welche ich hier aus der Token-Studie zitiert habe, als gültige Beweise für die Gefährlichkeit von Babyimpfungen anzusehen.

Ich denke auch, dass es möglich wäre, dass Eltern, die ihre Kinder kurz nach Impfungen verloren haben, eine höhere Teilnahme-Moral hatten als andere Eltern. Möglich wäre es, auch wenn mir keine Gründe dafür einfallen, warum Eltern, deren Kinder ungeimpft oder in weiterem Abstand zu einem Impftermin gestorben sind, nicht ebenso interessiert an einer Aufklärung der Zusammenhänge sein sollten.

Doch selbst wenn dem so wäre, so kann man mit diesem Hinweis auf eine »Übererfassung von Todesfällen kurz nach Impfung« nicht einfach den Schwamm-Drüber-Blues anstimmen.

Fast alle der von mir zitierten Resultate der SCCS-Analyse haben weitreichende Konsequenzen für die tägliche Impfpraxis, wenn sie sich als real erweisen. Das muss geprüft werden. Stattdessen aber versuchte das RKI, eine methodisch verpfuschte Studie durch ein Zurechtbiegen der Resultate »im Sinne des Impfgedankens« als korrekten Beitrag zur Impfstoff-Sicherheit zu verkaufen.

Und das ist eben eine glatte Manipulation.

Das Thema ist viel zu ernst, um hier sorglos oder nachlässig zu sein. Millionen von gesunden Kindern werden jährlich geimpft. Und deren Eltern wollen die größtmögliche Sicherheit, dass ihre Liebsten dabei nicht zu Schaden kommen.

Diese Kinder müssen geschützt werden und nicht irgendein anonymer »Impfgedanke«.

Ich möchte jedenfalls nicht in der Haut dieser Beamten und Impfexperten stecken, wenn sich in einigen Jahren herausstellen sollte, dass hier alle Warnzeichen einer Katastrophe ignoriert, manipuliert und kleingeredet wurden.

Ein zivilisiertes Land braucht auch endlich ein nationales Impfregister, in dem jede verimpfte Dosis namentlich registriert wird. »So etwas existiert in Deutschland nicht«, antwortete mir Martin Schlaud auf meine diesbezügliche Frage. »Impfpässe verbleiben im Besitz der Eltern, ohne dass die dokumentierten Impfdaten an zentraler Stelle zusammengeführt würden.«

Ebenso wenig gibt es ein bundesweites Sterberegister, in dem alle Todesbescheinigungen zentral verfügbar wären. »Prinzipiell«, so

Schlaud, »böte die Verknüpfung zwischen diesen Registern weitreichende Möglichkeiten für wissenschaftliche Untersuchungen von Zusammenhängen zwischen Impfungen und plötzlichen Todesfällen.«

Prinzipiell wäre das eine gute Idee. Ja, aber der Datenschutz … Manchmal habe ich den Eindruck, dass der Datenschutz ein idealer Verbündeter von Verantwortungslosigkeit, Faulheit und Ignoranz ist.

Und dieselben Eigenschaften zeichnen auch Gesundheitsbehörden aus, welche sich bei jeder Gelegenheit mit der Industrie ins Bett legen und nichts so sehr fürchten wie eine objektive und unvoreingenommene Untersuchung der Impfstoff-Sicherheit.

Das Robert Koch Institut als jene Behörde, die Impfungen empfiehlt, damit zu beauftragen, die Sicherheit ihrer eigenen Empfehlungen zu bewerten, war von vornherein eine Schnapsidee. Befangenheit nennt man das in der Rechtswissenschaft.

Wie sollte diese Behörde plötzlich als objektiver Gutachter auftreten und beispielsweise nachweisen, dass einige dieser Impfungen auch Schaden anrichten: Es widerspricht der menschlichen Psyche diametral, Dinge, die einem emotional nahegehen, objektiv bewerten zu können. Man sieht das, was man sehen will – das gilt auch in der Wissenschaft.

Und deshalb braucht es für die Untersuchung der Impfstoff-Sicherheit Fachleute, die neutral zum Thema stehen, und nicht solche, die ihr ganzes Berufsleben darauf aufgebaut haben, dass Impfungen schützen und nützen. Und zwar immer und ausnahmslos.

Eine seriöse Gesundheitspolitik müsste dem Robert Koch Institut, das in seiner Rolle so eindeutig befangen ist, diese Agenden wegnehmen und eine wirklich unabhängige wissenschaftliche Organisation mit der Neuauswertung und – wenn nötig – auch der Neuorganisation dieser Token-Studie beauftragen.

Denn die Fragen, welche die Token-Studie beantworten sollte, sind noch längst nicht geklärt.

Im Gegenteil: So wie das RKI hier vorgegangen ist, stürzt das Vertrauen in die Sicherheit der Baby-Impfungen ins Bodenlose ab.

Brustkrebs durch Deodorants?

Philippa Darbre ist eine fröhliche, selbstbewusste Frau Mitte fünfzig. Sie hat eine erfolgreiche wissenschaftliche Karriere mit Stationen an verschiedenen britischen Universitäten absolviert und ist seit nunmehr 21 Jahren an der Universität Reading im Norden Londons tätig, wo sie als Assistenzprofessorin im Fach der Krebsheilkunde arbeitet. Neben ihrer Forschungstätigkeit unterrichtet sie mehr als 300 Studenten.

Darbres Spezialgebiet ist Brustkrebs, der häufigste Tumor der Frauen mit dem höchsten Sterberisiko. Im weiten Feld der Tumorforschung auf diesem Gebiet untersucht Darbre speziell die Rolle von Hormonen und hormonähnlichen Stoffen, die zur Entstehung von Krebs führen oder dessen Wachstum fördern.

Vor etwa 15 Jahren erhielt Darbre in der Diskussion mit ihren Studenten einen Hinweis, der ihr nicht mehr aus dem Kopf ging und der ihre weitere Forschungsrichtung entscheidend beeinflusste. Ein Student sagte in der Diskussion, dass bei ihm zu Hause – auf Grund mehrerer Ereignisse im Umfeld seiner Familie – die Meinung vorherrsche, dass Kosmetikprodukte Brustkrebs auslösen könnten.

Dieser Hinweis fiel bei ihr auf fruchtbaren Boden. Hatte sie doch bereits seit Langem die Tatsache irritiert, dass Brustkrebs überproportional häufig im sogenannten »äußeren oberen Quadranten« der Brust auftritt. »Die weibliche Brust wird in vier Quadranten und einen zentralen Bereich um die Brustwarze aufgeteilt, die etwas gleich groß sind«, erklärt Darbre. Wenn man das simpel dividiert, hätte also jeder dieser Bereiche eine Wahrscheinlichkeit von 20 Prozent, dass dort ein Tumor wächst. »Dem ist aber nicht so«, sagt Darbre, »denn in der Realität finden sich in jenem äußeren oberen Quadranten unmittelbar neben den Achselhöhlen fast dreimal so viele Tumore wie in den anderen Bereichen der Brust.«

Die Krebsforschung erklärt diese Tatsache damit, dass dieser Quadrant besonders dichtes Gewebe hat. Hier verlaufen die Lymphbahnen hin zur Achsel, hier seien auch besonders viele Milchdrüsen und Milchbahnen, die zur Brustwarze führen. Und weil Krebs vor allem aus diesen epithelialen Zellen entsteht, welche sich rund um die Milchbahnen anheften, wäre dies auch eine adäquate Erklärung für die beschriebene Beobachtung.

Doch Darbre gab sich damit nicht zufrieden und suchte in den Medizinarchiven nach Angaben, ob die Häufigkeit in diesem Quadranten immer schon so hoch lag. Und sie staunte nicht schlecht, als sie auf umfassende Untersuchungen aus den 1930er Jahren stieß, welche hier ganz andere Verteilungen fanden:»Damals lag die Häufigkeit von Brustkrebs in diesem Quadranten neben der Achselhöhle gerade mal bei 30 Prozent, nun halten wir bei 60 Prozent«, sagt Darbre.»Das spricht eindeutig dafür, dass über die Jahrzehnte hier ein negativer Umwelteinfluss stärker geworden ist und sich hier negativ auswirkt.«

Einiges spricht dafür, dass der negative Einfluss tatsächlich aus dem Bereich der Kosmetik kommt, so wie es der Student hinausposaunt hatte. Und am meisten unter Verdacht sind die Deodorants bzw. noch genauer: die Antiperspirants.

Dass die Haut eine unüberwindbare Barriere bildet, welche keine Stoffe durchlässt, wurde bereits mehrfach widerlegt. Im Gegensatz zu Seife, Shampoo oder Duschgel bleibt ein Deo deutlich länger auf der Haut. Es soll ja dafür sorgen, dass man den ganzen Tag – oder noch länger – nicht schwitzt und gut riecht.

Hauptsächlicher Wirkstoff in Deos ist Aluminium, meist in Verbindung mit Chlor, z. B. Aluminium Chlorohydrat. Sobald das Deo auf die Haut aufgetragen wird, reagiert der Wirkstoff mit den Zellen der Haut. Dabei bindet das Aluminium an die Hautzellen und verändert diese so sehr, dass die Schweißdrüsen verstopft werden.

»Die Alu-Verbindung macht in Deos bis zu 25 Prozent des Inhalts aus«, erklärt Darbre.»Das ist keine kleine Menge, welche wir hier auf die Haut auftragen.«

Aluminium-Ionen sind sehr schwer zu beobachten. Um ihre Spur zu verfolgen, müssen sie besonders markiert werden, indem sie beispielsweise mit fluoreszierenden Teilchen kombiniert werden. Bereits vor Jahren haben Wissenschaftler demonstriert, dass Aluminium die Haut problemlos durchdringt und sich die Ionen später in der Blutbahn oder in Organen wiederfinden. Wenn Aluminium über belastete Nahrungsmittel beim Essen oder Trinken aufgenommen wird, so bleibt nur relativ wenig davon im Organismus, weil der Magen-Darm-Trakt gut darin eingespielt ist, unbrauchbare Fremdkörper durchzuschleusen. Über die Haut gelingt das deutlich schlechter. Hier verbleibt wesentlich mehr Aluminium im Körper. Und am meisten natürlich in jenen Regionen, wo das Aluminium aufgetragen wird.

Ob Aluminium selbst in der Lage ist, Brustzellen so zu verändern, dass Krebs entsteht, entwickelte sich schon früh zur Kernfrage in Darbres Forscherteam.[111] Doch wie sollte man diese Frage anständig beantworten? Gemeinsam mit Chris Exley führte sie eine Studie durch, in der sie Brustgewebe auf seinen Gehalt an Aluminium untersuchten. Dabei zeigte sich eine signifikante Abnahme, je weiter man von der Sprühzone unter den Achseln wegkam.[112]

In einem neuen, noch nicht publizierten Experiment entschloss sich Darbre, den Einfluss von Aluminium auf Brustzellen möglichst naturgetreu nachzuahmen. Dazu setzte sie Zellen im Labor einer ganz niedrigen Dosis Aluminium Chlorohydrat aus. »Da viele Menschen über lange Zeiträume immer wieder ihre Deos verwenden, haben wir beschlossen, uns auch auf diesen Langzeiteffekt zu verlegen.« Über ein Jahr blieb die Zellkultur also in Nährlösung im Schrank – bei gleichbleibender Temperatur. Einmal eine Zell-Linie mit Alu – und die Kontroll-Linie ohne Alu.

Während ich Philippa Darbre in ihrem Labor besuche, wirft sie einen Blick auf die Kulturen, die im Fermentor bei gleichbleibender Temperatur gelagert sind. Sie wirkt aufgeregt, als sie verschiedene der Schalen mit der darin enthaltenen leicht rosafarbenen Flüssigkeit unter dem Mikroskop untersucht. Ich frage, was sie hier tut, und sie sagt: »Es scheint tatsächlich zu stimmen. Sehen Sie mal.« Und dann zeigt sie mir normale Zellkulturen ohne Aluminium. »Sie haben sich kaum verändert, seit wir sie vor Monaten angelegt haben.« Dann legt sie andere Kulturen unter das Mikroskop und hier merke ich sogar als Laie auf den ersten Blick, dass ein gewaltiger Unterschied besteht. In der mit Alu versetzten Brustzellen-Kultur finden sich häufig seltsame Zellverbände, manchmal auch große schwarze Riesenzellen.»Diese tumorartigen Gebilde«, sagt Darbre,»das ist Brustkrebs im Anfangsstadium.«

Nun ist eine Zellkultur im Labor kein lebendiger Organismus und es ist nicht zulässig, diese Resultate eins zu eins auf den Menschen zu übertragen. Doch beruhigend sind diese Beobachtungen keineswegs. Zumal andere Forschergruppen unter leicht veränderten Umständen genau dieselben Resultate erzielen.

Zu Jahresbeginn 2012 publizierte eine Forschergruppe der Universität Genf eine Versuchsreihe mit Zellen aus dem Brustgewebe, die mit einer Lösung aus Aluminiumchlorid versetzt wurden.[113] Die Aluminiumlösung wurde dabei in 100.000-fach niedrigerer Dosis beigesetzt, als sie in Deodorants enthalten ist, orientierte sich aber an jenen Konzentrationen, die im Brustgewebe gefunden wurden. Bereits nach einer Zeitspanne von sechs Wochen zeigten sich deutliche Unterschiede im Vergleich zu einer nicht mit Aluminium versetzten Kontroll-Kultur.

Jene Epithelial-Zellen sind in der weiblichen Brust dicht um die Milchgänge angeheftet und ihre Aufgabe ist es, Muttermilch zu erzeugen. Im Labor heften sich die Zellen an die Oberfläche des Kulturgefäßes. Ohne diesen Kontakt würden sie nicht gedeihen. Die Schweizer Wissenschaftler beschreiben aber nun, dass sich die Zellen unter dem Einfluss von Aluminiumchlorid lösten und einen untypischen Wachstumsprozess starteten. Nähere Untersuchungen zeigten rapid gealterte, vergreiste Zellen sowie zahlreiche Brüche in beiden Strängen der DNA-Doppelhelix.

»Schäden an der Erbsubstanz sind immer die erste Voraussetzung für Krebs«, erklärt Darbre. Und dazupassend erlaubt sie mir noch einen weiteren Blick in die Zukunft ihrer künftigen Veröffentlichungen.

Sie untersucht nämlich in einem recht aufwändigen Experiment gemeinsam mit einigen Doktoranden, ob Aluminium noch einen weiteren negativen – ja einen tödlichen Einfluss nimmt:»Wir ver-

suchen zu messen, ob Aluminium auch noch die Bewegung, die Absiedelung der Krebszellen negativ beeinflusst«, erklärt Darbre. »Das ist besonders bedeutsam, weil niemand an einem Knoten in der Brust stirbt. Die Frauen sterben hingegen an den Absiedelungen, den Metastasen, die sich im Körper auf entfernte Organe wie Lunge oder Leber ausbreiten.«
Und tatsächlich erweist sich auch dieser Verdacht als hochwahrscheinlich. Es sind zwar bisher nur Stichproben unter Beobachtung. »Doch wenn sich der Trend so fortsetzt, wird das ein sehr heftiges Resultat abgeben.«

Dass diese Grundlagenarbeit im Labor keine Ausflüge in versponnene Ideen ohne Relevanz im wirklichen Leben sind, zeigte Darbre mit zwei weiteren Arbeiten, die kürzlich in angesehenen Journalen erschienen sind.

Eine war eine Zusammenarbeit mit einer italienischen Forschergruppe und untersuchte den Gehalt an Aluminium in der Brustflüssigkeit von Frauen, die an Brustkrebs erkrankt waren.[114] Diese Werte wurden mit jenen von gesunden Frauen verglichen. Insgesamt nahmen 35 Frauen an diesem Experiment teil. Über eine Vakuumpumpe wurden ein paar Tropfen Flüssigkeit aus den Brustnippeln abgesaugt. Bei den Frauen mit Brustkrebs lag der Aluminiumgehalt der Nippel-Flüssigkeit im Mittel bei 268 Mikrogramm pro Liter (µg/l). Die gesunden Frauen kamen im Durchschnitt auf einen Wert von 131 µg/l.

Aluminium hat in der weiblichen Brust – so wie im gesamten menschlichen Körper – nichts verloren und keinerlei Funktion. Alle Spuren von Aluminium sind also »Spuren der Zivilisation«. Dass das Brustgewebe von dieser Kontamination besonders stark betroffen ist, zeigt ein Vergleich mit der Konzentration im Blut.[115] Dort beträgt die Aluminium-Kontamination im Mittel nur vergleichsweise niedrige 6 µg/l. Und sogar in der Muttermilch liegt der Mittelwert mit 25 µg/l deutlich niedriger.

Die weitaus größte Belastung der Brust geht von den Deodorants aus, warnt Darbre. Dies gilt nicht nur für die Entstehung von Krebs, sondern auch von gutartigen Zysten. Dabei handelt es sich um verschlossene Hohlräume im Brustgewebe, die mit Flüssigkeit gefüllt sind.»Wenn ein Deo eine Schweißdrüse verschließen kann«, sagt Darbre,»warum soll es dann nicht auch die Kanäle für die Gewebsflüssigkeit verstopfen können?«

Zysten erzeugen enormen Stress, die betroffenen Frauen ertasten Knoten und fürchten das Schlimmste. Wenn dann vom Arzt die Entwarnung kommt, ist die Erleichterung meist groß.»Und das ist auch verständlich«, sagt Darbre.»Doch anstatt nun weiterzumachen wie bisher, sollte die Neigung zu Zysten als Warnung gesehen werden.« Zum einen weil man weiß, dass die Neigung zu Zysten auch ein höheres Krebsrisiko bedeutet. Und zum anderen, weil der Prozess auch wieder umkehrbar ist.»Zahlreiche Frauen haben mir berichtet, dass die Zysten verschwunden sind, nachdem sie mit den Alu-Deos Schluss gemacht haben.«

So wie es großes Leid ersparen kann, mit dem Rauchen aufzuhören, gilt dasselbe scheinbar auch für die Anwendung dieser aluminiumhaltigen Kosmetik-Produkte. Natürlich ist der konkrete Wirkmechanismus noch nicht hundertprozentig und in allen Einzelheiten erforscht. Dazu bräuchte es Forschung, die jemand finanzieren müsste. Die Pharmakonzerne werden hier kein eigenes Geld investieren, weil es nichts zu verdienen gibt. Das ist gar nicht böse gemeint. Es liegt in der Natur des Systems, dass Pharmafirmen versuchen, Arzneimittel zu erzeugen, mit denen man Krankheiten heilen oder Symptome lindern kann. Wenn die Forschung aber darauf hinauslaufen würde, eine Substanz einfach zu vermeiden – und beispielsweise keine aluminiumhaltigen Deodorants mehr zu kaufen – so ist damit nichts zu verkaufen und auch nichts zu verdienen.

Außer natürlich für das öffentliche Gesundheitssystem. Hier wären die Einsparungen enorm, wenn weniger Frauen mit Brustkrebs operiert und behandelt werden müssten. Ganz zu schweigen vom unendlichen Leid – und auch den Kosten – die es bedeutet, wenn Frauen weit vor der Zeit sterben, Kinder zu Waisen und Ehemänner zu Witwern werden.

Darauf zu warten, dass die Gesundheitsbehörden aufwachen und eigene Arbeiten in Auftrag geben, ist müßig. Dazu müsste erst ein gehöriger Ruck durch diese Instanzen gehen, der die Notwendigkeit einer völligen Umorientierung in ihrem Selbstverständnis deutlich macht. Derzeit gleichen die Behörden – wie ich sie kennengelernt habe – eher einer Selbstbeschäftigungsanstalt mit Neigung zum Tagträumen. Weil das nicht geschieht, sind wir auf Beobachtungen und Indizien angewiesen, welche die Studien Darbres und anderer Wissenschaftler aber in Hülle und Fülle bieten. Man muss die Botschaft nur erfahren und daraus die geeigneten Schlüsse ziehen.

Beim Absetzen der Deos braucht man etwas Geduld, weil viele Hautzellen vom Aluminiumchlorid derart geschädigt wurden, dass sie abgestorben sind und sich unter beträchtlichem Gestank erneuern. Wer diese kurze Phase übersteht, kann aufatmen und hat die Aluminiumzeit endgültig hinter sich. Philippa Darbre selbst verwendet seit 15 Jahren keine Deodorants mehr. »Ich wasche mich zweimal am Tag, das genügt vollständig.«

Die Alu-Schadensliste

Ähnlich wie im Fall der Alzheimer-Demenz oder bei Brustkrebs ist bei einer Vielzahl von Krankheiten die genaue Entstehung nur ungenügend geklärt oder heftig umstritten. Häufig werden unbekannte Viren oder Bakterien als Erreger vermutet. Dies trifft vor allem auf verschiedene Autoimmunkrankheiten zu. Dort, wo dies unmöglich erscheint, ist eher allgemein die Rede von einem »unbekannten Antigen« oder einem »mysteriösen Umweltfaktor«, z. B. bei den Allergien.

Die Beteiligung von Aluminium wird bei zahlreichen Krankheiten diskutiert. Die Indizien dafür sind stark. Als konkret erwiesener Verursacher gilt Aluminium dennoch nur bei relativ wenigen Krankheiten. Und zwar vor allem dort, wo es – auf Grund der Fülle an Beweisen – nicht mehr möglich war, dies abzustreiten.

Überall sonst treten beständig Advokaten auf den Plan, die konkrete Verdachtsmomente abschwächen und zerreden, alternative Ursachen aus dem Hut zaubern, bestenfalls zur Vorsicht vor Aluminium-Exposition mahnen oder Langzeit-Untersuchungen fordern, für die sich dann kein Geldgeber findet.

Ein typisches Beispiel für so eine Verflechtung ist die Sarkoidose. Daran erkranken in Deutschland jährlich etwa eintausend Personen. Sie äußert sich vielfältig durch einen Befall der Lungen, durch Atemnot, starke Müdigkeit sowie die Bildung entzündlicher Knötchen in der Unterhaut, die sich – bei chronischem Verlauf – in charakteristisches Blau verfärben können. Die Augen können ebenso von der Sarkoidose betroffen sein wie Nerven, Knochen oder Muskeln.

Die Medizin-Datenbanken sind nun voll von Arbeiten, wo Sarkoidose als konkrete Form einer Aluminium-Vergiftung, z. B. bei Arbeitern in Alu-Schmelzen oder Bauxit-Verarbeitungsbetrieben, beschrieben werden. Andere Studien beziehen sich auf Sarkoidose in Folge von Spritzenkuren, z. B. zur Desensibilisierungs-Therapie gegen Asthma oder Allergien. Bei allen beschriebenen Verdachtsfällen wurde als wahrscheinlichster Auslöser der aluminiumhaltige Hilfsstoff in den Injektionen genannt. Wieder andere Fallstudien beschreiben Sarkoidose bei Dialysepatienten, die aluminiumhaltige Medikamente einnehmen.

Obwohl es also eine Fülle von Indizien gibt, wird Aluminium in den medizinischen Standardwerken bestenfalls als »möglicher Beteiligter«, meist aber gar nicht angeführt. Als Beispiel sei »Springers Lexikon der Medizin« genannt. Auf Seite 1890 heißt es zur Sarkoidose: »Ätiologisch ungeklärte, familiär gehäuft auftretende Systemerkrankung mit Granulomen der Haut, innerer Organe (Milz, Leber, Lunge) sowie Lymphknoten. Man geht heute davon aus, dass es sich um eine übersteigerte Immunreaktion gegen ein noch unbekanntes Antigen handelt.«

Christopher Exley hat eine ganze Liste von Krankheiten untersucht und aus der Medizin-Literatur die Indizien für eine Beteiligung von Aluminium bewertet.

Hier eine Übersicht seiner Ergebnisse: Die Tabelle ist gekürzt und stammt aus der Arbeit »Aluminium and Medicine« von Christopher Exley.[116] Der britische Aluminium-Experte führt darin jene Krankheiten an, die in der wissenschaftlichen Literatur mit dem Einfluss von Aluminium in Verbindung gebracht wurden. Im Ranking von 1 bis 10 gibt er die Wahrscheinlichkeit an, dass sich die (Mit-)Beteiligung an der Entstehung der Krankheit in Zukunft erweisen wird. Eine Bewertung mit 1 bedeutet demnach, dass dieser Einfluss unwahrscheinlich ist – eine Bewertung mit 10, dass der ursächliche Zusammenhang bereits erwiesen ist.

**Krankheiten mit möglicher ursächlicher
Beteiligung von Aluminium:**   1–10

Alzheimer	7–8
Parkinson	4–6
Dialyse Enzephalopathie *(Dialyse-Demenz)*	10
Multiple Sklerose	4–6
Epilepsie	7–8
Osteomalazie *(Knochenerweichung)*	10
Osteoporose	4–6
Arthritis	5–7
Anämie *(Blutarmut)*	10
Asthma	7–9
MMF *(Makrophagische Myofasciitis)*	8–10
Nach Impfungen aufgetretene Hypersensitivität gegen Aluminium	8–10
Krebs	4–8
Diabetes	5–7
Hyperaktivität	4–6
Autismus	4–6
Chronisches Müdigkeits-Syndrom	5–7
Aluminose *(Aluminiumasthma)*	10
Morbus Crohn	7–9
Sarkoidose	7–9

4. Wo Aluminium drin ist – wie man sich schützt

Die Behörden werden aktiv

Die blinden Flecken zur Rolle von Aluminium sind zahlreich und betreffen die verschiedensten Anwendungen. In mannigfachen chemischen Kombinationen wird Aluminium beispielsweise in Kosmetikprodukten eingesetzt. Das Info-Portal »kosmetikanalyse.de« führt 54 chemische Verbindungen an, in denen Aluminium enthalten ist, von »Aluminium Distearate« bis zu »Aluminium Zirconium Trichlorohydrex GLY«.

Aluminium wird manchen Lebensmitteln beigegeben, beispielsweise um die »Rieselfreudigkeit« von Backpulver zu erhöhen oder das Verklumpen von Milchpulver in Kaffeeautomaten zu verhindern. Es ist als Wirkstoff in zahlreichen Arzneimitteln. Viele davon sind – wie etwa die Mittel gegen Sodbrennen – rezeptfrei in den Apotheken erhältlich und gehören zu den Millionenbestsellern.

Sobald irgendjemand Bedenken äußert, dass Aluminium schädlich für die Gesundheit sein könnte, kommt das entwaffnende Argument, dass man Aluminium als »häufigstem Metall der Erdkruste« sowieso nicht ausweichen könne, da es ja allgegenwärtig sei.

Dieses Argument ist ebenso beliebt wie grundfalsch, wie wir gesehen haben. Doch es wird als Blanko-Ausrede benutzt, um die Anwendung von Aluminium in allen möglichen Bereichen zu rechtfertigen.

Erst langsam und vereinzelt schlagen sich die neuen wissenschaftlichen Erkenntnisse auch in den behördlichen Empfehlungen nieder. Allerdings eher als »Kleingedrucktes« in den Paragraphenwerken und Richtlinien. Öffentlich kommuniziert werden derartige Maßnahmen nur selten. Auch dann nicht, wenn es sich um ganz einschneidende Änderungen handelt, die von großer Bedeutung für die Gesundheit der Bevölkerung sind.

Das deutsche Bundesinstitut für Risikobewertung (BfR) wurde im Jahr 2002 als Anstalt des Öffentlichen Rechts gegründet. Es untersteht dem Bundesministerium für Ernährung, Landwirtschaft und Konsumentenschutz und betreibt drei Standorte in Berlin. Insgesamt beschäftigt es 750 Mitarbeiter, darunter 298 Wissenschaftler. Zusätzlich wurden noch 15 BfR-Kommissionen für die Periode 2011 bis 2013 mit insgesamt 200 externen Experten berufen. Sie beraten das BfR in seiner wissenschaftlichen Arbeit.

Wo immer man zur Sicherheit von Aluminium recherchiert, wird man auf die Expertisen des BfR verwiesen.

Das BfR weist beispielsweise darauf hin, dass man bei der Verwendung von Aluminiumpfannen, -kochtöpfen oder -folie in der Küche bestimmte Vorsichtsmaßnahmen beachten sollte. Metallisches Aluminium reagiert beim ersten Kontakt mit dem Sauerstoff in der Luft und bildet eine Oxidschicht, welche weitere Reaktionen unterbindet. Die Oberfläche von Kochgeschirr aus Aluminium sollte also neutral sein und keine Metallionen abgeben. Die schützende Oxidschicht ist allerdings nur den Bruchteil eines Millimeters dick und sobald diese Schicht verletzt oder aufgelöst wird, können sich biologisch aktive Al^{3+} Ionen lösen, welche mit den Nahrungsmitteln reagieren und das Essen kontaminieren. Aluminium löst sich in der Folge darin auf.

Diese schützende Schicht wird vor allem beim Kontakt mit sauren Lebensmitteln, speziell beim Kontakt mit Fruchtsäure zerstört. Das BfR rät deshalb, dass »feuchte, säurehaltige oder saure Speisen« (z. B. passierte Tomaten, Salzhering, Sauerkraut, Apfel- oder Rhabarbermus) nicht über längere Zeit mit Schalen oder Töpfen aus Aluminium in Kontakt kommen sollten. »Alu-Folien sollten nicht zum Abdecken solcher Speisen benutzt werden.«

Das BfR bezieht sich in der Begründung dieser Empfehlung auf neue Richtlinien der Europäischen Behörde für Lebensmittelsicherheit (EFSA). Deren Experten hatten 2008 eine aus dem Jahr 1989 stammende Empfehlung für einen »tolerierbaren wöchentlichen Aufnahmewert« (TWI-Wert: »tolerable weekly intake«) von Aluminium aus Lebensmitteln radikal von 7 Milligramm pro Kilogramm (mg/kg) Körpergewicht auf 1 mg/kg abgesenkt. »Das Komitee kam zu dem Schluss, dass Aluminium die Fortpflanzung und das sich entwickelnde Nervensystem bereits in niedrigeren Dosen beeinträchtigen kann, als es für die Ableitung des früheren TWI-Wertes zugrundegelegt wurde«, schreiben die Experten des BfR. Das EFSA-Komitee geht aber gleichzeitig davon aus, dass diese Grenzwerte von bestimmten Bevölkerungsgruppen deutlich überschritten werden. »Das betrifft im speziellen Kinder, die regelmäßig Speisen mit aluminiumhaltigen Nahrungsmittel-Zusatzstoffen konsumieren.«

Wie sich der Einfluss der Fruchtsäure bei Aluminium-Gefäßen auswirken kann, zeigte sich 2008 bei einer groß angelegten Untersuchung von Fruchtsäften. Speziell im Apfelsaft wurden alarmierend hohe Aluminium-Werte gefunden. »Bei einer erhöhten, langfristigen Aufnahme kann Aluminium beim Menschen zu brüchigen Knochen, Anämie und Hirnschädigungen führen«, schreiben die Experten. Laut Berechnungen sollte die Belastung von Apfelsaft für Kinder deshalb einen Aluminiumgehalt von 2 mg pro Liter nicht überschreiten. »Durch die gemessenen Aluminiumgehalte von bis zu 87 mg pro Liter Fruchtsaft«, heißt es im BfR-Bericht, »könnte der TWI für Kinder und Erwachsene somit um ein Vielfaches überschritten werden.« Aluminiumtanks sollten deshalb künftig grundsätzlich nicht mehr zur Lagerung und zum Transport von säurehaltigen Fruchtsäften verwendet – oder zumindest auf der Innenseite lackiert werden.

Als besonders belastet erwies sich überraschenderweise Milchpulver aus Babynahrung. Das BfR bezieht sich dabei auf Studien von Shalle-Ann Burrell und Christopher Exley,[117] welche 15 Produkte auf Kuhmilch- und Sojabasis untersucht haben. Bereits bei mittlerer Belastung der Produkte erreichen neugeborene Babys den Höchstwert an Aluminium, Frühgeborene waren regelmäßig über den

Grenzwerten. Bei den Produkten, die am stärksten belastet waren, erreichten alle Babys etwa das Doppelte des Höchstwertes.

Woher das Aluminium ins Babypulver kommt, ist unklar. Ich habe Chris Exley danach gefragt und er vermutet, dass es zum Großteil von Aluminiumteilen in den Maschinen zur Herstellung der Babynahrung, aber auch aus belastetem Trinkwasser stammt.

Bevor Aluminium massiv in Umlauf gebracht wurde, nahmen wir über Lebensmittel gar kein oder nur minimale Spuren davon auf. Nun gibt es aber zahlreiche Zusatzstoffe auf Aluminiumbasis. Im Durchschnitt, errechneten die Experten des BfR, nimmt eine 60 Kilogramm schwere Person pro Woche zwischen 0,2 und 1,5 mg Aluminium pro kg Körpergewicht auf.

Nun wurden erstmals Schritte unternommen, diese Belastung zu reduzieren. Am 3. Mai 2012 unterzeichnete José Manuel Barroso eine Verordnung der EU Kommission,[118] welche einige aluminiumhaltige Lebensmittelzusätze verbietet. Dabei handelt es sich um die Zusatzstoffe mit den Bezeichnungen E 556 (Calcium Aluminium Silikat), E 558 (Bentonite) sowie E 559 (Kaolin).

Aluminium-Farbstoffe und Lacke, schreiben die EU-Gesetzeshüter, werden derzeit in einer breiten Palette von Lebensmitteln verwendet. Hier werden neue Limits festgelegt. Bisher war die Angabe des Aluminiumgehaltes freiwillig. Mit der neuen Verordnung wird nun eine Deklarierungspflicht eingeführt, welche den Aluminiumgehalt in solchen Farbstoffen angibt. Und zwar nicht nur beim Endverkauf an die Konsumenten, sondern bereits zuvor, wenn die Produkte an weiterverarbeitende Betriebe verkauft werden. An sich eine logische Anweisung, weil die Betriebe sonst wohl überhaupt nicht wissen, wie viel Aluminium sich in jenen Endprodukten befindet, welche sie an die Supermärkte ausliefern. Die Regelung tritt am 1. August 2014 in Kraft.

Im Sinne des Konsumentenschutzes wäre es wohl sicherer gewesen, diese Farbstoffe ebenfalls zu verbieten.

In einer Ende 2008 erfolgten Aussendung zur Gesundheitsgefahr durch Aluminiumverbindungen in Kosmetik-Produkten, speziell in Deos, wurde jedoch Entwarnung gegeben. Der Anteil von Aluminium-Verbindungen in Deodorants betrage etwa 3–7 Prozent, vor allem in Form von Aluminiumchlorhydrat. Im Vergleich zur Aufnahme über Nahrungsmittel oder Medikamente sei die Menge aber vernachlässigbar gering, schreiben die Beamten des Bundesamtes.

Vor zwei Jahren erhielt ich eine erste Fassung einer neuen WHO-Richtlinie zur Risikobewertung für Chemikalien zugeschickt, in der eine internationale Expertenkommission auf 327 Seiten, gespickt mit unzähligen Literatur-Verweisen, den aktuellen Stand der Forschung zur Diskussion stellte.[119] Die Risikobewertung beschränkte sich allein auf das Gebiet der Immun-Toxizität, also jegliche Arten der Gefährdung des Immunsystems. Bei dem Werk handelte es sich um einen öffentlichen Diskussions-Entwurf. »Darf nicht zitiert werden!«, stand am Kopf jeder einzelnen Seite.

Es gab einen Abschnitt zur Überstimulierung des Immunsystems, ein Kapitel zu Impfungen, ein Kapitel über die Risiken verschiedener Chemikalien auf das sich entwickelnde Immunsystem bei Babys, ein Kapitel über Metalle und schließlich zwei große Abschnitte über die Entstehung von Allergien sowie von Autoimmunkrankheiten.

Wie wir bisher gesehen haben, gäbe es also jede Menge Berührungspunkte zu Aluminium und auch Unmengen von wissenschaftlicher Literatur zum Thema. Was meinen Sie, wie oft nun das Wort Aluminium auf diesen 327 Seiten vorkommt?

Ein einziges Mal – und das auch nur zufällig.

In einer Tabelle war nämlich angegeben, ob bei den verschiedenen Krankheiten, wo ein immuntoxischer Einfluss vermutet wurde, mehr Männer oder mehr Frauen erkranken. Bei Morbus Crohn, einer schweren entzündlichen Darmkrankheit, stand diesbezüglich, dass das weibliche Geschlecht »etwas stärker« betroffen ist. Und als Beleg für diese Aussage wurde eine Übersichtsarbeit aus dem Jahr 2007 angegeben. Sie stammte vom israelischen Magen-Darm-Spezialisten Aaron Lerner und trägt folgenden Titel: »Aluminium ist ein potenzieller Umweltfaktor für die Entstehung von Morbus Crohn: erweiterte Hypothese«[120].

Das war also die einzige Erwähnung von Aluminium in einer monströsen Übersichtsarbeit, finanziert von der WHO, in die wohl tausende behördliche Arbeitsstunden eingeflossen sind.

Ich kenne weder Aaron Lerner noch den WHO-Autor, der seine Arbeit zitiert hat. Für die relativ banale Feststellung des Geschlechterverhältnisses bei Morbus Crohn hätte es sicherlich zahlreiche andere, harmlosere Quellen gegeben. Da wäre es nicht nötig gewesen – sozusagen über die Hintertür – plötzlich ein ganz anderes Thema zu eröffnen, das im gesamten sonstigen Werk penibelst ignoriert wurde: die Rolle von Aluminium als Auslöser von Autoimmunkrankheiten.

Möglicherweise handelte es sich bei diesem Literaturzitat um die subtile Kritik eines Mitarbeiters, der damit einen Hinweis geben wollte, dass im gesamten Bericht ein wesentliches Thema unterdrückt worden ist.

Und wenn ein »Aluminium-Ambassador« – wie Chris Exley – die bezahlten Lobbyisten nennt, welche den Wissenschaftsbetrieb durchsetzten, dieselbe Idee wie ich hat und diesen Erstentwurf ebenfalls in derselben Weise durchsucht, so wird das dubiose Literaturzitat wohl schleunigst durch ein neutraleres ersetzt werden, aus dem das Geschlechterverhältnis bei dieser autoimmunen Darmentzündung hervorgeht, ohne gleich im Titel der Arbeit einen Hinweis auf den möglichen wahren Auslöser zu nennen.

Fütterungs-Versuche an Menschen

Wie langsam in diesem Zusammenhang die Mühlen mahlen und wie quälend lange es dauert, bis Konsequenzen aus dem Umgang mit Aluminium gezogen werden, möchte ich zunächst am Beispiel von Babynahrung illustrieren.

Nicholas J. Bishop und seine Kollegen von der Frühgeburten-Intensivstation an der »Rosie Geburtsklinik« in Cambridge, Großbritannien, hatten Ende der 80er Jahre einen Todesfall bei einem

Frühgeborenen näher untersucht. Dabei war ihnen aufgefallen, dass das Baby eine regelrechte Aluminium-Vergiftung erlitten hatte – und wahrscheinlich auch daran verstorben war.[121] »Der Todesfall geschah unerwartet«, schreiben die Mediziner in ihrer Arbeit. »Wir fanden im Gehirn eine Aluminium-Konzentration ähnlich jener von Erwachsenen, die an Aluminium-Vergiftung gestorben waren.« Als wahrscheinlichste Quelle der Vergiftung vermuteten sie die künstliche Nahrung, welche den Frühgeborenen intravenös verabreicht wird, solange diese nicht in der Lage sind, selbst zu saugen oder zu trinken. Tatsächlich wies die Flüssignahrung, die über Schläuche ins Blut der Babys geleitet wurde, eine hohe Aluminium-Belastung auf. »Speziell wenn die Entgiftungs-Mechanismen des Magen-Darm-Traktes umgangen werden, reichert sich Aluminium im Körper an. Bei künstlich ernährten Frühgeborenen kommt noch dazu, dass bei vielen auch die Ausscheidung über die Nieren anfangs nicht richtig arbeitet.«

Zum Zeitpunkt ihrer Entdeckung war bereits bekannt, dass Aluminium Auslöser von Dialyse-Demenz war. Die Mediziner der Rosie-Klinik wussten also, dass Aluminium ein potenziell tödlich wirkendes Nervengift war. Sie wussten außerdem, dass in ihrer Babynahrung beträchtliche Mengen davon enthalten waren.

Was hätten Sie in so einer Situation gemacht?

Eine Möglichkeit wäre es beispielsweise gewesen, die Herstellerfirmen sowie die Gesundheits-Behörden von der Kontamination zu unterrichten. Falls diese nicht reagiert hätten, wäre es eine weitere Option gewesen, die Medien von diesem Skandal zu informieren.

Nichts davon machten die Rosie-Mediziner. Sie entschieden sich für eine andere Vorgangsweise, nämlich eine »wissenschaftliche«:

Zunächst stellten sie eine Forschungshypothese auf. Diese lautete, dass Aluminium der neurologischen Entwicklung der Babys nicht besonders gut tun würde. Als nächsten Schritt meldeten sie bei den zuständigen Stellen ihren Plan an, diese nicht besonders überraschende These über eine Studie zu testen.

Zumindest für mich überraschend war die Tatsache, dass die

Ethik-Kommission keinerlei Einwände erhob und auch die Eltern der Frühgeborenen jeweils ihr Einverständnis gaben.

Und so wurden nun insgesamt 227 Frühgeborene im Zeitraum von Mai 1988 bis Januar 1991 auf der Rosie-Klinik nach dem Zufallsverfahren entweder mit dem Standard-Aluminium-Futter oder mit einer weitgehend aluminiumfreien Alternative ernährt. Die Wissenschaftler selbst wussten nicht, welche Kinder welche Nahrung bekamen.

Im Alter von 18 Monaten unterzogen sie schließlich die Babys Standard-Tests zu ihrem geistigen Entwicklungsfortschritt, der im sogenannten Baylay-Index gemessen wurde. Und dabei zeigte sich ein klarer Trend: Je mehr Aluminium die Frühgeborenen über die Nahrung aufgenommen hatten, desto schlechter war ihre geistige Entwicklung. Während die Babys in der alufreien Gruppe im Schnitt einen Wert von rund 100 Punkten im Baylay-Index erreichten, fiel der Wert jener Kinder, welche die Alu-Nahrung erhalten hatten, auf 85 Punkte in der Entwicklungsskala ab.

Verglich man nur jene Babys, die sich schlecht entwickelten, so betrug deren Anteil in der Alu-Gruppe 38 Prozent. In der Kontrollgruppe lag der Anteil der entwicklungsgestörten Kinder mit 17 Prozent nicht einmal halb so hoch.

Im Schnitt verloren die Babys an jedem Tag, den sie mit Alu-Nahrung gefüttert wurden, einen Punkt auf der Skala des Entwicklungs-Index'.

In einer speziellen Analyse wurden noch alle möglichen Einflussfaktoren wie Geburtsgewicht, Alter, Bildung der Mutter und ähnliche Parameter geprüft. Doch es blieb dabei: Der Effekt von Aluminium in der Flüssignahrung erwies sich als unabhängig davon und als hauptverantwortlich für die signifikant schlechtere geistige Entwicklung der Babys.

»Aus unseren früheren Studien wissen wir, dass der Baylay-Index einen gewissen Vorhersagewert auf den späteren Intelligenzquotienten hat«, schreiben die Autoren der Studie, die im hochangesehenen New England Journal of Medicine veröffentlicht wurde.[122] »Unsere Ergebnisse lassen also den Schluss zu, dass die Verwendung aluminiumreduzierter Nährlösungen bei diesen Kindern sich in einer verbesserten neurologischen Entwicklung niederschlägt.«

Sehr überraschend klingt dieses Ergebnis nicht – und die Frage drängt sich auf, wie es gelungen ist, die Eltern dieser Kinder dazu zu bringen, ihr Einverständnis zu geben. Oder würden Sie zustimmen, wenn ihr Kind in einer Studie – nach Losentscheid – mit einem gut bekannten Nervengift gefüttert wird?

Immerhin wurde mit dieser brachialen Studie ein für alle Mal nachgewiesen, dass Aluminium in der Babynahrung fatale Effekte haben kann.

Doch was war die Folge dieser Entdeckung?

Achten seither alle Hersteller penibel darauf, dass es im Produktionsprozess zu keiner Kontaminierung mehr kommt?

Dem ist leider nicht so.

Die aktuellste Arbeit des Teams von der Rosie-Klinik stammt vom August 2011.[123] Darin beschreiben sie negative Folgen bei den mittlerweile 13 bis 15 Jahre alten Teenagern, die sie einst als Frühgeborene untersucht hatten. Ob sie nun weniger intelligent sind als Gleichaltrige wird in der Arbeit nicht beantwortet. Diese beschränkt sich nämlich auf Untersuchungen der Knochenmasse an der Hüfte und fand, dass die Aluminium-Gruppe hier signifikante Langzeit-Schäden erlitten hatte. Dass Aluminium Knochenerweichung auslösen kann, ist eine der vielen unangenehmen Effekte dieser gefährlichen Substanz.

Regelrecht deprimierend wird die aktuelle Arbeit allerdings dort, wo sie auf die Konsequenzen zu sprechen kommt, welche infolge der Ursprungsarbeit tatsächlich unternommen wurden:»Bis in die jüngste Zeit gab es nur wenig Fortschritte bei der Reduzierung des Aluminiumgehalts in Flüssignahrung.« Zwar haben die Gesundheitsbehörden in der Folge die Alu-Grenzwerte auf einen Höchstwert von 5 Mikrogramm pro Kilogramm und Tag dramatisch gesenkt,»doch diese Richtlinien mit den verfügbaren Produkten einzuhalten«, schreiben die Wissenschaftler,»ist bei Personen mit einem Körpergewicht unter 50 Kilogramm unmöglich«.

Da die wenigsten Frühgeborenen mehr als 50 Kilogramm wiegen, dürfte die Versagensquote bei der künstlichen Ernährung demnach heute bei etwa 100 Prozent liegen.

Dass es bei Studien neben dem Gewinn neuer Erkenntnisse vorrangig darum geht, die Teilnehmer vor negativen Effekten zu schützen, kann man demnach getrost als widerlegt betrachten. Auch wenn man den Autoren des Artikels zugutehalten muss, dass sie zumindest den Versuch gemacht haben, hier wissenschaftlich untermauerte Aufklärung zu betreiben. Dass sie über mehr als ein Jahrzehnt noch immer Kontakt zu den einstigen Frühgeborenen halten und die Langzeit-Effekte überprüfen, ist ebenfalls löblich. Auch wenn ich an deren Stelle wohl ebenso ein schlechtes Gewissen hätte, weil ja sie selbst es waren, welche die Kinder mit aluminiumhaltiger Flüssignahrung gefüttert haben, obwohl es damals schon genügend Hinweise darauf gab, dass ihnen das schaden wird.

Manche Studien sind jedoch noch deutlich unverschämter und gehen so fahrlässig mit der Gesundheit der Teilnehmer um, dass deren Organisatoren samt den damit befassten Ethikern eigentlich mit einem lebenslangen Forschungsverbot belegt werden müssten.

Ein besonders krasses Beispiel lieferte hier der irisch-stämmige Mediziner und Demenz-Forscher William Molloy vom St. Peters Krankenhaus in Hamilton/Ontario in Kanada. Er war scheinbar verärgert über regelmäßige Berichte in den wissenschaftlichen Medien, dass der Aluminiumgehalt des Trinkwassers etwas mit der Entstehung von Alzheimer zu tun haben könnte. Ebenso zweifelhaft fand er den Zusammenhang zwischen aluminiumbelasteter Dialyse-Flüssigkeit und der darauffolgenden Dialyse-Demenz.

Während beim Trinkwasser die Zweifel noch halbwegs nachvollziehbar sind, weil hier harte Beweise schwer zu erbringen sind, handelt es sich beim zweiten Argument schon eher um Realitätsverweigerung. War doch zu dem Zeitpunkt, als Molloy nun zur Tat schritt und seine Studie startete, dieser Zusammenhang wissenschaftlich längst erwiesen. Etwa durch Tierversuche. Aber auch durch die simple Tatsache, dass in Folge der strengen Kontrolle auf Aluminiumbelastung während der Dialyse das Phänomen des rapiden geistigen Verfalls der Nierenpatienten dramatisch zurückgegangen war.

Egal, was ihn nun konkret dazu trieb, Molloy schreibt in seiner im Dezember 2007 publizierten Arbeit[124] jedenfalls einleitend, dass die exakte Rolle des Aluminiums bei der Entstehung von Demenz nicht klar sei. Und deshalb dachte er sich etwas besonders Schlaues aus.

Und was glauben Sie, hat er gemacht? Er verabreichte seinen Alzheimer-Patienten hohe Dosen aluminiumhaltiger Medikamente.

Weil jede gute Studie auch eine Kontrollgruppe braucht, suchte er gesunde Freiwillige. Und fand sie in den Angehörigen der Alzheimer-Kranken. Meist handelte es sich dabei um die betagten Ehepartner, welche die Patienten pflegten. Molloy und sein Forscherteam verabreichten auch ihnen Aluminium. Die Hypothese, die geprüft – oder besser gesagt widerlegt – werden sollte, lautete: »Personen mit oder ohne bestehenden geistigen Verfall würden auf die Gabe von Aluminium mit einer Schädigung ihrer geistigen Leistungsfähigkeit reagieren.«

Die Studienteilnehmer bekamen so viel Aluminium, bis die Blutwerte ein bestimmtes Level erreicht hatten. Verwundert stellte Molloy dabei fest, dass die verschiedenen Personen extrem unterschiedlich reagierten. Manche hatten nach einmaliger Dosis sofort einen hohen Aluspiegel im Blut, bei anderen musste er recht viele Aluminiumpillen verabreichen, bis sich das in den Messwerten im Blutserum entsprechend niederschlug. Wo das Aluminium in diesen Fällen hinverschwunden war, darüber machte er sich wenig Gedanken. Molloy interessierten nur die Blutwerte.

Im Bericht brüstet sich Molloy regelrecht mit den hohen Dosen, die er bei seinen Versuchskaninchen erzielte: »In manchen Fällen haben wir mit einer einzigen Dosis so hohe Blutserumwerte von Aluminium erreicht, dass das die Konzentrationen, die bei einer Dialyse-Demenz gemessen wurden, weit übertraf«, notiert er in seiner Publikation.

Über drei Tage wurden die Teilnehmer des Versuchs mit Aluminium abgefüllt und währenddessen sollten sie verschiedene Gedächtnis- und Wissenstests absolvieren.

Daraus errechnete Molloy nun ein Resultat und verkündete es freudig: Weder bei den Alzheimer-Patienten noch bei den Pflegepersonen konnte er irgendwelche besonderen zusätzlichen Verblödungs-Erscheinungen feststellen. Daraus schloss er, dass Alzheimer-Patienten nicht besonders empfindlich gegenüber Aluminium sind, da sich weder akute Effekte auf das geistige Befinden zeigten noch sonst irgendwelche Nebenwirkungen.

»Ich bin erschüttert, dass dieser Versuch überhaupt genehmigt werden konnte«, schrieb die britische Wissenschaftlerin Joanna Collingwood an das Journal, in dem der Bericht publiziert wurde. Für so eine Forschungsfrage könne man vielleicht einen Tierversuch unternehmen, mit Langzeit-Tests zur Entwicklung der Gedächtnis- und Lernleistung der Tiere. So etwas hätte sie noch verstanden. Aber Aluminium-Hochdosen an Alzheimer-Patienten und deren Angehörigen auszuprobieren, das sei vollständig unverantwortlich. Am meisten ärgerte sich Collingwood über die Idiotie Molloys, bei einer Krankheit, die sich über Jahrzehnte entwickelt, binnen drei Tagen messbare Effekte zu erwarten.

Auch »Mister Aluminium« Christopher Exley wandte sich an das Journal. Sein Kommentar war dessen Chefredakteur Sam Kacew scheinbar so unangenehm, dass er ihn auf zwei Sätze zusammenkürzte. Mir hat Exley seinen vollständigen Brief geschickt. Darin heißt es: »Gesunde Personen Aluminium-Konzentrationen auszusetzen, von denen man weiß, dass diese Hirnschäden auslösen, ist an sich schon unglaublich. Dies auch noch an einer extrem verletzlichen Gruppe wie den Alzheimer-Patienten zu wiederholen, grenzt schon an Kriminalität.« Er forderte die Einsetzung einer Untersuchungs-Kommission, um aufzuklären, wie bzw. mit welchen Vorwänden das Einverständnis der Teilnehmer erschlichen worden war. Schließlich gab es ja bei diesem Experiment für niemanden etwas zu gewinnen, sondern lediglich etwas zu verlieren. Es sei erschütternd, dass hier das Einverständnis der Ethik-Kommission vorlag. Genauso erschreckend sei es, dass die Autoren für die Sicherheit der Studienteilnehmer garantierten, ohne dass jemand aus diesem Team auch nur die geringste Erfahrung durch eine wissenschaftlichen Beschäftigung mit Aluminium hatte. »Man kann nur hoffen, dass es die Naivität dieser Leute war, welche sie in diesen Wahnwitz getrieben hat.«

Viele der Versuchsteilnehmer hätten hohe Dosen Aluminium erhalten, schrieb Exley: »Die Autoren haben keine Ahnung wie viel. Das Einzige, was sie gemessen haben, ist die Konzentration im Blutplasma. Das ist aber weder ein zuverlässiger Wert für die Gesamtlast, welcher der Organismus ausgesetzt war, noch für die Menge an Aluminium, die im Körper dieser Teilnehmer nun zurückgeblieben ist.« Es sei das Mindeste, diese Studienteilnehmer nun zu beraten und auf lange Sicht zu begleiten, um mögliche Spätfolgen zu erkennen. Wie man diese Studie auch immer drehe und wende, irgendein Sinn sei in keinem Fall zu erkennen.

Die wirklichen Beweggründe für diese Studie scheinen ohnedies ganz woanders zu liegen. Exley erzählte mir, dass er bei seiner routinemäßigen Durchsicht der Neuerscheinungen zur Aluminiumforschung auf den Titel dieser Studie gestoßen sei. Er ersuchte daraufhin Molloy per mail um die Zusendung dieser Publikation. Dieser schickte sie ihm – ohne Anrede oder Gruß – mit den flapsigen Worten: »Da! Genießen Sie's.«

Was aber sollte man an dieser Arbeit genießen?

Für Exley zeigte diese Reaktion, woher der Wind weht, gilt er doch seit Langem als Gegenpol zu einer Gruppe von Wissenschaftlern, die es sich im nahen Umfeld der Aluminium-Lobby finanziell gemütlich eingerichtet hat.

In Molloys Studie wird nicht offen deklariert, wer die Studie bezahlt hat, und es werden auch keine Angaben zu den finanziellen Interessenkonflikten der Autoren gemacht, so wie dies an sich bei seriösen Journalen seit langem Usus wäre.

Es deutet aber einiges darauf hin, dass Molloy und sein Team die toxischen Belastungstests an den Alzheimer-Patienten nicht gratis in ihrer kargen Freizeit durchführen mussten. So hat einer von Molloys Co-Autoren, der kanadische Biochemiker Evert Nieboer, mittlerweile pensionierter Professor für Toxikologie an der McMaster Universität in Hamilton/Ontario, mehrfach Zahlungen von der

Aluminium-Industrie erhalten. Sam Kacew, der Chefredakteur des »Journals of Toxicology and Environmental Health« ist auch kein unbeschriebenes Blatt. In einer Sonderausgabe seines Journals ist auf 286 Seiten eine der letzten »großen Übersichtsarbeiten« zum Gesundheitsrisiko von Aluminium erschienen. Hauptsponsor war das »International Aluminium Institute«, das Lobbying-Organ der weltweiten Aluminium-Industrie. Chefredakteur Kacew war einer der bezahlten Mitautoren, auch Nieboer war wieder an Bord. Ob auch Molloy selbst auf der Gehaltsliste der Industrie steht, ist nicht bekannt.

Die Arbeit sollte wohl den Zweck erfüllen, wieder ein kleines Mosaik-Steinchen zum Bild vom harmlosen Aluminium beizutragen, das deren Lobbyisten permanent zu vermitteln versuchen.

Chris Exley schrieb zu diesen Vorfällen eine Stellungnahme an das internationale Forum der Alzheimer-Experten und schloss folgendermaßen: »Wir sollten hochbesorgt darüber sein, dass genau jene Patienten, denen wir mit unserer Arbeit helfen sollten, von diesen Leuten in widerwärtiger Weise dazu verwendet wurden, um einen wahrscheinlich ganz anderen, vollständig unethischen Zweck zu verfolgen: einen Zweck, der ihrer Politik dienen sollte.

Molloy und seine Kollegen sollten sich in Grund und Boden schämen!«

Ich habe versucht, William Molloy mit diesen Vorwürfen zu konfrontieren.

Die Kontaktaufnahme war nicht einfach. In Kanada fand sich von ihm nämlich keine Spur mehr. Und in der internationalen Medizin-Datenbank reißt mit dieser skandalösen Alzheimer-Studie aus dem Dezember 2007 seine wissenschaftliche Arbeit recht abrupt ab.

Schließlich stöberte ich ihn aber doch auf: Molloy ist mittlerweile in seine Heimat Irland zurückgekehrt und leitet jetzt das Zentrum für Gerontologie und Rehabilitation an der Universität Cork.

Ich bat ihn um eine Kopie seiner Studie und fragte, wie es den Studienteilnehmern in der Zwischenzeit ergangen sei. »Willie« Molloy, wie er seine Mail unterzeichnete, schrieb zurück, er habe keine

Kopie zur Verfügung. Was mit den Teilnehmern sei, wisse er nicht. »Ebenso wenig weiß ich, was wir mit den Resultaten dieser Studie anfangen sollen, um ehrlich zu sein.«
Was sagt man nun dazu?

Entweder Molloy ist es extrem peinlich, wozu er sich in seinen kanadischen Jahren einspannen lassen hat, oder diese Reaktion ist Ausdruck einer zweiten Möglichkeit: Vielleicht hat Willie ja selbst an seiner Studie teilgenommen und die demonstrierte Vergesslichkeit und Ignoranz ist nun ein Hinweis, dass bei ihm die Langzeit-Effekte des Aluminium-Missbrauchs bereits eingesetzt haben.

Alu-Fallen im Alltag

Wir nehmen Aluminium über vielfältige Quellen auf und diese Aufnahme ist derzeit nicht komplett zu vermeiden. Wenn wir aber die gängigsten Alu-Fallen kennen, so können wir zumindest beim Einkauf darauf achten und die Inhaltsstoffe näher untersuchen.

Die Behörden vertraten im Zusammenhang mit der Verwendung aluminiumhaltiger Lebensmittelzusatzstoffe die Auffassung, dass es keine eindeutige Assoziation zwischen der Aluminium-Aufnahme und einer Alzheimer-Erkrankung gibt. Daraus scheinen einige Lebensmittelhersteller die Erlaubnis abzuleiten, Lebensmittel mit Aluminium als Bestandteil von Rieselhilfen und Bleichmittel zu versehen.

Solche Lebensmittel, die unter Verwendung aluminiumhaltiger Zusatzstoffe hergestellt wurden (z. B. Süß- und Backwaren), können zu einer erhöhten Aufnahme führen. Eine zusätzliche Belastung der Lebensmittel kann über aluminiumhaltige Verpackungen und aluminiumhaltiges Kochgeschirr erfolgen. Aluminiumhaltige Lebensmittelverpackungen (z. B. Deckelfolien von Kunststoffbechern, Getränkedosen) sind häufig mit Beschichtungen versehen, so dass mit keinem nennenswerten Übergang von Aluminium zu rechnen ist.

Das Zubereiten, Erhitzen und Aufbewahren der Speisen in Töpfen und Pfannen aus Aluminium kann – je nach Säuregehalt der Speisen – ein beträchtliches Risiko darstellen. Ebenfalls wenn Lebensmittel mit Aluminiumfolie in Kontakt kommen. Kochgeschirr aus Aluminium zu entsorgen und den Gebrauch von Alufolie einzuschränken wäre also eine geeignete Methode zur Eingrenzung der täglichen Aufnahme.

Im Jahre 1970 wurden erstmals erhöhte Aluminiumkonzentrationen bei chronischer Niereninsuffizienz nach Einnahme von Antazida (Medikamente zur Regulierung der Magensäure) beobachtet. Erhöhte, toxikologisch relevante Aluminium-Blutspiegel traten bei Dialysepatienten durch hohe Konzentrationen im Dialysewasser auf. Dieses Problem wurde vor allem in Gebieten beobachtet, wo Aluminiumverbindungen als Flockungsmittel in der Trinkwasser-Aufbereitung verwendet wurden. Bei der Blutwäsche wird das Blut der Nierenkranken mit großen Mengen von Wasser tatsächlich gewaschen. Dafür wird das Blut an einer durchlässigen Membran an mehreren hundert Litern Wasser vorbeigeleitet. Die Schadstoffe aus dem Blut diffundieren durch die Membran und werden im Wasser weggeschwemmt. Leider ist die Membran aber in beide Richtungen durchlässig und so gelangten auch die Aluminium-Ionen aus dem Wasser ins Blut der Patienten. Die minimalen Rückstände, welche zwangsläufig im Trinkwasser zurückbleiben, reichten aus, um bei den Nierenkranken Demenz auszulösen.

Dieses Phänomen wurde rasch als Dialysedemenz bekannt. Es trat jedoch auch dort auf, wo das Wasser gar nicht mit Aluminium behandelt worden und damit kontaminiert war. Als Ursache fand sich ein neues Medikament, das den Dialysekranken gegeben wurde und das große Mengen an Aluminiumhydroxid enthielt. Diese Mittel wurden gegeben, weil sich Aluminiumhydroxid als guter Phosphatbinder erwiesen hatte. Phosphate aus der Ernährung können bei Nierenschäden schlecht abgebaut werden und verursachen bei den Patienten unangenehme Beschwerden. »Wir dachten also, wir tun den Dialyse-Patienten etwas Gutes, wenn wir ihnen Aluminium verschreiben«, erzählte mir Herwig Holzer, langjähriger Vorstand der Nephrologie der Universitätsklinik in Graz. »Doch dann traten plötzlich schwere Fälle von Demenz auf – und das vor allem bei jungen Patienten, welche erst wenige Jahre bei der Blutwäsche waren.« Die toxischen Effekte des Aluminiums manifestieren sich in den Symptomen einer Dialyse-Enzephalopathie, begleitet von einer Mineralisationsstörung der Knochen, Anämie und Hirnschädigungen.

Alufallen lauern auch oft in Bereichen, wo wir das nicht erwarten würden. So haben sich bei der Untersuchung von Laugengebäck oft alarmierend hohe Werte ergeben. Laugenbrezel und -sticks sind durch ihre Kruste ein beliebtes Knabbergebäck. Um diese Kruste zu erzeugen, dürfen die Bäcker eine höchstens 4-prozentige Natronlauge zusetzen. Wir erinnern uns, dass Aluminium bei neutralem pH-Wert stabil in seinen Bindungen verbleibt, sobald die Werte in den sauren oder alkalischen Bereich abweichen, werden jedoch Aluminium-Ionen freigesetzt. Natronlauge hat einen pH-Wert von 14. Wird das derart vorbehandelte Gebäck auf Aluminiumblechen gebacken, kann es zum Übergang von Aluminium in die Lebensmittel kommen.

Eine weitere Alufalle kann harmlose Knetmasse darstellen. Häufig wird bei Anleitungen zur Herstellung von Knetmasse als Zusatz Alaun empfohlen. Dies soll dazu beitragen, dass die selbst gemachte Knetmasse aus Lebensmitteln länger haltbar bleibt. Alaun besteht aus Kaliumaluminiumsulfat und kann bei der Aufnahme durch den Mund gesundheitsschädlich sein, in manchen Fällen bereits bei Hautkontakt. Grenzwerte dafür sind jedoch nicht definiert. Der Stoff wirkt zusammenziehend auf die Schleimhäute und die Haut. Anzeichen einer Vergiftung können ein brennender Mund, Übelkeit, Erbrechen oder Schluckstörungen sein, warnt der Verband deutscher Apotheker. Kinder mit Hauterkrankungen sollten besonders vorsichtig sein und die Hände nach dem Kontakt mit alaunhaltiger Knete gründlich waschen. Martin Schulz, Vorsitzender der Arzneimittelkommission der Deutschen Apotheker, empfiehlt deshalb: »Alaun ist eine Chemikalie und hat in Kinderspielzeug nichts zu suchen. Wer Knetmassen selbst herstellen will, sollte sich auf Lebensmittel als Zutaten beschränken.«

Aluminiumsalze sind neben Chrom- und Eisensalzen die wesentlichen Mineralstoffe zur Gerbung von Leder. Auch hier wird traditionell Alaun verwendet. Vor allem zur sogenannten Weißgerbung von Pelz oder Fellen von Ziege oder Schaf.

In der Papierfabrik dient Alaun zum Leimen, zum Wasserdichtmachen von Materialien. Der Alaunstift wird zur Blutstillung eingesetzt.

Verschiedene Alu-Verbindungen werden als Flockungsmittel in der Wasseraufbereitung bei Pools und zum Klären von Flüssigkeiten verwendet.

Als sogenannte Zeolithe werden sie in Waschmitteln genützt, in Katalysatoren, als Ionentauscher, in Wärmespeicherheizungen und im »selbstkühlenden Bierfass«. Gemahlenes Zeolith wird unter der Bezeichnung Megamin im Internet als Aufbaupräparat und Wundermittel gegen alle möglichen Krankheiten beworben.

Den Vogel schießt ein über Direktvertrieb verbreiteter Vitamin- und Nährstoff-Drink der Marke Vemma ab. Hier ist scheinbar in einigen Sorten Aluminium beigesetzt und das wird auf einer begleitenden Webseite[125], wo man mehr über die »Vemma Premium Formel mit Aluminium« lesen kann, so begründet:

»Aluminium ist auch als unentbehrlich für das menschliche Leben zu bewerten. So soll Aluminium zudem als Therapiemittel wie etwa bei Trisomie 21 und Schlafstörungen verabreicht werden.«

Bei solch genialen Tipps kann ja nichts mehr passieren ...

Alu E-Nummern in Lebensmitteln

E 127 Erythrosin Aluminiumfarbstoff
(besteht aus Erythrosin und Aluminiumhydroxid)
Das jodhaltige E 127 gehört zur Gruppe der Xanthenfarbstoffe und färbt Lebensmittel rosa bis rot. Der Farbstoff ist wasserlöslich und stabil bei Hitze und in alkalischer Umgebung. Allerdings ist Erythrosin nicht lichtecht. In sauren Lösungen bildet sich Erythrosin-

säure, die kaum löslich ist. Aus diesem Grund ist Erythrosin der einzige Lebensmittelfarbstoff, mit dem die Kirschen für den Obstsalat gefärbt werden können, ohne dass die Farbe in den Saft überginge. Erythrosin darf ausschließlich eingesetzt werden in Cocktailkirschen, kandierten Kirschen (max. 200 mg/kg) sowie bei Kaiserkirschen (Bigarreaux-Kirschen) in Obstkonserven (max. 150 mg/kg). Erythrosin ist darüber hinaus als Farbstoff für Arzneimittel und Kosmetika im Einsatz. In Form seines Aluminiumlacks ist der rote Farbstoff zum Beispiel in Lippenstiften weit verbreitet.

E 132 Indigocarmin Aluminiumfarbstoff
(besteht aus Indigotin und Aluminiumhydroxid)
Indigotin darf nur für bestimmte Lebensmittel eingesetzt werden.
Dazu gehören unter anderem:
• Süßwaren (max. 300 mg/kg)
• Kuchen, Kekse, Blätterteiggebäck (max. 200 mg/kg)
• Likör (max. 200 mg/l)
• Speiseeis und Desserts (max. 150 mg/kg)
Für Grün-, Violett- und Brauntöne wird Indigotin in Mischungen mit anderen Farbstoffen eingesetzt. Darüber hinaus ist Indigotin zum Färben von Arzneimitteln, Kosmetika und Textilien zugelassen.

E 173 – Aluminium
Aluminium wird als silbrig-grauer Farbstoff eingesetzt.
Aluminium ist ausschließlich zugelassen für:
• Überzüge von Zuckerwaren (z. B. Lakritzdragees) *(qs)*
• Dekoration von Kuchen und Keksen *(qs)*
Darüber hinaus ist Aluminium zum Färben von Arzneimitteln und Kosmetika zugelassen.

qs = quantum satis (wörtlich etwa: ausreichende Menge). Eine Höchstmenge ist nicht vorgeschrieben. Es darf jedoch nur so viel eingesetzt werden, wie für die gewünschte Wirkung unbedingt notwendig ist.

In der Rubrik »Sicherheit« finden sich in der Datenbank von *zusatzstoffe-online.de* folgende Angaben:
»Aluminium wird nur in geringen Mengen in den Körper aufgenommen. Im Zusammenspiel mit starken Komplexbildnern kann sich die Aufnahmerate jedoch deutlich erhöhen. Bei gesunden Menschen wird überschüssiges Aluminium über die Nieren ausgeschieden. Bei Menschen mit Nierenerkrankungen, insbesondere chronischem Nierenversagen, funktioniert dieser Ausscheidungsweg jedoch nicht, so dass es zu Anreicherungen im Körper kommen kann.«
Und abschließend noch der übliche Stehsatz:
»Ein Zusammenhang zwischen der Aufnahme von Aluminium und der Entstehung der Alzheimerschen Krankheit konnte bisher nicht belegt werden.«

E 520 – Aluminiumsulfat
Festigungsmittel und Stabilisator
Das Aluminiumsalz der Schwefelsäure (E 513) bildet mit Eiweißen und anderen organischen Substanzen feste Verbindungen. Es wird daher oft zum gezielten Ausfällen bestimmter Stoffe eingesetzt. So hilft es zum Beispiel in der Trinkwasseraufbereitung dabei, Schmutz und andere unerwünschte Schwebstoffe zu entfernen.
Aluminiumsulfate bilden zudem unlösliche Verbindungen mit Pektin (E 440), das in den Zellwänden von Obst und Gemüse enthalten ist. Auf diese Weise verleiht die Aluminiumverbindung Obst- und Gemüsestücken größere Festigkeit. Es verfestigt zudem essbare Wursthüllen aus Naturdarm sowie Überzüge aus anderen Geliermitteln.
Aluminiumsulfat ist ausschließlich für die folgenden Lebensmittel zugelassen, wobei sich die Höchstmengenbeschränkung auf das Aluminium bezieht:
- Eiklar (max. 30 mg/kg)
- glasiertes, kandiertes oder kristallisiertes Obst und Gemüse (max. 200 mg/kg)

E 522 Aluminiumkaliumsulfat
Festigungsmittel und Stabilisator
Es wird wie Aluminiumsulfat eingesetzt und es gelten dieselben Zulassungs- und Sicherheits-Hinweise.

E 523 Aluminiumammoniumsulfat
Festigungsmittel und Stabilisator
Es wird wie Aluminiumsulfat eingesetzt und es gelten dieselben Zulassungs- und Sicherheits-Hinweise.

E 541 Saures Natriumaluminiumphosphat
Backtriebmittel
Natriumaluminiumphosphat wird durch chemische Reaktionen aus Phosphorsäure gewonnen.
Natriumaluminiumphosphat ist ausschließlich für die Herstellung von Biskuitgebäck und englischen »scones« (max. 1 g/kg) zugelassen.

E 554 Natriumaluminiumsilikat · E 555 Kaliumaluminiumsilikat
E 556 Calciumaluminiumsilikat · E 559 Aluminiumsilikat
(auch: Silikat, Kieselsalz)
Trennmittel
In pulverförmigen Lebensmitteln lagern sich die Silikat-Kristalle an die Partikel des Lebensmittels und schirmen sie so gegen ihre Umgebung ab. Auf diese Weise verhindern Silikate, dass die Lebensmittel verklumpen. Pulvrige Produkte bleiben rieselfähig, andere lassen sich gut trennen.
Auf *zusatzstoffe-online.de* heißt es weiters: »Aluminiumsilikate werden aus natürlich vorkommendem Quarzsand gewonnen und sind im Organismus unlöslich. Sie werden unverändert wieder ausgeschieden.«
Ob dies auch für saures oder alkalisches Milieu außerhalb des neutralen pH-Bereiches gilt, ist jedoch nicht gesichert.

Aluminiumsilikat ist nur für bestimmte Lebensmittel zugelassen. Dazu gehören unter anderem:

- Trockenlebensmittel in Pulverform (max. 10 g/kg)
- Käse, in Scheiben oder gerieben (max. 10 g/kg)
- Würzmittel *(qs)*
- Nahrungsergänzungsmittel *(qs)*
- Kochsalz, Kochsalzersatz (max. 10 g/kg)

E 1452 Stärkealuminiumoctenylsuccinat

Stärkealuminiumoctenylsuccinat (SAOS) ist eine mit Octenylbernsteinsäureanhydrid und Aluminiumsulfat behandelte Stärke. E 1452 ist für Lebensmittel allgemein zugelassen. Ausgenommen sind lediglich unbehandelte und solche Lebensmittel, die nach dem Willen des Gesetzgebers nicht durch Zusatzstoffe verändert werden sollen. Eine Höchstmengenbeschränkung (max. 50 g/kg) gilt nur für den Einsatz der chemisch modifizierten Stärke in Entwöhnungsnahrung für Kleinkinder und Säuglinge. Stärkealuminiumoctenylsuccinat wird als Trennmittel in eingekapselten Vitaminzubereitungen in Nahrungsergänzungsmitteln (max. 35 g/kg) verwendet. Die Substanz ist wasserabweisend und verhindert die Verklumpung bei der Trocknung unter niedrigen Temperaturen.

Einen guten Überblick über weitere Lebensmittel-Zusatzstoffe bietet die Webseite *www.zusatzstoffe-online.de* des Bundesverbandes Verbraucher Intitiative e.V.

Alu in Arzneimitteln

Hohe Mengen von Aluminium sind in Antazida enthalten. Das sind Medikamente gegen Sodbrennen bzw. Magen- und Zwölffingerdarmgeschwüre. Viele dieser Medikamente sind rezeptfrei, wie beispielsweise der Bayer Bestseller Talcid oder auch Maaloxan/Maalox von Sanofi. Antazida neutralisieren die Magensäure, regen damit die vermehrte Nachproduktion aber eher an. Wie viel Aluminium aufgenommen wird, hängt stark vom Grad der Säure im Magen ab. Die Menge ist von Patient zu Patient unterschiedlich und kann um mehrere Größenordnungen variieren.

Es ist deshalb auch für Ärzte nicht vorhersehbar, wie viel Aluminium ein individueller Patient aufnimmt. Hochproblematisch ist die Dauereinnahme von aluminiumhaltigen Magensäurepräparaten. Davor wird auch in den beigelegten Patienteninformationen zu den Medikamenten gewarnt. Bei Dauereinnahme, heißt es da, seien die Aluminiumspiegel im Blut zu kontrollieren, weil es bei Einnahme hoher Dosen – speziell wenn die Nierenleistung beeinträchtigt ist – zur Aufnahme von Aluminium in Organen und zur Demenz kommen kann.

Derartige Medikamente rezeptfrei abzugeben, erscheint einigermaßen waghalsig.

Bei der für die Zulassung von Arzneimitteln verantwortlichen österreichischen Medizinmarktaufsicht verwies der zuständige Bereichsleiter, Christoph Baumgärtel, auf das Prinzip des »mündigen Patienten«. Studien würden zeigen, dass 90 Prozent der Patienten die beigelegten Informationen lesen. »Und dort steht ganz deutlich und fett gedruckt die Warnung vor einer Dauereinnahme.« Insofern, sagt Baumgärtel, sei wohl auszuschließen, dass die Konsumenten die Mittel irrtümlich über einen zu langen Zeitraum einnehmen. »Außerdem gibt es ja noch die Apotheker, die hier auch eine Aufklärungspflicht haben und dieser natürlich auch nachkommen.«

Alles in Ordnung also aus Sicht der Behörden.

261

Ein weiterer aluminiumhaltiger Wirkstoff, der von seiner Wirkungsweise eng verwandt mit der Gruppe der Antazida ist, ist das rezeptpflichtige Sucralfat. Es wird damit beworben, dass es die Magenwand »auskleidet« und mögliche Geschwüre »bedeckt«. Sucralfat wird sogar zur Prophylaxe von Geschwüren, »besonders für Stresstypen«, empfohlen.

Diese Medikamente sind für den akuten Notfall gedacht, werden aber von Ärzten immer wieder für den Dauereinsatz bei minimalen Anlässen oder auch gerne schon mal »prophylaktisch« verschrieben, wenn Patienten einen etwas empfindlicheren Magen haben. Magenmittel gehören zu den umsatzstärksten Medikamenten.

Eine Alternative wäre es, bei Magenproblemen mit Sodbrennen (Reflux) oder anderem, zunächst mal nach den Ursachen zu fahnden. Vielen Menschen hilft bereits eine geringfügige Umstellung der Ernährung.

Besonders problematisch ist die Anwendung aluminiumhaltiger Medikamente in der Schwangerschaft. Durch den Zwerchfell-Hochstand hat fast die Hälfte der Frauen in dieser Zeit Probleme mit Aufstoßen und Sodbrennen. Viele greifen zu aluminiumhaltigen Säureblockern. Aktuelle Studien an der Universität Wien unter Leitung von Erika Jensen-Jarolim zeigen, dass von diesen Medikamenten auch ein hohes Risiko für Nahrungsmittel-Allergien ausgeht.[126] »Und das«, erklärt die Wiener Professorin, »bezieht sich nicht nur auf die Mutter, sondern auch nachfolgend auf ihr Baby.«

Verglichen mit den Magenmedikamenten sind die Dosen bei anderen Alu-Verbindungen extrem gering.

Dennoch hier noch einige weitere Anwendungen von Aluminium-Verbindungen in Medikamenten:

Indigocarmin-Aluminiumsalz (E 132)
Andere Bezeichnungen: Indigotin Aluminium-Lack, Blau Nr.2/ Indigotin-Aluminium-Farblack, FD&C blau Nr.2 Lack, Indigotin 1-Aluminiumlack
Wird in zahlreichen Arzneimitteln eingesetzt, um die Hülle der Pil-

len zu färben. Beispielsweise in *Abilify:* Antipsychotikum (bei Schizophrenie, manischen Episoden der Bipolar-Störung, Prävention manischer Episoden), *Viagra:* Potenzmittel, *Aleve:* Schmerzmittel (rezeptfrei), *Valdoxan:* Antidepressivum

Aluminium Stearat

Andere Bezeichnungen: Aluminium dihydroxyd stearat, Aluminium monostearat, Aluminium octadecanoat, C-Weiss 9, Dihydroxoaluminium stearat

Verwendung als Gelbildner, Farbstoff und Emulgator.

Aluminiumstearat ist die Aluminiumseife der Stearinsäure. Es wird als Quell- und Verdickungsmittel, in der Lackindustrie, für Schmierfette, Bohröle, Druckfarben und als Formtrennmittel in der Kunststoffindustrie verwendet. Aluminiumstearat ist in der Regel keine einheitliche Verbindung, sondern besteht aus den Di- und Tristearaten des Aluminiumhydroxids. Als Salbengrundlage wird es z. B. mit Sojaöl oder Bienenwachs verarbeitet.

Es ist enthalten in (Beispiele): *Iromin, Togal Mono* (Acetylsalicylsäurehaltige Mittel gegen Schmerzen und Fieber), *Asasantin retard* (Antithrombose-Medikament), *Trauma-Salbe,* kühlend oder wärmend (bei Verletzungen)

Nafpenzal T (antibiotische Salbe für Kühe)

Aluminium Glycinat

Andere Bezeichnungen: Aluminium Glycinat-Dihydroxid, Aluminium Dihydroxyamionacetat, Dihydroxyaluminium Aminoacetat

Verwendung als Antazidum (bei Sodbrennen, Magendruck, Völlegefühl, Gastritis, Magengeschwür)

Das Glycinat wird verwendet, um Aluminiumhydroxid-Gel zu stabilisieren. Aluminiumglycinat neutralisiert überschüssige Magensäure und hebt die pH-Werte im Magensaft auf einen Bereich an, in dem die Pepsinaktivität gehemmt wird, ohne dass es zu einem reaktiven Säurestoß kommt.

Acidrine-Kautabletten (enthält 250 mg Aluminiumglycinat)
Bei Wechselwirkungen ist als »Warnhinweis zur sicheren Anwendung« angeführt: »Bei Nierenschäden (Dialyse), Morbus Alzheimer und Demenz Langzeitgabe vermeiden.«
Maalox Kautablette. Eine Tablette enthält 400 mg Aluminiumhydroxid

Viele sind rezeptfrei erhältlich, z. B. *Megalac Almasilat-mint*
Dazu gibt es auf Medikamenten-Seiten im Internet[127] folgende Informationen: »*Almasilat* kann während der Schwangerschaft angewendet werden. Die Einnahme sollte jedoch wegen der möglichen Aluminiumbelastung des Ungeborenen nur in niedrigen Dosen und nur über einen kurzen Zeitraum erfolgen. Für Aluminiumverbindungen ist ein geringer Übergang in die Muttermilch beschrieben worden. Da Aluminium vom Kind nur geringfügig aufgenommen wird, ist kein Risiko zu erwarten. Dennoch sollte Almasilat aufgrund fehlender Untersuchungen in der Stillzeit nur kurzfristig eingesetzt werden.«

In etwa zwei Drittel der Impfungen sind aluminiumhaltige Adjuvantien enthalten. Aluminiumfrei sind alle Impfungen, die lebende Viren enthalten, wie etwa die Masern-, Mumps- und Röteln-Impfung, die Impfung gegen Rotaviren oder Windpocken. Auch in den Influenza-Impfstoffen ist normalerweise kein Aluminium enthalten, obwohl die Viren hier abgetötet sind. Bei den allermeisten sonstigen Impfungen sind Alu-Verbindungen enthalten, meist deutlich weniger als 1 Milligramm.

Am häufigsten kommt Aluminiumhydroxid oder Aluminiumphospat zum Einsatz. Es gibt aber auch bereits etliche Weiterentwicklungen am Markt, wo Aluminium beispielsweise mit Bestandteilen von Salmonellen kombiniert oder auf eine andere Art verstärkt ist. Auch aluminiumfreie Hilfsstoffe sind in Entwicklung, einige auch schon zugelassen. Sie werden derzeit allerdings noch kaum breit eingesetzt.

Enorm ist vergleichsweise die Dosis an Aluminium, welche in manchen Tierimpfungen enthalten ist.

Arvilap, ein jährlich zu verabreichender Kaninchen-Impfstoff gegen die »China-Seuche« enthält beispielsweise als Adjuvans gleich 5 mg Aluminiumhydroxid.

Eine wirkliche Aluminiumbombe sind die *Antiphosphat »Gry« Filmtabletten.* Sie werden, vor allem bei Dialysepatienten zur Phosphatkontrolle eingesetzt. Hier ist als Wirkstoff gleich 600 mg Aluminiumhydroxid enthalten.

Sie sollen unzerkaut mit Flüssigkeit vor den Mahlzeiten angewendet werden.

Als Dosierung wird angegeben: 3–4-mal täglich 1–3 Filmtabletten »Gry« bindet anorganisches Phosphat aus der Nahrung und die Liste seiner Nebenwirkungen kann sich sehen lassen:

Verstopfung, langfristig Osteopathien (Knochenkrankheiten), Aluminiumvergiftungen (Encephalopahtien), Phosphatverarmung Überdosierung führt zu Anämie.

Schließlich folgen praktische Hinweise, wie man Überdosierung erkennt:

»Die häufigste Erscheinungsform der Aluminiumvergiftung bei terminaler Nierenschwäche ist die Dialyse-Osteomalazie. Sie ist gekennzeichnet durch anhaltende Knochenschmerzen und Spontanfrakturen.

Die Dialyse-Encephalopathie kann in Abhängigkeit des Aluminiumserumspiegels nach drei- bis siebenjähriger Dialysebehandlung auftreten. Leitsymptome sind:

- Sprachstörungen, die anfangs nur während der Dialyse auftreten, sowie Störungen der motorischen Koordination
- Rasches Nachlassen der geistigen Fähigkeiten, von Konzentrationsstörungen bis zur Demenz
- Krampfanfälle: häufiger Myoklonien, seltener tonisch-klonische Krämpfe
- Zumindest zeitweise psychotische Zustände mit Halluzinationen und Delirien.

In der Rubrik »Schwangerschaft und Stillzeit« steht:
»In der Schwangerschaft ist Antiphosphat kontraindiziert. Es liegen
keine Erfahrungen beim Menschen vor. Tierexperimentelle Studi-
en mit Aluminiumverbindungen belegen schädliche Auswirkungen
auf die Nachkommen. In der Stillzeit sollte Antiphosphat nicht
eingenommen werden, da es in die Muttermilch übergeht.
In Tierversuchen mit anderen Aluminiumverbindungen traten
embryo- bzw. fetotoxische Effekte auf (erhöhte Resorptionsrate,
Wachstumsretardierung, Skelettdefekte, Erhöhung der fetalen und
postnatalen Sterblichkeit sowie neuromotorische Entwicklungsver-
zögerungen)«.
Das klingt ja nicht eben beruhigend.
Bis zu manchen Internet-Portalen hat sich dieser Hinweis aus der
Produktinfo aber noch nicht durchgesprochen. Auf netdoktor.at
heißt es dazu beispielsweise:»Die Anwendung in der Schwanger-
schaft muss vom Arzt sorgfältig geprüft werden.«[128]
Immerhin findet sich dort ein sinnvoller Hinweis, wann das Mittel
nicht eingesetzt werden darf. Und zwar – raten Sie mal – bei:
Aluminiumvergiftung und bei Alzheimer-Patienten.

Damit der Nachschub nicht so rasch ausgeht, sind in einer Packung
Antiphosphat-GRY gleich 100 Stück enthalten, welche in der Apotheke 22,10 Euro kosten. Die Großpackung für eine zünftige Aluminium-Vergiftung kommt mit 500 Stück auf doch recht günstige
80,70 Euro.

Alu im Wasser

Will man den Aluminiumgehalt von Wasser testen, braucht es normalerweise sehr genaue Messmethoden, weil es sich nur um win-
zigste Mengen handelt. Im Regenwasser findet sich normalerweise
überhaupt kein Aluminium. Sogar bei Tests in Städten liegen viele
Proben unterhalb der Nachweis-Grenze. In Industriegebieten oder

nahe Müllverbrennungsanlagen zeigen die Werte dann eine Menge um etwa 10 part per billion (ppb). Das heißt also, dass zehn Teile Aluminium auf eine Milliarde Teile Wasser kommen. Noch geringer ist der Aluminium-Gehalt von Meerwasser. In der Literatur stößt man hier auf Werte in der Bandbreite zwischen 0,01 bis 5 ppb. Der Pazifik hat dabei in der Regel deutlich niedrigere Werte als der Atlantik.

Bei Flusswasser sind die Werte meist höher, je nachdem wie stark belastet die Zuflüsse sind. Eine genaue Untersuchung wurde z. B. von der Stadt Leipzig in Auftrag gegeben,[129] als im Zuge des starken Hochwassers vom Jahresbeginn 2011 der Auwald im Norden der Stadt durch die Öffnung einer Wehranlage mit Wasser aus dem Fluss Luppe geflutet werden musste. Die Luppe gilt als mäßig bis stark belastet bei einer Gewässergüte zwischen Stufe II und III. Bei der Flutung gelangten demnach auch Schadstoffe, vor allem aus der Landwirtschaft und dem städtischen Bereich, in den Auwald. Die Aluminiumkonzentration in den Überflutungsflächen lagen im Bereich von etwas über 10 ppb mit vereinzelten Ausreißern nach oben. Die Aluminiumgehalte der Luppe selbst lagen deutlich höher, nämlich zwischen 85 und 100 ppb.

Wir erkennen also die Tendenz: Je mehr das Wasser Kontakt mit Zivilisations-Abfällen und Emissionen hat, desto stärker ist die Belastung durch Aluminium. Im Meerwasser ist die Konzentration durch den Verdünnungseffekt einstweilen noch sehr gering. Auch wenn in den Mündungszonen stark belasteter Flüsse die Werte deutlich ansteigen.

Die Bandbreite des Aluminiumgehaltes in den verschiedenen Wasserarten liegt – dort wo Aluminium überhaupt nachweisbar ist – etwa zwischen 0,01 und 100 ppb.

Der höchstzulässige Wert für Trinkwasser wurde in der EU mit 200 ppb (0,2 Milligramm pro Liter) festgesetzt. Die Ergebnisse aus den natürlichen Gewässern erreichen also in der Mehrzahl nicht einmal die Hälfte dieses Grenzwertes. Das klingt zunächst beruhigend. Denn diese Gewässer bilden ja auch den Zufluss zu den Grundwasser-Reservoirs für unser Trinkwasser.

Alu auf der Haut

Erst seit relativ kurzer Zeit ist es möglich, den Weg, den Aluminium durch den menschlichen Organismus nimmt, halbwegs genau zu verfolgen. Dies wurde möglich, indem ein bestimmtes Isotop von Aluminium entdeckt wurde, das eine relativ lange Halbwertszeit hat und nicht in der Umwelt vorkommt. Die Bezeichnung dieses Isotops lautet: ^{26}Al. Derzeit gibt es allerdings erst sehr wenige konkrete Anwendungen dieser Technik und nur eine einzige Studie, in der mit Hilfe dieses Isotops die Aufnahme von Aluminium aus Nahrungsmitteln untersucht wurde. An dieser Studie nahmen fünf Personen teil, die vollständig identische Mengen an aluminiumhaltigen Speisen essen mussten. Hier zeigte sich jedoch gleich die volle Bandbreite der individuellen Unterschiede. Denn die höchste aufgenommene Menge an Aluminium lag – allein in dieser überschaubaren Personengruppe – beim Dreifachen der niedrigsten Menge. Die Variation zwischen einzelnen Menschen ist also enorm. Dieses Beispiel zeigt, wie trügerisch es ist, wenn die Behörden davon ausgehen, dass eine lineare Beziehung zwischen Dosis und Wirkung besteht. Einige Menschen haben bei Aluminium scheinbar einen natürlichen Ausscheidungsmechanismus, hier gehen die Alu-Ionen tatsächlich durch den Organismus wie Wasser, ohne sich festzusetzen. Andere Menschen sind weniger begünstigt, hier setzt sich Aluminium fest und stört die natürlichen Abläufe im Stoffwechsel. Derzeit gibt es noch keinen Test, der uns sagen könnte, ob wir zur ersten oder zweiten Gruppe gehören.

Manche Kosmetikhersteller behaupten nach wie vor, dass über die Haut kein Aluminium aufgenommen wird. Dies ist über zahlreiche Arbeiten widerlegt. Es gibt jedoch kaum Studien, wie sich die unterschiedlichen Zugangs-Routen für Aluminium voneinander unterscheiden. Das Wenige, was man weiß, deutet darauf hin, dass nur ein Bruchteil des Aluminiums im Körper verbleibt, wenn die Route über den Mund in den Verdauungstrakt führt. Im Tiermodell zeigte sich, dass nur 0,3 Prozent der Aluminium-Ionen im Trinkwasser im Organismus absorbiert werden. Bei Lebensmitteln ist es ähnlich wenig. Allerdings weiß man, dass dieser Anteil um das mindestens Zehnfache variieren kann – abhängig davon, in welcher chemischen Form Aluminium vorliegt.

Sobald der Magen-Darm-Trakt umgangen wird, bleibt deutlich mehr Aluminium im Organismus. Studien der französischen Forschergruppe um Romain Gherardi zeigten im Tierversuch, dass es schon einen gewaltigen Unterschied macht, ob Aluminium in den Muskel, unter die Haut oder in die Blutbahn injiziert wird. Die Ausscheidung über das Blut funktionierte fast so gut wie über den Verdauungstrakt. Im Muskelgewebe blieb dagegen fast hundertmal mehr Aluminium hängen.

Wie die Aufnahme über die Haut abläuft, ist noch sehr schlecht erforscht. Sicher ist, dass die Haut keine unüberwindliche Grenze darstellt. Dies zu behaupten wäre bei Deos auch vollkommen absurd, weil ja der Wirkmechanismus darin besteht, dass sich – z. B. Aluminiumchlorohydrat – unmittelbar mit den Zellen der Haut verbindet und die Schweißdrüsen verklebt. Aber auch bei anderen Kosmetikprodukten dauert es nicht lange, bis ein Teil der aufgetragenen Aluminium-Ionen im Blutkreislauf ankommt und dort nachweisbar ist. Wie hoch der Prozentsatz ist, der die Haut durchdringt, kann man aber ebenso wenig vorhersagen, wie den Weg, den das Aluminium dann weiter im Organismus nimmt.

Die Mengen an Aluminium, die in bestimmten Kosmetikprodukten enthalten sind, sind jedenfalls enorm. Wenn wir ein aluminiumhaltiges Sonnenschutzmittel verwenden, tragen wir an einem einzigen Tag am Strand im Durchschnitt etwa eintausend Milligramm Aluminium auf unsere Haut auf. Wenn auch nur ein Teil davon die Barriere der Haut durchdringt und in den Organismus aufgenommen wird, so kommen wir damit schon in die Nähe des behördlichen Grenzwertes für Lebensmittel, der besagt, dass die Belastung pro Woche ein Milligramm pro kg Körpergewicht nicht übersteigen sollte. Ob sich Aluminium, das über die Haut aufgenommen wird, schädlicher auswirkt als solches, das den Weg in den Organismus über den Magen nimmt, ist unbekannt. Ebenso der Zusammenhang mit Neurodermitis und anderen Hautkrankheiten.

Bekannt ist hingegen, in welchen Organen sich Aluminium vorwiegend ablagert. An erster Stelle stehen hier ex aequo die Knochen und das Gehirn, gefolgt von Blutzellen und Haaren. An dritter Stelle finden sich das Herzgewebe, die Geschlechtsorgane, ein ungeborenes Kind im Mutterleib sowie die Finger- und Zehennägel.

Haben Sie sich schon einmal die Zeit genommen, etwas ausführlicher die Inhaltsstoffe eines Kosmetik-Produktes zu studieren? Egal ob es sich um einen Fußbalsam, um Lippenstift oder ein simples Haarwasser handelt, finden sich mehrere Dutzend verschiedener Inhaltsstoffe, die man kaum aussprechen kann. Und wer keine chemische Fach-Ausbildung genossen hat, hat keine Chance zu erahnen, was sich hinter diesen Chemikalien verbirgt und welchen Zweck sie erfüllen. Oder haben Sie in der Schule jemals von Tocopheryl Acetaten gehört – einem häufig in Kosmetikprodukten eingesetzten Antioxidans? Oder von Allylguajacol – auch Eugenol genannt –, das Insekten abweist und antiseptisch wirkt, auf der Haut ein angenehmes Gefühl erzeugt – aber leider auch zu den 20 häufigsten Allergie-Auslösern zählt? Am ehesten haben Sie wahrscheinlich von den Parabenen gehört, einem seit fast 100 Jahren in Kosmetika eingesetzten Konservierungsmittel. Es gibt Methyl-, Propyl-, Ethyl-, Butyl- und Benzylparabene. Die ersten beiden sind unter dem Kürzel E 216, bzw. E 218 sogar zur Konservierung von Lebensmitteln zugelassen. In Kosmetikprodukten stecken aber häufig gleich alle fünf. Das Problematische an dieser Substanz-Gruppe ist, dass ihre Konservierungs-Eigenschaften etwas zu gut ausgebildet sind und sie dadurch dem natürlichen Zyklus entkommen, auch wenn sie längst über die Haut in den Körper eingedrungen sind. Sie können schwer abgebaut werden, sorgen für Irritationen und gelten als Auslöser von Allergien.

Lotionen, Make-ups oder Sonnenschutzmittel sind voll mit derartigen Chemikalien. Im Schnitt verwendet eine Frau heute zwölf Kosmetikprodukte mit insgesamt 168 unterschiedlichen Inhaltsstoffen, Männer bringen es auf die Hälfte, nämlich sechs Produkte mit 85 Inhaltsstoffen.[130] Allein aufgrund dieser Vielfalt möglicher unerwünschter Wirkungen sind konventionell erzeugte Kosmetik-produkte stets ein Hazard-Spiel für die Gesundheit. Seit den 1990er Jahren hat sich die Zahl der Personen, die an chronischen Haut-Krankheiten leiden, mehr als verdoppelt. Genaue Analysen unter Patienten mit allergischer Kontakt-Dermatitis ergaben, dass bei 8 bis 15 Prozent die Ursache im eigenen Kosmetikkoffer zu finden ist.[131] [132] Frauen sind deutlich häufiger betroffen.

Nahezu ausschließlich Frauen leiden an Perioraler Dermatitis, der sogenannten Stewardessenkrankheit. Dabei bilden sich um den Mund, manchmal auch um die Augenlider, zahlreiche entzündliche gerötete Knötchen oder Bläschen. Wenn diese Stellen »zusammen-fließen«, ergeben sich ringartige Plaques, etwa im Bereich der Na-senfalten abwärts oder an den seitlichen Zonen des Kinns. Die Be-schwerden treten fast nur bei Frauen jüngeren bis mittleren Alters auf. Speziell bei solchen, die stets gepflegt auftreten (müssen) – wie eben Stewardessen.

Über die genauen Ursachen herrscht Unklarheit. Die Therapie zeigt jedoch schon, woher auch hier der Wind weht. Denn wäh-rend Kortisonsalben nur vorübergehende Erfolge bringen und der Ausschlag dann umso heftiger zurückkehrt, zeigt der Verzicht auf kosmetische Cremes und Pulver den umgekehrten Effekt: Zuerst treten die Beschwerden verstärkt auf, die Haut spannt und brennt. Nach etwa drei Wochen tritt normalerweise Linderung ein und wer es schafft, zwei Monate auf Kosmetika zu verzichten, ist meist dau-erhaft geheilt.

Auch in Zahnpasta sind Aluminiumverbindungen manchmal enthalten. Den Vogel schießt hier zweifellos Lacalut ab, eine Marke des Konzerns Böhringer Ingelheim, die bereits im Jahr 1928 auf den Markt kam. Beworben wird die »medizinische Zahncreme« speziell für seine Wirkung gegen Zahnfleischbluten, gegen antibakterielle Verunreinigungen und für die Stärkung des Zahnschmelzes. Um diesen hohen Ansprüche zu genügen, ist das Produkt gleich mit drei verschiedenen Aluminium-Verbindungen aufgerüstet.

Auf der Website der Firma (lacalut.de) äußert sich eine gewisse Katharina K. folgendermaßen über die Vorteile von Lacalut:

»Die Hauptwirkung ist stark adstringierend, d. h. zusammenziehend und die kann man nach jedem Putzen auf Zahnfleisch, Zunge und Schleimhaut deutlich spüren. (Ich muss an die Miene meiner Kleinen denken, wenn sie aus Versehen meine Zahnpasta erwischt.) Parodontose ist bekanntlich nicht zu heilen oder rückgängig zu machen, sie kann aber vorgebeugt oder in Grenzen gehalten werden. Dabei hilft Lacalut sehr und täglich. Vor Karies soll sie auch schützen mit ihrer Inhaltsstofffformel. Besonders für Raucher, die Parodontose in höherem Maße ausgesetzt sind, ist sie meiner Meinung nach zu empfehlen.«

Soweit also Lacalut-Fan Katharina K., die schließlich auch noch weiß, womit ihre Zahnpasta diese Leistungen erbringt.

Dafür benötigt sie folgende Inhaltsstoffe:

Aqua, Sorbitol, Aluminum Hydroxide, Hydrated Silica, Silica, Poloxamer 188, Sodium Lauryl Sulfate, Hydroxyethylcellulose, Aroma, Aluminum Lactate, Titanium Dioxide, Allantoin, Aluminum Fluoride, Bisabolol, Chlorhexidine Digluconate, Sodium Saccharin.

Auch Firmen, die sich auf Natur-Kosmetik spezialisiert haben oder sich gerne als naturnah geben, bringen es nur selten zustande, ganz auf aluminiumhaltige Inhaltsstoffe zu verzichten.

So etwa die Firma Weleda. Auf eine entsprechende Kundenanfrage kam die Antwort: »Die in der Weleda Edelweiß-Sonnenpflege enthaltenen Pigmente Titandioxid und Zinkoxid sind mit Aluminiumoxid und Stearinsäure ummantelt. Diese Ummantelung bewirkt, dass die Pigmente voneinander getrennt werden, d. h. in der Tube oder Flasche bzw. auf der Haut nicht zusammenklumpen und sich das Produkt glatt verteilen lässt. Der Ausgangsstoff für Aluminiumoxid ist Bauxit, ein natürlich vorkommendes Mineral.«[133]

Insofern wäre dann ja der Bezug zur Natürlichkeit wiederhergestellt.

Hier eine kleine Auswahl der in Kosmetik-Produkten verwendeten Alu-Verbindungen:

Aluminium Sesquichlorohydrate
(z. B. in: *Linden Voss Tripl Dry, Yves Rocher Transat ...*)

Aluminium Zirconium Trichlorohydrex
(z. B. in: *Jafra Gently Effective Anti-Perspirant, Nivea Double effect ...*)

Aluminium Zirconium Tetrachlorohydrex Gly
(z. B. in: *Hydrofugal Sensitiv Stick, Rexona Woman Cotton Dry Stick, Dove Chrystal Deodorant ...*)

Aluminium Chlorohydrate
Antitranspirant
Hemmt die Schweißabsonderung, kann zu Entzündungen führen (toxischen Hautreizungen, Entzündung der Drüsen) und Granulome (knotenartige Gewebeneubildung) auslösen.
(z. B. in: *Maria Galland Cream Deodorant, Biotherm Deo Pure, Pedibaehr Fußdeospray, Beiersdorf Hidro fugal, Spirig Hautschutzcreme, Vichy Deodorant-Creme, Fa Deodorant, Bac Aloe Vera sensitive, Dove Deo-Spray ...*)

Aluminium Stearate
Aluminiumsalze der Stearinsäure, werden als Gelbildner eingesetzt. Verstopft die Poren, kann zu Entzündungen führen (toxischen Hautreizungen, Entzündung der Drüsen) und Granulome (knotenartige Gewebeneubildung) auslösen.
(z. B. in: *Nivea Creme, Just Natural Deo Edelweiss, Dr. Grandel Eye Care Contour Creme, Korres Thymianhonig Gesichtscreme, Rugard Vitamin-Cream ...*)

Aluminium Hydroxide
(z. B. in: *Carita International Teint Lissant, Dermalogica Ultra Sensitive faceblock spf25, Roche-Posay Anthélios LSF 20, L'Oreal Solar Expertise Aktiv LSF 50+, Vichy Make Up Flüssig, babylove Sonnenmilch ...*)

Magnesium Aluminium Silicate
(z. B. in: *Babor Body Line Thermal Body Lotion, weleda Iris Feuchtigkeitscreme, Couleur Caramel Eyeliner ...*)

Aluminium Starch (Octenylsuccinate)
(z. B. in: *Joop Velvet Body Lotion, AOK Thermo-Aktiv Maske, Oil of Olaz Aktivschutz Fluid für reife Haut, Guinot Creme Hydrallergic, medipharma cosmetics Olivenöl Gesichtspflege, Ellen Betrix Soft Resistance Make up, Garnier Apres Pflegende Feuchtigkeitsmilch, Nu Skin Sunright Body Block 30 ...*)

Alumina
(z. B. in: *Dr. Armah-Biomedica LaVolta Shéa Sun Lotion LSF 25 Wasserfest, Korres Thymianhonig Gesichtscreme ...*)

Alum
(z. B. in: *Cos Line GmbH CL Deo-Kristall Mineral Spray ...*)

Calcium Aluminium Borosilicate
(z. B. in: *Dr. Baumann Lippenstifte Nr. 7421-7449 ...*)

Aluminium Lactate
(z. B. in: *Dr. Baumann Deo mild und Deo extra mild ...*)

Wenn ein Deodorant ausnahmsweise einmal aluminiumfrei ist, so wird das sogar eigens auf der Packung betont, wie z. B. in: Sanoflore – aluminiumsalzfreies Deodorant.

Trockener Sex

Eine seltsame und hochriskante Anwendungsform von Aluminium bezieht sich auf die Praxis des sogenannten »dry sex«, welche speziell im südlichen Afrika verbreitet ist. Dabei führen sich Frauen Aluminiumhydroxidsteinchen in die Vagina ein, welche eigens für diesen Zweck auf den Märkten verkauft werden. Damit wird die schleimige Gleitflüssigkeit, die sich bei sexueller Erregung im Vaginalgewebe bildet, gebunden und die Vagina ausgetrocknet. Der Scheidenvorhof und die Scheide werden somit künstlich trocken gehalten, wodurch sich für den Penis des Mannes beim Geschlechtsverkehr der Reibungswiderstand erhöht. Diese Praxis beruht auf der Annahme, dass die Scheide trocken, eng und heiß sein muss, um den Mann zu befriedigen.

Bei einer wissenschaftlichen Erhebung[134] unter 513 zufällig ausgewählten Personen im Alter von 16 bis 35 Jahren in der Provinz Gauteng in Südafrika gaben 60 Prozent der Männer und 46 Prozent der Frauen an, dass sie »dry sex« praktizieren. Am höchsten war die Verbreitung bei den jüngeren mit schlechter Ausbildung (87 Prozent). Die am häufigsten genannten Gründe waren »Lust und Vergnügen« bei den Männern (65 Prozent) sowie »Befriedigung des Partners« bei den Frauen (33 Prozent).

»Ich suche nach Salz« ist das gängige Passwort, mit dem die Verkäufer auf den Märkten nach der »Medizin« für »dry sex« gefragt werden. Obwohl Aluminiumhydroxid häufig Jucken und Brennen verursacht, gilt es als Aphrodisiakum. Die Benutzung ist speziell für etwas ältere, mehrfachgebärende Frauen die Norm, um für die Männer attraktiv zu bleiben. Herrscht doch im traditionellen Afrika die Vorstellung, dass eine Frau ihren Mann zufriedenstellen muss. Eine Einstellung, die für polygame Gesellschaften typisch ist, in der die Rolle der Frau auf Dienen ausgerichtet ist. Speziell in den Slums und Elendsvierteln der größeren Städte stellt Sex für viele Frauen zudem so etwas wie eine Währung dar, mit der beim Bäcker ebenso bezahlt wird wie beim Verkäufer der Holzkohle für die Küchenöfen. Besonders fatal ist, dass »dry sex« unvereinbar ist mit dem Gebrauch von Kondomen, da diese die natürliche Vaginalsekretion benötigen.

Verletzungen der Scheidenhaut sind schmerzhaft und machen diese durchlässiger für alle Arten von Erregern. Aber auch ohne mechanische Verletzungen stellt diese Praxis einen gefährlichen Eingriff in das Vaginalmilieu dar, dient doch das Vaginalsekret dem Schutz vor Infektionen des Genitaltraktes. Auch die Haut der Eichel wird bei dieser Praxis häufig verletzt.

So gaben denn auch in der zitierten Arbeit 56 Prozent der Männer an, dass sie bereits an einer Sexualkrankheit laboriert haben oder immer noch daran leiden. Bei den Frauen bestätigten das nur 16 Prozent. Hier allerdings zeigte sich in anderen Untersuchungen, dass dieser Anteil auf rund 50 Prozent steigt, wenn die Frauen anschließend untersucht wurden.[135]

Der Aluminium-Wächter

Wie wir im ersten Kapitel gehört haben, finden sich in unseren Genen keinerlei Mechanismen, die uns vor dem Kontakt mit Aluminium schützen. Das Leben entstand lange, bevor Aluminium – über den Einsatz modernster Technik – aus seinem »Grab« tief in der Erdkruste befreit wurde. Es verhält sich gegenüber dem Leben auf der Erde wie ein unberechenbarer aggressiver Alien. In ihrer biologisch aktiven Form sind die Aluminium-Ionen dreifach positiv geladen und dadurch enorm reaktionsfreudig, sowohl mit organischen als auch anorganischen Substanzen.

Bei der Einschätzung, wie problematisch eine Aluminiumverbindung ist, geht es demnach immer um die Kernfrage: Wie rasch löst sich daraus dessen biologisch aktive Form, die Al^{3+} Ionen.

»Alle Alu-Verbindungen verhalten sich bezüglich der Freisetzung der Al^{3+} Ionen anders«, erläutert Alu-Experte Chris Exley das Dilemma. Es geht immer um die Art der Freisetzung der bioaktiven Form. Manchmal gehen sie in die Haut und erst danach lösen sich die Ionen, manchmal lösen sie sich davor. Von Art und Ausmaß der Freisetzung der Ionen hängt ihre Gefährlichkeit ab. »Doch es gibt kein nicht toxisches Aluminium«, warnt Exley. Es gibt nur Abstufungen. Entwicklungsgeschichtlich leben wir erst eine Sekunde mit Aluminium. Nun aber überschwemmt es die Zivilisation, es greift in vielfältigster Weise in die Lebensprozesse ein und es bleibt dennoch meist unsichtbar. Würde Aluminium akute lebensbedrohliche Vergiftungen auslösen, so wüssten wir längst, womit wir es zu tun haben, und könnten effektive Gegenmaßnahmen einleiten. Akute Vergiftungen sind jedoch die Ausnahme. Stattdessen geht Aluminium auf molekularer Ebene mit anderen Substanzen Bindungen ein, ohne dass wir dies merken oder die Folgen dieser Aktionen auch nur im Ansatz abschätzen könnten.

»Es gibt eine ganze Reihe von allgemeinen Schutzmechanismen, mit denen der Organismus auf Störungen reagiert«, sagt Exley. Wenn etwa Prozesse der Herstellung von Proteinen behindert werden, so gebe es immer noch eine Mehrzahl von funktionierenden Abläufen. Wir alle haben eine mehr oder weniger große Aluminium-Belastung und dennoch sind die meisten von uns gesund. »Der Körper ist in der Lage, die Belastung durch Aluminium bis zu einem gewissen Grad auszugleichen«, sagt Exley. »Doch niemand kann sagen, wie lange das gutgeht und wann bei einem Menschen die Belastungsgrenze überschritten ist.«

Es gibt unzählige Prozesse, in denen Aluminium negativ in den Stoffwechsel eingreift. Wo als Erstes der Grenzwert überschritten wird und der Einbruch erfolgt, unterscheidet sich von Person zu Person. Hier spielt die genetische Ausstattung eine große Rolle, ebenso der Lebensstil. Dazu kommt die individuelle Belastung durch mehr oder weniger große Mengen an Aluminium.

Was sich dann abspielt, wenn die Grenze überschritten ist und ein Mensch erkrankt, folgt allerdings auch wieder keinem einheitlichen Muster. Und das macht es auch so schwierig, den Täter zu fassen, beziehungsweise überhaupt einmal auf die Idee zu kommen, dass Aluminium hinter den verschiedenen Symptomen stecken könnte. Ein Beispiel für diese schwer vorstellbaren Abläufe ist die geheimnisvolle Beziehung zwischen Aluminium und ATP (Adenosintriphosophat). Diese Substanz ist so etwas wie die universelle Energie-Einheit des Lebens. Aluminium verdrängt das wichtige Magnesium, baut sich in die Struktur von ATP ein und stört damit die Energie-Übertragung im Organsimus. Die Folge kann chronische Müdigkeit sein (siehe Seite 117 f.).

Es gibt zahlreiche derartige Mechanismen, in denen Aluminium eine problematische oder eindeutig negative Rolle spielt. Mehr als 200 davon sind bislang bekannt. Gerade diese ungeheure Vielfalt macht es der Wissenschaft allerdings bisher extrem schwer, das Schadenspotenzial von Aluminium eindeutig zu bestimmen. Wenn es pures Gift wäre, bei dem die Menschen sofort erkranken oder die Tiere tot umfallen würden, wäre die Sache wesentlich einfacher. Dann würden wir längst Wege gefunden haben, um mit Aluminium rational umzugehen.

So aber laufen die Reaktionsmuster im Verborgenen ab, vieles bleibt dem Zufall überlassen, vieles auch den individuellen genetischen Voraussetzungen. Manche Personen haben etwa eine vererbte Ausscheidungs-Schwäche und behalten generell mehr Metalle im Organismus als andere. Vieles hängt auch von den großteils unergründlichen Entscheidungen des Immunsystems ab. Niemand kann im Detail voraussagen, welche Aktion die Wächterzellen des Immunsystems auslösen, wenn sie auf Aluminium stoßen. Ignorieren sie es, lösen sie Großalarm aus, veranlassen sie die Bildung schützender Antikörpern gegen die »Begleiter« des Aluminiums – oder verleihen sie dem Aluminium selbst die Punze eines gefährlichen Antigens –, so dass in der Folge die Aluminium-Depots im Körper für ständige Irritation und chronische Entzündungen sorgen.

So ziemlich der einzige Verbündete, den wir beim Umgang mit Aluminium haben, ist Silizium, der alte Partner beim Aufbau der Erdkruste. Aluminiumsilikate bilden ja die Basis der meisten Gesteinsschichten und Böden auf unserem Planeten. Die Wiedervereinigung der chaotisch herumirrenden hyperaktiven Metallionen mit dem noch wesentlich häufigeren Halbmetall wäre demnach höchst wünschenswert.

Silizium finden wir in der Natur normalerweise als Kieselsäure. Das ist eine sehr schwache Säure. Sie sieht aus wie Wasser – und sie hat absolut kein Potenzial für chemische Reaktionen. Silizium verhält sich im Vergleich also vollständig konträr zu Aluminium. Silizium gilt für den Menschen nicht als essentiell, in gewisser Weise scheint es wichtig für die Knochenbildung und Reifung, doch die genauen Mechanismen sind wenig bekannt. Der menschliche Organismus enthält etwa 20 Milligramm Silizium pro Kilogramm Körpergewicht.

Doch abgesehen von der möglichen positiven Rolle für die Knochen, scheint es durch den Organismus zu gehen wie Wasser, ohne mit irgendetwas speziell in Kontakt zu treten. Außer natürlich, es trifft auf Aluminium. Silizium hat eine enorme Bindungsfreude an Aluminium. Nicht nur in der Erdkruste, wo Aluminiumsilikate die häufigste Verbindung darstellen, sondern auch im Organismus.

Chris Exley hält es deshalb für plausibel, dass Silizium im Lauf der Evolution und der natürlichen Auslese die Rolle eines Wächters übernommen hat, mit der »Aufgabe«, Aluminium aus den Lebensprozessen herauszuhalten. Was hier so simpel klingt, hat Exley in all seinen faszinierenden Details und mit seinem ungeheuren Wissen zu einem großen theoretischen Entwurf der gemeinsamen Evolution der beiden Elemente verarbeitet und publiziert. Die Arbeit trägt den schönen Titel »Darwin, natural selection and the biological essentiality of aluminium and silicon«[136]. Ich empfehle dieses brillante Stück Wissenschaft allen Lesern zur Lektüre, die sich hier persönlich weiterbilden möchten.

Chris Exley hat bereits mehrere Versuche gestartet, seine Thesen von Silizium als »Jäger des Aluminiums« in der Praxis anzuwenden und auf seine Relevanz zu prüfen. Es war gar nicht so einfach, erzählte mir Exley, dafür jene Form von Silizium ausfindig zu machen, die auch wirklich dafür geeignet ist. Es gibt Silizium in verschiedener Form als Kieselerde bzw. Kieselsäure-Präparate im Angebot. Das meiste erwies sich laut Exley für seine Zwecke als völlig unbrauchbar. »Es wirkt so ähnlich, wie wenn du Sand isst, nämlich gar nicht.«

Schließlich kam er auf siliziumreiches natürliches Mineralwasser. Als guter Kandidat fand er ein französisches Wasser mit einem hohen Gehalt an Siliziumdioxid, schrieb die Firma an und teilte ihnen mit, dass er gerne das Wasser für eine wissenschaftliche Studienreihe einsetzen würde. Die Firmenvertreter waren begeistert und sie spendeten nicht nur die nötigen Wasserflaschen für die Teilnehmer des Experiments, sie unterstützten die Studie auch mit einer hübschen Summe Geld.

Nun war es aber so, erzählt Exley, dass diese Firma nicht nur Wasser herstellt, sondern zu einem großen Nahrungsmittelkonzern gehört. Ein weltbekannter Konzern, der unter anderem eine große Produktpalette vertreibt, die mit Material aus Aluminium verpackt werden. Eines Tages erhielt Exley einen Anruf von seiner Kontaktperson in der Firma. Diese teilte ihm mit, dass sie ihre Meinung geändert hätten und nicht mehr an einer Fortführung der Studie interessiert seien. »Es war ihnen völlig egal, dass es einen Vertrag zwischen ihnen und unserer Universität gab. Sie wollten auch kein Geld zurück. Wir durften es behalten – sollten sie aber keinesfalls als Geldgeber nennen.« Exley merkte während dieses Gespräches, dass seine Kontaktperson nicht allein im Büro war. Man hörte aus dem Hintergrund Anweisungen von weiteren anwesenden Personen. Da verstand Exley, dass es um Firmenpolitik ging und jemand von ganz oben in diesem Konzern beschlossen hatte, dass diese Studien einen Image-Schaden verursachen könnten. »Sie wollten einfach nicht dazu beitragen, dass die Frage diskutiert wurde, warum es eine gute Idee sein sollte, Mineralwasser zur Ausleitung von Aluminium einzusetzen.« Logisch, sagt Exley, denn als Nächstes wäre vielleicht die Frage aufgetaucht, ob es unbedingt sein müsse, alle Joghurts des Konzerns mit Alu-Deckeln zu verschließen. »Und mit Joghurts machen sie deutlich mehr Umsatz als mit Mineralwasser.«

Exley ließ sich davon nicht abschrecken und führte seine Studien mit anderen siliziumreichen Wässern weiter. Als wir uns im Sommer 2012 zuletzt trafen, erzählte Chris Exley mir von ermutigenden Zwischenergebnissen, die mittlerweile belegen, dass das Prinzip funktioniert: Diese Wässer sind gut geeignet, bei den Teilnehmern Aluminium über den Urin auszuleiten. Ob dies auch einen therapeutischen Effekt bei Personen hat, welche an potenziell von Aluminium ausgelösten Demenzkrankheiten litten, wäre eine weitere Fragestellung, der er mit seinem Wissenschaftler-Team nachgeht. Abgesehen von einigen »erstaunlichen Fallbeispielen« gäbe es dazu aber noch keine gesicherten Daten, die man in der Öffentlichkeit nennen könne.

Dass das Prinzip funktionieren könnte, zeigte aber eine im August 2012 veröffentlichte Studie mit Mäusen, die Exley gemeinsam mit einem Team der Universität Brescia durchführte.[137] Die Tiere wurden mit Aluminiumsulfat behandelt und erhielten dazu Wasser, das entweder sehr viel oder sehr wenig Silizium enthielt. Tatsächlich bewies die Arbeit, dass der von Aluminium ausgelöste Hirnschaden bei jenen Mäusen, die gleichzeitig Silizium bekamen, nahezu annulliert wurde, während die Kontrollmäuse beträchtlichen Schaden erlitten.

Wir wissen also, dass es möglich ist, Aluminium wieder aus dem Organismus zu entfernen, wenn wir Mineralwasser reich an Siliziumdioxid (SiO_2) trinken. Ob wir es damit schaffen, unseren Körper von diesem problematischen Element komplett zu befreien, ist eher unwahrscheinlich, weil manche Organe schwer zugänglich sind und die Siliziumionen sicherlich auch nicht jede Aluminium-Verbindung auflösen können, um sich selbst als Bündnispartner anzudienen. Gesichert scheint, dass sich jedoch ein überraschend hoher Anteil an Aluminium-Ionen mit Silizium verbindet und sich das solcherart neutralisierte Aluminium nunmehr recht einfach über Urin oder Stuhl ausscheiden lässt. Und nachdem siliziumreiches Mineralwasser ganz sicher keine negativen Folgen für unsere Gesundheit hat, kann es auch nichts schaden, diese brandneuen Erkenntnisse der Wissenschaft für unser Wohl einzusetzen.

Auf meinem Blog werde ich dazu jeweils aktuelle Informationen liefern, sobald es neue Resultate gibt:
http://ehgartner.blogspot.com

Zum Schluss

Dieses Buch zu veröffentlichen war nicht einfach. Über ein Jahr lang habe ich von nahezu allen großen Verlagen im deutschen Sprachraum Absagen gesammelt. Sogar von jenen Verlagen, die bereits Bücher von mir publiziert hatten. Die Begründungen, die genannt wurden, waren ebenso kurz wie widersprüchlich.

Die eine Hälfte lehnte das Buchkonzept ab, weil das Thema als zu fad eingeschätzt wurde. Da könnte man ja genauso über Kupfer über Blei oder über Blech schreiben. Aluminium – wen sollte das interessieren?

Das waren wohl jene Lektoren, die sich nicht mal die Arbeit gemacht haben, die Inhaltsangabe zu lesen.

Von den Verlagen, die das Buchkonzept gelesen haben, kam dann ein ganz anders formuliertes Feedback. Das sei ja wirklich total spannend, hieß es und eine Handvoll Lektoren wollten das Buch unbedingt machen. Nachdem einige Wochen vergangen waren und das Projekt in größeren Kreisen verlagsintern besprochen worden war, kam dann jedoch auch hier überall die Absage. Nun hieß es, das Buch sei zu spekulativ. Schließlich brauche man nur ein wenig auf Wikipedia oder sonstigen Gesundheits-Seiten im Web zu recherchieren, um herauszufinden, dass Aluminium dort als weitgehend harmlos eingestuft wird.

Insofern brauchte es wohl einen kleineren Verlag, wo das fachliche Interesse am Thema gepaart war mit Mut und flachen Hierarchien, so dass nicht allzu viele Leute ihre Expertise beisteuern konnten, ob das Thema nun zu heiß wäre oder doch eher zu banal. Und insofern bedanke ich mich herzlich bei Gottfried Ennsthaler, der das Thema von Beginn an interessant fand und an dieser Einschätzung auch bis zum Ende festhielt.

Ich habe in diesem Buch nach bestem Wissen alle fachlichen Indizien zu Aluminium gesammelt. Die Spur war nicht allzu schwer zu finden, denn Aluminium macht in fast jedem Bereich seiner Förderung, Herstellung und Anwendung schwerste Probleme. Es hinterlässt rote Wüsten, braucht Unmengen an Energie und greift dann schleichend und heimtückisch in die Lebensprozesse ein.

Ich habe in diesem Buch aber auch versucht, hilfreiche Hinweise zu geben, wie wir der Gefahr begegnen können. Dafür ist es zunächst nötig, die Quellen zu kennen, aus denen wir problematisches Aluminium aufnehmen. Es ist ein gewaltiger Unterschied zwischen einer Alufelge und einem biologisch aktiven Zusatz in Arznei- oder Kosmetikartikeln.

Es wird eine große Kraftanstrengung brauchen, um die im Buch beschriebenen Verflechtungen zu lösen und wirklich objektive – nach allen Richtungen offene – Untersuchungen einzuleiten. Dass es irgendwann so weit sein wird, ist gewiss: Denn immer mehr Wissenschaftler interessieren sich für das brisante Thema und lassen sich auch durch die Blockade der Forschungsgelder nicht abschrecken. Druck kommt auch von der Öffentlichkeit, denn immer mehr Familien stehen unter enormem Leidensdruck, in einer Gesellschaft, die heute mehr chronisch kranke Kinder produziert, als dies in den alten Elends- und Seuchenzeiten der Fall war.

Wie rasch es gelingt, Behörden und Gesundheitspolitik aus ihrem Faulbett aufzuscheuchen, hängt jedoch auch davon ab, wie weit wir alle zusammen in der Lage sind, diese Fakten bekannt zu machen und eine öffentliche Diskussion zu entfachen, die nicht mehr »von oben« abzustellen ist.

Nur dann bestehen Chancen, eine – so wie früher die Tabakindustrie – rücksichtslos und ausschließlich nach dem Prinzip der Gewinn-Maximierung arbeitende Aluminium-Lobby in die Schranken zu weisen.

Vielleicht gelingt es ja sogar, dass wir in unserer Beziehung zu Aluminium auf lange Sicht zu einem guten Ende kommen. Aluminium hat ja als Werkstoff durchaus seine Meriten und es gibt auch Einsatzbereiche, wo das Material zweifellos Vorteile bietet.

Und so besteht vielleicht noch eine Chance, die Kurve zu kriegen:
- wenn es in den Bauxit-Minen und den Betrieben zur Weiterverarbeitung von Aluminium gelingt, die Lippenbekenntnisse zum

Schutz der Anrainer, der eigenen Mitarbeiter und der Umwelt auch tatsächlich umzusetzen ...

- wenn die zahllosen unnötigen und gefährlichen Anwendungen von Aluminiumverbindungen in Kosmetikprodukten, Medikamenten und Lebensmitteln gestoppt werden ...
- wenn Medizin und Wissenschaft ihre Berührungsangst verlieren und an den Universitäten ein offenes Klima der wissenschaftlichen Diskussion frei von Tabus und Lobbyismus geduldet wird ...
- wenn Gesundheitspolitik und Behörden die Augen öffnen für die Relevanz dieses Themas und endlich Forschungsförderung betrieben wird, auch wenn keine neuen Medikamente dabei rauskommen ...

Wenn das gelingt, herrscht noch Hoffnung, dass wir das »Dirty Little Secret« um dieses Element aufklären und das »Zeitalter des Aluminiums« nicht zum Albtraum für die Menschheit wird.

Aber nur dann.

Endnoten

Vorwort:

1 European Food Safety Authority »On the evaluation of a new study related tot he bioavailability of Aluminium in Food« EFSA Journal 2011; 9(5): S.2157

2 Commission Regulation (EU) 380/2012, Official Journal of the European Union, 4.5.2012

Kapitel 1: Aluminium – ein biochemischer Alien

3 »Final Report on the Collapse of the World Trade Center Towers«, National Institute of Standards and Technology, September 2005

4 Aluminium Times, Vol. 11, Ausgabe 13; 2009

5 Christian J. Simensen »A Theory for the Collapse of the World Trade Center«, SINTEF 2011

6 Luitgard Marschall »Aluminium - Metall der Moderne« oekom Verlag, München 2008

7 Case RM et al. »Evolution of calcium homeostasis: From birth of the first cell to an omnipresent signalling system« Cell Calcium 2007; 42: S. 345–350

Kapitel 2: Vom Bauxit zum Aluminium

8 Lars Hildebrand »Die globale Güterkette der Aluminiumindustrie«, Diplomarbeit an der Univ. Hamburg, Institut für Geographie, 2007

9 »Giftschlamm bringt Tod und Zerstörung« Focus online (stj, dpa, AFP) 5. 10. 2010

10 »Schuldzuweisungen und Schönfärbereien«, Pester Lloyd, 6. 10. 2010

11 http://www.youtube.com/watch?v=UgiW6AoS2Js

12 Horace Helps »Jamaica to sell bauxite/alumina stake to China firm« Reuters, 21.4.2010

13 John Helmer, »Guinea Presidential assassination attempt – round up the usual suspects«, 25.7.2011, http://johnhelmer.net/?p=5721

14 Markus M. Haefliger, »Wie Guinea Entwicklungschancen verspielt« NZZ, 17.10.2009

15 Luitgart Marschall »Aluminium – Metall der Moderne«, oekom Verlag München 2008, S.158 f.

16 Lars Hildebrand »Ghanas Aluminium Production Line« Research Report ASA/GLEN/FIAN, 2005

Kapitel 3: Aluminium und Gesundheit

17 Bethel CD et al. »A National and State Profile of Leading Health Problems and Health Care Quality for US Children: Key Insurance Disparities and Across-State Variations« Academic Pediatrics 2011; 11 (3): S.22–33

18 »Demenz – Was wir darüber wissen, wie wir damit leben« Annette Bruhns, Beate Lakotta, Dietmar Pieper (Hg.) Deutsche Verlags-Anstalt, München 2010

19 http://www.alz.org/alzheimers_disease_causes_risk_factors.asp

20 http://www.alz.org/aaic/tuesday_1230amCT_news_release_riskfactors.asp

21 Rondeau V et al. »Relation between Aluminium concentrations in Drinking Water and Alzheimer's Disease: An 8-year Follow-up Study« American Journal of Epidemiology 2000; 152 (1): S.59–66

22 http://de.wikipedia.org/wiki/Alzheimer-Krankheit (Stand vom 15.7.2011)

23 Rondeau V et al. »Aluminum and Silica in Drinking Water and the Risk of Alzheimer's Disease or Cognitive Decline: Findings From 15-Year Follow-up of the PAQUID Cohort« American Journal of Epidemiology 2009; 169 (4): S.489–496

24 Walton JR »Cognitive Deterioration and Associated Pathology Induced by Chronic Low-Level Aluminum-Ingestion in a Translational Rat Model Provides an Explanation of Alzheimer's Disease, Tests for Susceptibility and Avenues for Treatment« International Journal of Alzheimer's Disease; 2012, Article ID 914947, 17 pages doi:10.1155/2012/914947

25 Nicholas D. Priest, Thomas V. O'Donnell (Hrg.) »Managing Health in the Aluminium Industry«, International Primary Aluminium Institute London, The Aluminum Association Washington, DC, Middlesex University Press, London 1997

26 http://www.alz.org/alzheimers_disease_myths_about_alzheimers.asp

27 McLachlan DR »Aluminium and the risk for Alzheimer's disease« Environmetrics 1995; 6(3): S.233–275

28 Campbell A. »The potential role of aluminium in Alzheimer's disease« Nephrology Dialysis Transplantation 2002; 17(2): S.17–20

29 Zatta P et al. »The role of metals in neurodegenerative processes: aluminum, manganese, and zinc« Brain Research Bulletin 2003; 62(1): S.15–28

30 Alzheimer A »Über eine eigenartige Erkrankung der Hirnrinde« in: Allgemeine Zeitschrift für Psychiatrie 1907 (1-2); S. 146-148

31 Klatzo I et al. »Experimental production of neurofibrillary degeneration I. Light microscopic observation« Journal of Neuropathology & Experimental Neurology. 1965; 24: S.187–199

32 Crapper DR et al. »Brain aluminum distribution in Alzheimer's disease and experimental neurofibrillary degeneration« Science 1973; 180(4085): S.511–513

33 Martyn CN et al. »Geographical relation between Alzheimer's disease and aluminium in drinking water« The Lancet 1989; 1(8629): S.59–62

34 Hardy J, Selkoe DJ »The amyloid hypothesis of Alzheimer's disease: progress and problems on the road to therapeutics« Science 2002; 297(5580): S.353–356

35 Wirths O et al. »A modified β-amyloid hypothesis: intraneuronal accumulation of the β-amyloid peptide – the first step of a fatal cascade« Journal of Neurochemistry 2004; 91(3): S.513–520

36 Kawahara M, Kato-Negishi M »Link between Aluminum and the Pathogenesis of Alzheimer's Disease: The Integration of the Aluminum and Amyloid Cascade Hypotheses« International Journal of Alzheimer's Disease 2011; doi: 10.4061/2011/276393

37 Walton JR »Evidence for Participation of Aluminum in Nerofibrillary Tangle Formation and Growth in Alzheimer's Disease« Journal of Alzheimer's Disease 2010; 22: S.65–72

38 Tomljenovic L »Aluminum and Alzheimer's Disease: After a Century of Controversy, Is there a Plausible Link?« Journal of Alzheimer's Disease 2010; 23: S.1–32

39 Spofforth J et al. »Case of aluminium poisoning« The Lancet 1921; 197(5103): S.1301

40 Chusid JG et al. »Chronic epilepsy in the monkey following multiple intracerebral injection of alumina cream« Proceedings of the Society for Experimental Biology and Medicine 1951; 78: S.53–54

41 Wills MR, Savory J. »Aluminum and chronic renal failure: sources, absorption, transport, and toxicity« Critical Reviews in Clinical Laboratory Sciences. 1989; 27(1): S.59–107

42 Alfrey AC et al. »The dialysis encephalopathy syndrome. Possible aluminium intoxication« The New England Journal of Medicine 1976; 294(4): S.184–188

43 Altmann P et al. »Disturbance of cerebral function in people exposed to drinking water contaminated with aluminium sulphate: retrospective study of the Camelford water incident« British Medical Journal 1999; 319(7213): S.807–811

44 Martyn CN et al. »Geographical relation between Alzheimer's disease and aluminium in drinking water« The Lancet 1989; 1(8629): S.59–62

45 Flaten TP »Aluminium as a risk factor in Alzheimer's disease, with emphasis on drinking water« Brain Research Bulletin 2001; 55(2): S.187–196

46 Neri LC, Hewitt D «Aluminium, Alzheimer's disease and drinking water« The Lancet 1991; 338(8763): S.390

47 Forbes WF, McLachlan DRC »Further thoughts on the aluminum — Alzheimer's disease link« Journal of Epidemiology and Community Health 1996; 50(4): S.401–403

48 Jacqmin H et al. »Components of drinking water and risk of cognitive impairment in the elderly« American Journal of Epidemiology 1994; 139(1): S.48–57

49 Frecker MF »Dementia in Newfoundland: identification of a geographical isolate?« Journal of Epidemiology and Community Health 1991; 45(4): S.307–311

50 Lukiw W.J. et al. »Run-on gene transcription in human neocortical nuclei: inhibition by nanomolar aluminum and implications for neurodegenerative disease« Journal of Molecular Neuroscience 1998; 11(1): S.67–78

51 Lukiw W.J. »Evidence supporting a biological role for aluminum in chromatin compaction and epigenetics« Jounal of Inorganic Biochemistry 2010; 104(9): S.1010–1012

52 Exley C »Aluminium and Medicine« In: »Molecular and Supramolecular Bioinorganic Chemistry«, Editor: A.L.R. Merce et al. Nova Science Publishers Inc. 2008

53 PubMed Abfrage durchgeführt am 10. 8. 2011

54 Mailloux RJ et al. »Hepatic response to aluminum toxicity: Dyslipidemia and liver diseases« Exp Cell Res. 2011 Jul 20. (Epub ahead of print)

55 Abdel-Aal RA et al. »Memantine prevents aluminum-induced cognitive deficit in rats« Behav Brain Res. 2011; 225(1): S.31–38

56 Tappen RM »Explanations of AD in Ethnic Minority Participants Undergoing Cognitive Screening« American Journal of Alzheimer's Disease 2011; 26(4): S.334–339

57 Sood PK et al. »Curcumin Attenuates Aluminum-Induced Oxidative Stress and Mitochondrial Dysfunction in Rat Brain« Neurotox Res 2011 Jun 9 (Epub ahead of print)

58 Ribes D et al. »Recognition Memory and β-amyloid Plaques in Adult Tg2576 Mice are not Modified After Oral Exposure to Aluminum« Alzheimer Dis Assoc Disord. 2011 Jun 2 (Epub ahead of print)

59 Xiao F et al. »Combined administration of D-galactose and aluminium induces Alzheimer-like lesions in brain« Neurosci Bull 2011; 27(3): S.143–155

60 Rusina R et al. »Higher Aluminum Concentration in Alzheimer's Disease After Box-Cox Data Transformation« Neurotox Res 2011; May 13 (Epub ahead of print)

61 www.talcid.de

62 http://de.wikipedia.org/wiki/Hydrotalkit#in_der_Chemie_und_Medizin (17.7.2011)

63 Bretagne JF et al. »Gastroesophageal reflux in the French general population: national survey of 8000 adults«, Presse Med. 2006; 35: S.23–31

64 »Synthese des recommandations du groupe d'ettudes sur la vaccination« Assemble National, Paris, 13.3.2012

65 Quelle: CIA World Factbook und UNICEF-Statistiken auf www.unicef.org

66 Aaby P et al. »Low mortality after mild measles infection compared to uninfected children in rural West Africa« Vaccine 2002; 21 (1-2): S.120–126

67 Aaby P et al. »Long-term survival after Edmonston-Zagreb measles vaccination in Guinea-Bissau: increased female mortality rate« J Pediatr. 1993; 122(6): S.904–908

68 Green MS et al. »Sex differences in the humoral antibody response to live measles vaccine in young adults« Int J Epidemiol 1994; 23(5): S.1078–1081

69 Kristensen I et al. »Routine vaccinations and child survival: follow up study in Guinea-Bissau, West Africa« BMJ 2000; 321: S.1435–1438

70 Elguere E et al. »Non-specific effects of vaccination on child survival? A prospective study in Senegal« Trop Med Int Health 2005; 10: S.956–960

71 Jensen H et al. »Survival bias in observational studies of the impact of routine vaccinations on childhood survival« Trop Med Int Health 2007; 12: S.5–14

72 Aaby P et al. »Estimating the effect of DTP vaccination on moraliy in observational studies with incomplete vaccination data« Trop Med Int Health 2007; 12: S.15–24

73 Vaugelade J et al. »Non-specific effects of vaccination on child survival: prospective cohort study in Burkina Faso« BMJ, doi:10.1136/bmj.38261.496366.82 (18. November 2004)

74 Aaby P et al. »Non-specific effects of standard measles vaccine at 4.5 and 9 months of age on childhood mortality: randomised controlled trial« BMJ 2010; 341: c6495

75 Aaby P et al. »The introduction of diphtheria-tetanus-pertussis vaccine and child mortality in rural Guinea-Bissau: an observational study« International Journal of Epidemiology 2004; 33: S.374–380

76 Global Advisory Committee on Vaccine Safety. Weekly Epidemiological Record 2002; 77: S.393–394

77 Aaby P, Benn C, Nielsen J, et al. Testing the hypothesis that diphtheria-tetanus-pertussis vaccine has negative non-specific and sex-differential effects on child survival in high-mortality countries. BMJ Open 2012;2:e000707. doi:10.1136/bmjopen-2011-000707

78 Frank Shann »The Nonspecific Effects of Vaccines and the Expanded Programm on Immunization« The Journal of Infectious Diseases 2011; 204: S.182–184

79 Aaby P et al. »Randomized Trial of BCG Vaccination at Birth to Low-Birth-Weight Children: Beneficial Nonspecific Effects in the Neonatal Period?« The Journal of Infectious Diseases 2011; 204: S.245–252

80 Shoenfeld Y, Agmon-Levin N »'ASIA' - autoimmune/inflammatory syndrome induced by adjuvants« Journal of Autoimmunity 2011; 36(1): S.4–8

81 Lubov S et al. »Epidemic Diphtheria in Ukraine 1991–1997« The Journal of Infectious Diseases 2000; 181(Suppl 1): S.35–40

82 Später wurden diese Daten als »zufällig« bewertet und Cervarix in den USA ebenfalls zugelassen.

83 Das Interview wurde am 11.7.2011 telefonisch geführt. Dr. Harper korrigierte die Abschrift und sandte sie mit Ergänzungen und Änderungen zurück.

84 Million Women Study Collaborators »Breast cancer and hormone replacement therapy in the Million Women Study« Lancet. 2003; 362(9382): S.419–427

85 Rossouw JE et al. »Risks and benefits of estrogen plus progestin in healthy postmenopausal women: principal results From the Women's Health Initiative randomized controlled trial« JAMA 2002; 288(3): S.321–333

86 Beral V et al. »Breast Cancer Risk in Relation to the Interval Between Menopause and Starting Hormone Therapy« Journal of the National Cancer Institute 2011; 103(4): S.296–305

87 Iwane MK et al. »Population-based surveillance for hospitalizations associated with respiratory syncytial virus, influenza virus and parainfluenza viruses among young children«, Pediatrics 2004; 113: S.1758–1764.

88 Murphy BR, Wash EE »Formalin-inactivated respiratory syncytial virus vaccine induces antibodies to the fusion glycoprotein that are deficient in fusion-inhibiting activity« J Clin Mircrobiol 1988; 26: S.1595–1597

89 Habibi MS et al. »Hot topics in the prevention of respiratory syncytial virus disease« Expert Review of Vaccines 2011, 10 (3): S.291–293

90 Kim HW et al. »Respiratory syncytial virus disease in infants despite prior administration of antigenic inactivated vaccine« Am J Epidemiol 1969

91 Boelen A et al. »Both immunisation with a formalin-inactivated respiratory syncytial virus (RSV) vaccine and a mock antigen vaccine induce severe lung pathology and a Th2 cytokine profile in RSV-challenged mice« Vaccine 2001; 19: S.982–991

92 Exley C. et al. »The immunobiology of aluminium adjuvants: how do they really work?« Trends in Immunology 2010; 31(3): S.103–109

93 James M. Brewer »(How) do aluminium-adjuvants work?« Immunology Letters 2006; 102: S.10–15

94 Eichoff T.C.; Myers, M. »Workshop summary. Aluminum in vaccines« Vaccine 2002; 20(3): S.1–4

95 Charles Janeway Jr. »Approaching the asymptote? Evolution and revolution in immunology«, Cold Spring Harb Symp Quant Biol 1989; 54 Pt 1: S.1–13.

96 Polly Matzinger » Tolerance, danger and the extended family« Annu Rev Immunol. 1994; 12: S.991–1045

97 Exley C. et al. »The immunobiology of aluminium adjuvants: how do they really work?« Trends in Immunology 2010; 31(3): S.103–109

98 Kool M. et al. »Alum adjuvant boosts adaptive immunity by inducing uric acid and activating inflammatory dentritic cells« The Journal of Experimental Medicine 2008; 205: S.869–882

99 James M Brewer »(How) do aluminium-adjuvants work?«, Immunology Letters 2006; 102: S.10–15.

100 http://www.fda.gov/downloads/BiologicsBloodVaccines/Vaccines/Approved-Products/UCM110114.pdf

101 Dassopoulos T et al. »Antibodies to Saccharomyces cerevisiae in Crohn's Disease: Higher titers are associated with a greater frequency of mutant NOD2/CARD15 alleles and with a higher probability of complicated disease« Inflamm Bowel Dis 2007; 13: S.143–151

102 Rutgeerts P et al. »Clinical value of the detection of antibodies in the serum for diagnosis and treatment of inflammatory bowel disease« Gastroenterology 1998; 115: S.1006–1009

103 Conrad ML et al. »Comparision of adjuvant and adjuvant-free murine experimental asthma models« Clin Exp Allergy 2009; 39(8): S.1246–1254

104 Gail Johnson »Aluminum in vaccines may be linked to health risks« 21.6.2011; www.straight.com

105 http://www.ema.europa.eu/docs/en_GB/document_library/Maximum_Residue_Limits_-_Report/2009/11/WC500010018.pdf

106 Die genauen Zitate und Quellverweise finden sich auf meinem Blog: http://ehgartner.blogspot.com/2010/02/us-pharma-inspirierte-sawickis-ende.html

107 Schlaud M et al. »Studie über Todesfälle bei Kindern im 2. bis 24. Lebensmonat – Token-Studie«, Robert Koch Institut, Berlin 2011 (Download über die Website rki.de)

108 http://ehgartner.blogspot.com

109 Vennemann M et al. »Do risk factors differ between explained sudden unexpected death in infancy and sudden infant death syndrome?« Arch Dis Child 2007; 92: S.133–136

110 Vera Zylka-Menhorn, Martin Schlaud »Todesfälle nach Sechsfachimpfung: Vorsichtige Entwarnung« Deutsches Ärzteblatt 2011; 108(10): S.523–524

111 Darbre PD et al. »Underarm cosmetics and breast bancer« J. Appl. Toxicol 2003; 23: S.89–95

112 Exley C et al. »Aluminium in human breast tissue« J Inorg Biochem 2007; 101(9): S.1344–1346

113 Sappino AP et al. »Aluminium chloride promotes anchorage-independent growth in human mammary epithelial cells« J Appl Toxicol 2012; 32(3): S.233–243

114 Mannello F et al. «Analysis of aluminium content and iron homeostasis in nipple aspirate fluids from healthy women and breast cancer-affected patients« J Appl Toxicol 2011; 31(3): S.262–269

115 Darbre PD et al. »Aluminium and human breast diseases« J Inorg Biochem 2011; 105(11): S.1484–1488

116 in: ALR Merce et al. »Molecular and Supramolecular Bioinorganic Chemistry«, Nova Science Publishers, 2008

Kapitel 4: Wo Aluminium drin ist – wie man sich schützt

117 Burrell SA, Exley C »There is (still) too much aluminium in infant formulas« BMC Pediatr. 2010; 10: S. 63ff

118 Commission Regulation No 380 (2012)

119 »Guidance for Immunotoxicity Risk Assessment for Chemicals« WHO 2010

120 Lerner A »Aluminum is a potential environmental factor for Crohn's disease induction: extended hypothesis« Ann NY Academy of Science 2007; 1107: S.329–345

121 Bishop NJ et al. »Increased concentration of aluminium in the brain of a parenterally fed preterm infant« Arch Dis Child1989; 64: S.1316–1317

122 Bishop NJ et al. »Aluminum Neurotoxicity in Preterm Infants Receiving Intravenous-Feedings Solutions« New England Journal of Medicine 1997; 336: S.1557–1562

123 Fewtrell MS et al. »Aluminium exposure from parenteral nutrition in preterm infants and later health outcomes during childhood and adolescence« Proc Nutr Soc. 2011; 70(3): S.299–304.

124 Molloy DW et al. »Effects of acute exposure to aluminum on cognition in humans« J Toxicol Environ Health A 2007; 70(23): S.2011–2019

125 http://www.nutrition-worldwide.com/health/mineralien/aluminium_mineralstoff.php (Seite besucht am 28.8.2012)

126 Pali-Schöll I, Jensen-Jarolim E »Anti-acid medication as a risk factor for food allergy« Allergy 2011, 66 (4): S. 469 - 477

127 medikamente.onmeda.de/Medikament/Megalac+Almasilat+-mint/med_gegenanzeigen-medikament-10.html (16.7.2011)

128 http://www.netdoktor.at/medikamente/suche2/medicaments_details. php?id=1549 (16.7.2011)

129 »Geochemische und sedimentologische Untersuchungen an Wässern und Sedimenten aus der Überflutung des nördlichen Leipziger Auwaldes im Januar 2011 durch Öffnung des Nahle-Wehres« Univ. Leipzig, Institut für Geographie, Prof. Jürgen Heinrich (Projektleitung)

130 Environmental Working Group's Skin Deep Cosmetic Safety Database: www.cosmeticsdatabase.com/research

131 Biebl KA, Warshaw EM »Allergic contact dermatitis to cosmetics« Dermatol Clin. 2006; 24(2): S.215–232

132 Ada S, Seckin D »Patch testing in allergic contact dermatitis« J Eur Acad Dermatol Venereol. 2010; 24(10): S.1192–1196

133 http://beautyjunkies.inbeauty.de/forum/archive/index.php/t-43541.html (17.7.2011)

134 Beksinska ME et al. »The practice and prevalence of dry sex among men and women in South Africa: a risk factor for sexually transmitted infections?« Sex Transm Inf 1999; 75: S.178–180

135 Dallabetta GA et al. »Traditional vaginal agents: use and association with HIV infection in Malawian women« AIDS 1995; 9(3): S.293–297

136 Christopher Exley »Darwin, natural selection and the biological essentiality of aluminium and silicon« Trends Biochem Sci 2009; 34(12): S.589–593

137 Foglio E. et al. »Regular consumption of a silicic acid-rich water prevents aluminium-induced alterations of nitrergic neurons in mouse brain: histochemical and immunohistochemical studies« Histol Histopathol 2012; 27(8): S.1055–1066

Weiters im Ennsthaler Verlag erschienen:

Klaus Oberbeil
Gesund wohnen und leben
Das schadstofffreie Heim – Sag ja zur Natur!
*ISBN 978-3-85068-869-7; Format: 13,5 x 21 cm,
160 Seiten, geb.*

Daheim sein, in den eigenen vier Wänden, bedeutet Geborgenheit, Frieden, Sicherheit. Doch dieses Ideal häuslichen Glücks ist in Gefahr. Denn nahezu alles, was wir berühren, essen oder einatmen, ist chemisch belastet. Dieser Ratgeber deckt erstmals umfassend die Schadstoffbelastung in unseren Häusern und Gärten auf, erklärt, wie Beschwerden und Krankheiten durch chemische Gifte entstehen – und gibt Ratschläge, wie wir unser Zuhause entgiften und zu einer natürlichen, gesunden Lebensweise zurückfinden können.

Wangari Maathai
Die Grüngürtel-Bewegung
The Green Belt Movement
*ISBN 978-3-85068-700-3; Format: 13,5 x 21 cm,
168 Seiten, br.*

Dieses Buch berichtet über die Kämpfe und die Hintergründe dieser außergewöhnlichen Initiative, die sich die Wiederaufforstung eines riesigen Gebietes und die Befreiung eines Volkes zum Ziel gesetzt hat.
Im Laufe dieser Geschichte wurden nahezu 30 Millionen Bäume gepflanzt und zehntausende Menschen konnten sich eine Lebensgrundlage schaffen.
Dieses Buch ist die inspirierende Geschichte von Menschen, die sich an der Basis dafür einsetzen, ihre Umwelt und ihr Land zu verbessern. Sie zeigt uns Wege und Ideen für eine neue, hoffnungsvolle Zukunft für Afrika und den Rest der Welt.

Ennsthaler Bücher für ein bewusstes Leben

Weiters im Ennsthaler Verlag erschienen:

Sophie Ruth Knaak
Erbarmen mit den Männern
Natürliche Prostata-Reduktion
ISBN 978-3-85068-543-6; Format A5, 164 S., br.;

Prostata-Reduktion – ohne Stahl – Strahl – Chemie
zur Diskussion gestellt. Eine vergrößerte Prostata
lässt sich mit pflanzlichen Hormonen erfolgreich
behandeln.

Sophie Ruth Knaak
Neurodermitis
Weder Allergie noch Atopie –
Heilung von innen
ISBN 978-3-85068-518-4; Format A5, 208 S., br.;

Neurodermitis und Behandlungsvorschlag in einer
Mischung aus Tagebuch und Roman spannend,
humorvoll und einfühlsam. Das Buch regt dazu an,
das Gesundwerden selbst in die Hand zu nehmen.

Sophie Ruth Knaak
Der »kreisrunde Haarausfall«
Eine geglückte Therapie gegen die
rätselhafte Krankheit Alopecie
ISBN 978-3-85068-789-8; Format A5, 180 S., br.;

Der kreisrunde Haarausfall (Alopecie) ist eine alte
Krankheit und bis heute ein dermatologisches Problem. Am Beispiel eines kleinen Jungen, der nach
einem seelischen Schock alle Haare (und auch die
Sprache) verlor, schildert die Autorin, wie sie nach
elf vergeblichen »schulmedizinischen« Therapiever-
suchen mit einer naturnahen Methode die Krankheit heilte.

Ennsthaler *Bücher für ein bewusstes Leben*